CAD 建筑行业项目实战系列丛书

AutoCAD 2016 土木工程制图
从入门到精通
第 2 版

李　波　等编著

U0231889

机 械 工 业 出 版 社

本书详细介绍了 AutoCAD 软件在土木工程领域的应用技巧和方法。全书共分 3 部分，16 章，第 1 部分（第 1～5 章）为 AutoCAD 基础篇，包括 AutoCAD 2016 入门，绘图基础与控制，图形的绘制与编辑，图形的尺寸、文字标注与表格，使用块、外部参照和设计中心等；第 2 部分（第 6～11 章）为建筑施工图篇，包括建筑与结构制图标准，建筑总平面图、平面图、立面图、剖面图、详图的绘制；第 3 部分（第 12～16 章）为结构施工图篇，包括独基与基础梁布置图、柱配筋平面布置图、梁平面布置图、板平面布置图、楼梯与天窗结构详图等的绘制。

　　本书具有很强的指导性和操作性，可以作为建筑工程技术人员和 AutoCAD 技术人员的参考书，也可以作为高校相关专业师生计算机辅助设计和建筑设计课程参考用书以及 AutoCAD 培训班的配套教材。

　　随书附赠光盘包含全书所有讲解实例和源文件，以及实例操作过程视频讲解 AVI 文件，可以帮助读者轻松自如地学习本书。

图书在版编目（CIP）数据

AutoCAD 2016 土木工程制图从入门到精通 / 李波等编著. —2 版. —北京：机械工业出版社，2015.7（2017.4 重印）

（CAD 建筑行业项目实战系列丛书）

ISBN 978-7-111-51116-8

Ⅰ. ①A⋯　Ⅱ. ①李⋯　Ⅲ. ①土木工程－建筑制图－AutoCAD 软件

Ⅳ. ①TU204-39

中国版本图书馆 CIP 数据核字（2015）第 186050 号

机械工业出版社（北京市百万庄大街 22 号　邮政编码 100037）
策划编辑：张淑谦　　责任编辑：张淑谦
责任校对：张艳霞　　责任印制：李　洋
三河市宏达印刷有限公司印刷
2017 年 4 月第 2 版 · 第 2 次印刷
184mm×260mm · 27 印张 · 666 千字
3001—4000 册
标准书号：ISBN 978-7-111-51116-8
　　　　　ISBN 978-7-89405-841-6（光盘）
定价：75.00 元（含 1DVD）

前　言

AutoCAD 是由美国 Autodesk（欧特克）公司于 20 世纪 80 年代初为在微机上应用 CAD 技术（Computer Aided Design，计算机辅助设计）而开发的绘图程序软件包，经过不断的完善，现已成为国际上广为流行的设计工具，于 2015 年 3 月份推出最新版本 AutoCAD 2016。AutoCAD 软件被广泛应用于建筑、机械、电子、航天、造船、石油化工、木土工程、地质、气象、轻工、商业等领域。

图书内容：

为了使读者能够快速掌握土木工程图的绘制方法和技能，本书以最新版 AutoCAD 2016 为蓝本进行讲解，并在实例的挑选和结构上进行了精心的编排。全书共分为 3 部分共 16 章，讲解的内容大致如下：

第 1 部分（第 1～5 章），为 AutoCAD 基础部分，包括 AutoCAD 2016 软件的新增功能与应用领域，图形文件的管理，绘图方法与坐标系，图层的管理控制，视图的缩放控制，辅助功能的设置，基本图形的绘制与编辑，尺寸标注样式的创建与编辑，各种尺寸标注工具的使用和编辑，图形文字样式的创建与编辑，多行与单行文字的创建与编辑方法，表格的创建与编辑，图块的创建与插入，属性图块的使用，外部参照的使用，设计中心的运用等。

第 2 部分（第 6～11 章），为建筑施工图部分，包括图纸幅面与图纸编排顺序，图线、比例、字体的使用规定，各种建筑符号的规定，常用建筑材料，建筑结构的基本规定，混凝土结构的表示，钢结构的表示方法，结构平法施工图的识读，结构图与建筑图，建筑总平面图的识读基础，某住宅小区总平面图的绘制方法，建筑平面图的识读基础，单元式住宅标准层平面图的绘制方法，建筑立面图的识读，单元式住宅正立面图的绘制，建筑剖面与详图的识读基础，单元式住宅楼 1-1 剖面图的绘制，墙身大样详图的绘制，楼梯节点详图的绘制等。

第 3 部分（第 12～16 章），为结构施工图部分，包括独基平面布置图的绘制，独基详图的绘制，基础梁平面布置图的绘制，一层柱平面图的绘制，二、三层柱配筋平面图的绘制，二、三层梁平面图的绘制，屋面梁平面图的绘制，二、三层板平面图的绘制，屋面层板平面图的绘制，各梯段楼梯平面图的绘制，梯柱 TZ1 与梯梁 TL1 配筋图的绘制，楼梯板锚入基础梁大样图的绘制，天窗大样图的绘制等。

读者对象：

本书通过典型实例讲解了房屋建筑与结构施工图的绘制方法，能够开拓读者思路，提高知识的综合运用能力。为了方便读者的学习，书中所有实例和练习的源文件，以及用到的素材都能够直接在 AutoCAD 2016 环境中运行或修改。本书最主要的读者对象有以下几类：

◆ AutoCAD 的初学者。

◆ 具有一定 AutoCAD 基础知识的中级读者。

◆ 从事建筑与结构设计一线的广大设计师、施工技术人员。

◆ 建筑工民建、土木工程等专业的在校大中专学生。

◆ 相关单位和培训机构的学员。

本书特点：

在众多的 AutoCAD 图书中，读者要选择一本适合自己的好书却很难，本书作者在多年的一线工作、教学和编著中总结了相当丰富的经验，从而使本书有以下六大特点值得读者期待。

◆ 作者权威：本书作者长年从事建筑、室内设计及培训工作，有着多年的编著经验，成功出版了数十部 AutoCAD 类图书，对读者和知识点把握到位。

◆ 实例专业：所有实例来自建筑与结构设计工程实践，且经过精心挑选和改编，使读者的所学要点和软件技能贯穿综合使用，达到举一反三、事半功倍的效果。

◆ 图解简化：本书摒弃了传统枯燥的说教方式，采用图释的方法来讲解各个要点及绘图技能，从而增强了可读性。

◆ 内容全面：本书在有限的篇幅内，将 AutoCAD 软件技能和房屋建筑与结构绘制方法进行了有效的结合穿插讲解，各种实例面面俱到，是一本 AutoCAD 土木工程设计的经典图书。

◆ 再版升级：本书自第一版上市以来，有着很好的销量，备受广大读者的好评；本书在第一版的基础上，进行了软件版本的升级（升级为 AutoCAD 2016 版），版式体例的更新，相关实例的重组。

◆ 互动交流：添加 QQ 高级群（15310023），网络在线解答读者的学习问题，并提供超大容量的云盘资料，供读者下载及学习。

致谢：

本书主要由李波编写，参与编写的还有冯燕、江玲、曹城相、刘小红、王利、李松林、刘冰、姜先菊、袁琴、牛姜、黄妍和李友。

感谢您选择了本书，希望我们的努力对您的工作和学习有所帮助，也希望您把对本书的意见和建议告诉我们，我们的邮箱是 Helpkj@163.com。另外，书中难免有疏漏与不足之处，敬请专家与读者批评指正。

目　录

第1章
AutoCAD 2016 入门

本章导读

随着计算机辅助绘图技术的不断普及和发展，用计算机绘图全面代替手工绘图将成为必然趋势。只有熟练掌握计算机图形的生成技术，才能够灵活自如地在计算机上表现自己的设计才能和天赋。相对于手工制图，它具有准确、快速、方便、数据存储方便等优点。

本章首先讲解 AutoCAD 的应用领域、AutoCAD 2016 最新版的新增功能、AutoCAD 2016 版的工作界面，再讲解图形文件创建、打开、保存及关闭，最后讲解图形单位及界限的设计等。

学习目标

- 📖 初步认识 AutoCAD 2016
- 📖 掌握图形文件的管理
- 📖 掌握绘图环境的设置

预览效果图

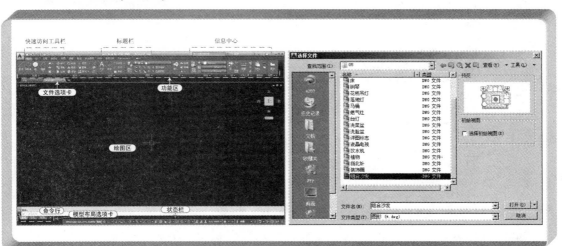

➧ 1.1 初步认识 AutoCAD 2016

AutoCAD 是由美国 Autodesk 公司于 20 世纪 80 年代初为微机上应用 CAD 技术而开发的绘图程序软件包，经过不断的完善，现已经成为国际上广为流行的设计工具。它已经在航空航天、造船、建筑、机械、电子、化工、美工、轻纺等很多领域得到了广泛应用，并取得了丰硕的成果和巨大的经济效益。

➲ 1.1.1 AutoCAD 的应用领域

AutoCAD 强大的二维绘图功能使它的应用领域较宽广，如图 1-1 所示。

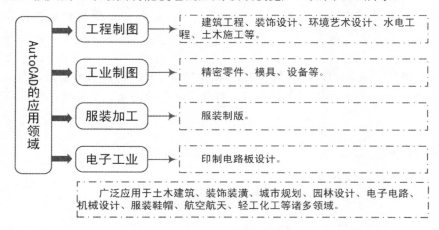

图 1-1 AutoCAD 的应用领域

在不同的行业中，Autodesk 开发了行业专用的版本和插件，如图 1-2 所示。

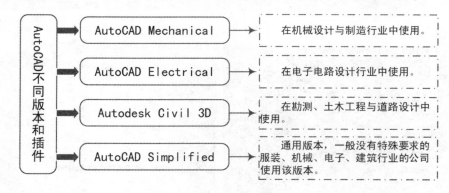

图 1-2 AutoCAD 专用版本

AutoCAD 所面向的对象主要包括土木工程、园林工程、环境艺术、数控加工、机械、建筑、测绘、电气自动化、材料成形、城乡规划、市政工程交通工程、给排水等专业。

➲ 1.1.2　AutoCAD 2016 的新增功能

AutoCAD 2016 版本与上一版本（AutoCAD 2015）相比，在修订云线、标注、PDF 输出、使用点云和渲染等功能上进行了增强。对某些新增功能介绍如下。

1．全新的暗黑色调界面

AutoCAD 2016 新增暗黑色调界面，使界面协调，利于工作，如图 1-3 所示。

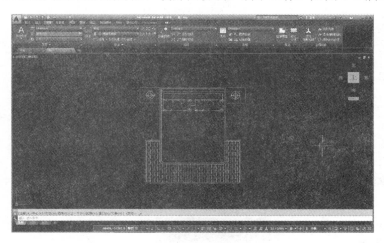

图 1-3　AutoCAD 2016 的暗黑色调界面

2．修订云线

新版本在功能区新增了"矩形"和"多边形"云线功能，可以直接绘制矩形和多边形云线，如图 1-4 所示。

图 1-4　矩形、多边形修订云线

选择修订云线，将显示其相应的夹点，以方便编辑，如图 1-5 所示。

图 1-5　云线显示夹点

通过云线的"修改"选项，允许添加云线，如图 1-6 所示。在添加完成后，还可以删除现有修订云线，如图 1-7 所示。

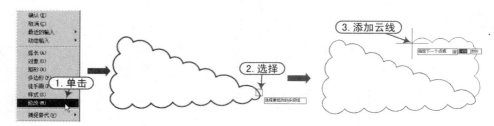

图 1-6　添加云线操作

图 1-7　添加完成后删除云线操作

3．多行文字

多行文字对象具有新的文字加框特性，可在"特性"选项板中启用或关闭，如图 1-8 所示。

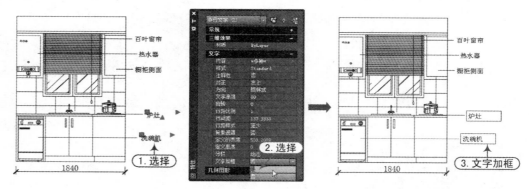

图 1-8　多行文字自动加框功能

4．对象捕捉

新增的"几何中心"捕捉功能可以捕捉到封闭多边形的几何中心，方便绘图，如图 1-9 所示。

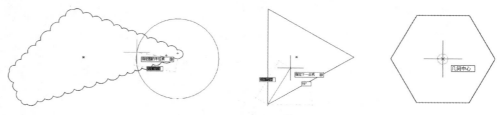

图 1-9　几何中心捕捉功能

5．标注

全新革命性的 dim 标注命令█可以理解为智能标注，几乎一个命令即可完成日常的标注，非常实用。

使用智能标注命令，鼠标悬停在某个对象上会显示标注的预览，如图 1-10 所示。选择标注后，可移动鼠标放置标注，如图 1-11 所示。

图 1-10 标注的预览

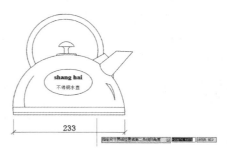

图 1-11 智能标注

使用了智能标注命令，可根据选择的对象创建不同的标注。如，选择直线会标注出长度；选择圆或圆弧会标注出直径、半径、圆弧长度、角度等；连续选择两条相交的直线，可标注出角度等，如图 1-12 所示。

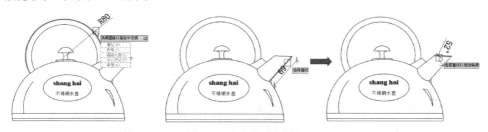

图 1-12 选择对象标注

在未退出命令之前，dim 标注命令可以继续创建其他的标注。

6. PDF 输出

在"打印"对话框中添加了"PDF"选项，根据位图中的选项添加了链接，支持链接到外部网站和文件，还可以输出图纸创建书签，使它们显示在 PDF 查看器的书签面板中，如图 1-13 所示。

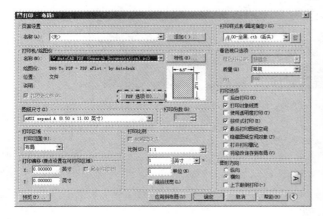

图 1-13 PDF 输出功能

7. 系统变量监视器

增加了系统变量监视器（SYSVARMONITOR 命令），比如修改了 filedia 和 pickadd 等变量，系统变量监视器可以监测这些变量的变化，并可以恢复默认状态。"启用气泡式通知"复选框还可以使系统变量在监视器中显示通知，如图 1-14 所示。

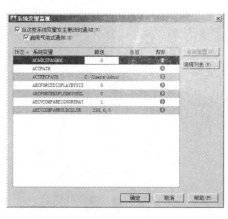

图 1-14　系统变量监视器

⊃ 1.1.3　AutoCAD 2016 的工作界面

当用户的计算机上已经成功安装好 AutoCAD 2016 软件后，用户即可以启动并运行该软件。与大多数应用软件一样，要启动 AutoCAD 2016 软件，用户可使用以下任意一种方法：

◆ 双击桌面上的"AutoCAD 2016"快捷图标。

◆ 单击桌面上的"开始 | 程序 | Autodesk | AutoCAD 2016-Simplified Chinese"命令。

◆ 右击桌面上的"AutoCAD 2016"快捷图标，从弹出的快捷菜单中选择"打开"命令。

启动软件后，将进入 AutoCAD 2016 的"开始"选项卡，该选项卡由"了解"和"创建"两部分组成。

在"开始"选项卡的"了解"页面中，可以看到新特性、快速入门、功能等视频，还可以联机学习资源，帮助用户快速学习 AutoCAD 2016 新增功能及其他知识，如图 1-15 所示。

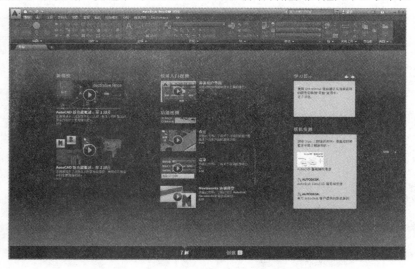

图 1-15　AutoCAD 2016 初始界面 1

用户可以关闭软件启动时的"开始"选项卡，以提高启动速度。在 AutoCAD 2016 的命令行中输入"NewtabMode"，并设置值为 0 即可关闭。关闭后，软件启动为空页面。当然不影响图形文件选项卡的使用，只是去掉启动页面。

　=0 禁用"开始"选项卡

	=1 启用"开始"选项卡 (默认值=1)
	=2 启用"开始"选项卡，添加为快速样板

在其"创建"页面中，用户可以新建图形、打开最近使用的文档，还可得到产品更新通知以及连接社区等操作，如图 1-16 所示。

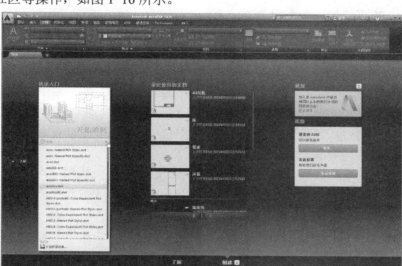

图 1-16　AutoCAD 2016 初始界面 2

单击"开始绘制"按钮开始绘制新的图形，或通过提供的各种样板开始绘制图形；还可以通过最近使用过的文档打开图形。

经过以上任意一种操作后，均可进入 AutoCAD 2016 的绘图界面，如图 1-17 所示。

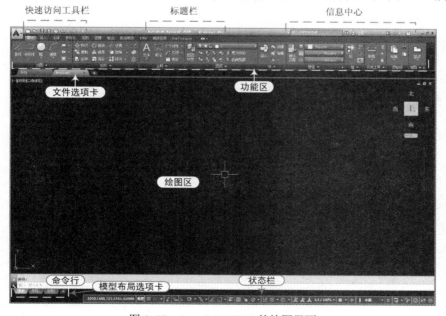

图 1-17　AutoCAD 2016 的绘图界面

1. 标题栏

标题栏在窗口的最上侧位置，其从左至右依次为菜单浏览器、快速访问工具栏、工作空间切换栏、软件名、标题名、搜索栏、登录按钮和窗口控制区，如图 1-18 所示。

图 1-18　标题栏

◆ "菜单浏览器"：在窗口左上角的标志按钮为菜单浏览器，单击该按钮将会出现一个下拉列表，其中包含了文件操作命令，如"新建""打开""保存""打印""输出""发布""另存为""图形实用"工具等常用命令，还包含了"命令搜索栏"和"最近使用的文档"，如图 1-19 所示。

◆ "快速访问工具栏"：主要作用是为了方便用户更快找到并使用这些工具，在AutoCAD 2016 中，通过直接单击"快速访问工具栏"中的相应命令按钮就可以执行相应的命令操作。

◆ "工作空间切换"：用户可通过单击右侧的下拉按钮，在弹出的组合列表框中选择不同的工作空间来进行切换，如图 1-20 所示。

◆ "文件名"：当窗口最大化显示时，将显示 AutoCAD 2016 标题名称和图形文件的名称。

◆ "搜索栏"：用户可以根据需要在搜索框内输入相关命令的关键词，并单击按钮，对相关命令进行搜索。

◆ "窗口控制区域"：用户可以通过窗口控制区域的 3 个按钮，对当前窗口进行最小化、最大化和关闭的操作，如图 1-21 所示。

图 1-19　菜单浏览器　　　图 1-20　切换工作空间　　　图 1-21　窗口控制区

> **提示**
>
> 　　在"快速访问工具栏"中，单击 **▼** 按钮，在其下拉菜单中可控制对应工具的显示与隐藏。如选择"特性匹配"选项，则在"快速访问"工具栏中就会出现"特性匹配"的快捷按钮 **▣**。若单击"显示菜单栏"就会显示"菜单栏"，如图 1-22 所示。
>
> 　　在本书中，凡是涉及"执行'…|…'菜单命令"，即是通过 AutoCAD 的菜单方式来执行的命令。

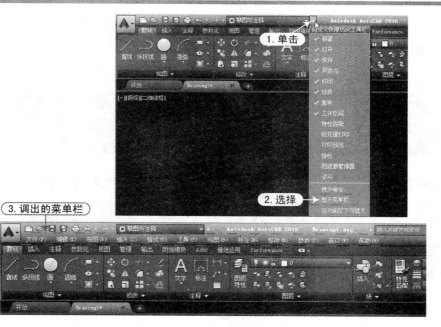

图 1-22　菜单栏的调出

2．功能区

功能区由选项卡和面板组成，AutoCAD 所有的命令和工具都组织到选项卡和面板中。

AutoCAD 2016 中将各个工具按其类型划分在不同的选项卡中，而每个选项卡下包含了多个工具面板，用户直接单击工具面板上的相关工具按钮即可执行相应命令，如图 1-23 所示。

图 1-23　选项卡与面板

在所有的面板上都有一个倒三角按钮 **▼**，单击此按钮会展开该面板相关的操作命令。如单击"修改"面板上的倒三角按钮 **▼**，会展开其相关的命令，如图 1-24 所示。

图 1-24　面板隐含命令

> 　在选项卡右侧显示了一个倒三角，用户单击 此按钮，将弹出一快捷菜单，可以对功能区进行不同方案的最小化显示，以扩大绘图区范围，如图 1-25 所示。

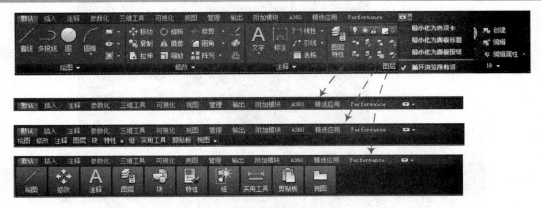

图 1-25　功能区的最小化方案

> 提示　使用鼠标在面板上右击，从弹出的快捷菜单中选择"显示选项卡"和"显示面板"项，然后在下级菜单中勾选所需要的子菜单，即可显示或隐藏相应的选项卡或面板，如图 1-26 所示。

图 1-26　功能区选项卡与面板的调用

3．图形文件选项卡

当鼠标指针悬停在某个图形文件选项卡上，将会显示出该图形的模型与图纸空间的预览图像，如图 1-27 所示。

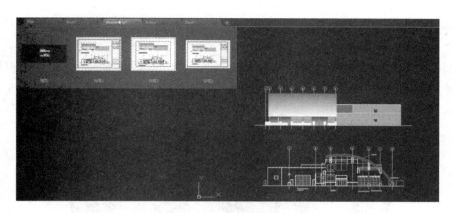

图 1-27 在图形文件卡上预览图像

在任意一个文件选项卡上单击鼠标右键，可通过其快捷菜单进行图形文件管理，如新建、打开、保存、关闭等操作，并新增"复制完整的文件路径"与"打开文件的位置"选项，如图 1-28 所示。

图 1-28 图形文件管理

单击文件选项卡上的 按钮，可直接新建一个空白图形。

4．绘图区

绘图区域是创建和修改对象以展示设计的地方，所有的绘图结果都反映在这个窗口中。在绘图窗口中不仅显示当前的绘图结果，而且还显示了坐标系图标、ViewCube、导航栏及视口、视图、视觉样式控件，如图 1-29 所示。

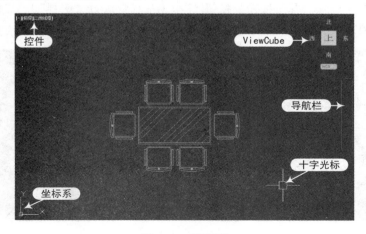

图 1-29 绘图区

在绘图区域中，其主要包含内容如下。

◆ 视口控件：单击绘图区左上角的"视口控件"按钮l-l，通过其下拉菜单可控制视图的显示。如控制 ViewCube、导航栏及 SteeringWheels 的显示与否，以及视口的配置等。如图 1-30 所示为将系统默认的一个视口设置成多个视口的操作，设置多个视口后该控件变成l+l。

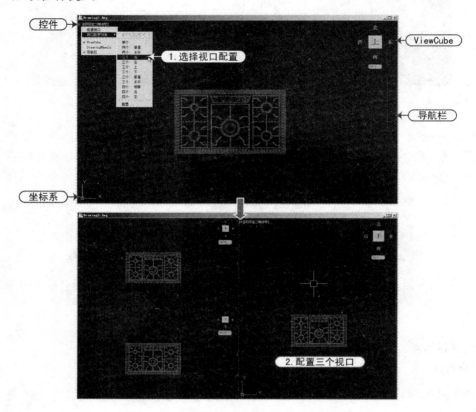

图 1-30　配置多个视口

◆ 视图控件：通过"视图控件"按钮【俯视】（系统默认为"俯视"），切换到不同的视图观看不同方位的模型效果，如图 1-31 所示。

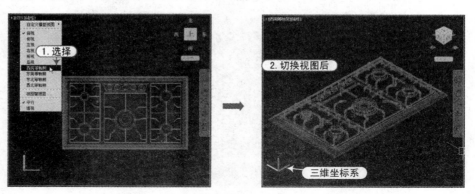

图 1-31　切换视图显示模式

◆ 视觉样式控件：通过"视觉样式控件"按钮 [线框]（系统默认为"线框"显示），来控制模型的显示模式，如图1-32所示。

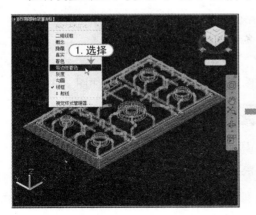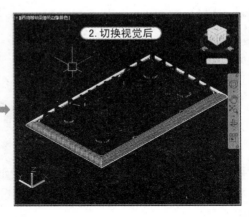

图1-32 切换模型的视觉样式

◆ "十字光标"：由两条相交的十字线和小方框组成，用来显示鼠标指针相对于图形中其他对象的位置并拾取图形对象。
◆ "ViewCube"：一个可以在模型的标准视图和等轴测视图之间进行切换的工具。
◆ "导航栏"：在"导航栏"中，可以在不同的导航工具之间切换，并可以更改模型的视图。

5. 命令窗口

使用命令行启动命令，并提供当前命令的输入。如在命令行输入命令"L"时，会自动完成提供当前输入命令的建议列表，如图1-33所示。

还可以从命令行中访问其他的内容，如图层、块、图案填充等，如图1-34所示。

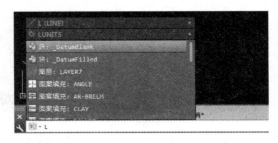

图1-33 命令的输入　　　　图1-34 从命令行中访问图层、块、图案填充等

输入命令后，按〈Enter〉键即启动了该命令，并显示系统反馈的相应命令信息，如图1-35所示。

图1-35 命令窗口

AutoCAD 2016 土木工程制图从入门到精通

> **提示**　　在 AutoCAD 中，命令行中的[　]的内容表示各种可选项，各选项之间用/隔开，<　>符号中的值为程序默认值，如上图所示，用户可以用鼠标单击选项或输入相应的字符来进行下一步操作。

6. 模型布局选项卡

通过模型布局选项卡上的相应控件，可在图纸和模型空间中切换，如图1-36所示。

图 1-36　模型布局选项卡

模型空间是进行绘图工作的地方，而图纸空间包含一系列的布局选项卡，可以控制要发布的图形区域以及要使用的比例。用户可通过单击 **+** 来添加更多布局。如图1-37所示为模型和图纸空间下的对比。

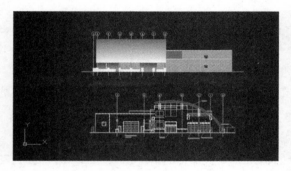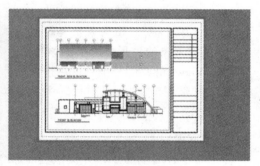

图 1-37　模型与图纸空间对比

7. 状态栏

状态栏位于 AutoCAD 2016 窗口的最下方，用于显示 AutoCAD 当前的状态，如当前的光标状态、工作空间、命令和功能按钮等，如图1-38所示。

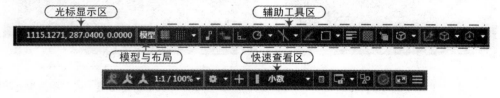

图 1-38　状态栏

在 AutoCAD 2016 中，状态栏根据显示内容不同被划分为以下几个区域。

◆ 光标显示区：在绘图窗口中移动鼠标光标时，状态栏将动态地显示当前光标的坐标值。
◆ 模型与布局：单击此按钮，可在模型和图纸空间中进行切换。
◆ 辅助工具区：主要用于设置一些辅助绘图功能，比如设置点的捕捉方式、正交绘图模式、控制栅格显示等，如图1-39所示。

图 1-39 辅助工具区

◆ 快速查看区: 其包含显示注释对象、注释比例、切换工作空间、当前图形单位、全屏显示等按钮, 如图 1-40 所示。

图 1-40 快速查看区

↘ 1.2 图形文件的管理

在 AutoCAD 中对文件的管理主要包括新建图形文件、打开与关闭已有图形文件、保存文件及输出文件, 下面分别予以介绍。

⊃ 1.2.1 创建新的图形文件

启动 AutoCAD 2016 后, 将自动创建一个新图形文件, 其名称为 Drawing1.dwg。当然, 用户也可以重新创建新的图形文件, 其操作方法如下:

◆ 执行"文件 | 新建 (New)"菜单命令;
◆ 单击"快速访问"工具栏中"新建"按钮 □;
◆ 按下〈Ctrl+N〉组合键;
◆ 在命令行输入"New"命令并按〈Enter〉键。

以上任意一种方法操作后, 都将打开"选择样板"对话框, 用户可以根据需要选择相应的模板文件, 然后单击"打开"按钮, 即可创建一个新的图形文件, 如图 1-41 所示。

图 1-41 "选择样板"对话框

样板文件主要定义了图形的输出布局、图纸边框和标题栏，以及单位、图层、尺寸标注样式和线型设置等。利用样板来创建新图形，可以避免每次绘制新图时需要进行的有关绘图设置的重复操作，不仅提高了绘图效率，而且保证了图形的一致性。

在 AutoCAD 2016 中，系统提供了多种样板文件。对于英制图形，假设单位是英寸，应使用 acad.dwt 或 acadlt.dwt；对于公制单位，假设单位是毫米，使用 acadiso.dwt 或 acadltiso.dwt。其中符合我国国标的图框和标题栏样板包括"Gb_a3 -Named Plot Styles"样板文件等。

⊃ 1.2.2　图形文件的打开

要将已存在的图形文件打开，可使用以下的方法：

◆ 执行"文件 | 打开（Open）"菜单命令；
◆ 单击"快速访问"工具栏中的"打开"按钮 ；
◆ 按下〈Ctrl+O〉组合键；
◆ 在命令行输入 Open 命令并按〈Enter〉键。

通过执行以上操作，系统将弹出"选择文件"对话框，如图 1-42 所示。用户可以在"文件类型"选项下拉列表中选择文件的格式如 dwg、dws、dxf、dwt 等。在"查找范围"下拉列表中用户可选择文件路径和要打开的文件名称，最后单击"打开"按钮即可打开选中的图形文件。

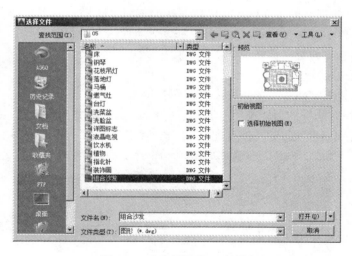

图 1-42　"选择图形"对话框

在"选择文件"对话框的"打开"按钮右侧有一个倒三角按钮，单击它将显示 4 种打开文件的方式，即："打开""以只读方式打开""局部打开"和"以只读方式局部打开"。

若用户选择了"局部打开"选项，此时将弹出"局部打开"对话框，并在右侧列表框中勾选需要打开的图层对象，然后单击"打开"按钮，则 AutoCAD 只打开勾选图层所包含的对象，来加快文件加载的速度。特别是在大型工程项目中，可以减少屏幕上显示的实体数量，从而大大提高工作效率。如图 1-43 所示。

图 1-43　局部打开图形文件

⊃ 1.2.3　图形文件的保存

对文件操作的时候，应养成随时保存文件的好习惯，以便出现电源故障或发生其他意外情况时防止图形文件及其数据丢失。

要保存当前视图中的文件，可使用以下方法：
◆ 执行"文件 | 保存（Save）"菜单命令；
◆ 单击"快速访问"工具栏中的"保存"按钮；
◆ 按下〈Ctrl+S〉组合键；
◆ 在命令行输入"Save"命令并按〈Enter〉键。

通过以上任意一种方法，将以当前使用的文件名保存图形。若当前文件未命名，则弹出一个"图形另存为"对话框，在其中选择保存的路径及名称，然后单击"保存"按钮即可，如图 1-44 所示。

图 1-44　"图形另存为"对话框

> **提示**　　如果用户需要将当前图形文件保存为"样板"文件，那么在"图形另存为"对话框的"文件类型"列表中，选择为"AutoCAD 图形样板 (*.dwt)"即可，如图 1-45 所示。

图 1-45　自动定时保存图形文件

○ 1.2.4　图形文件的关闭

要关闭当前视图中的文件，可使用以下方法：

◆ 执行"文件 | 关闭（Close）"菜单命令；
◆ 单击菜单栏右侧的"关闭"按钮✖;
◆ 按下〈Ctrl+Q〉组合键；
◆ 在命令行输入"Quit"命令或"Exit"命令并按〈Enter〉键。

通过以上任意一种方法，将可对当前图形文件进行关闭操作。如果当前图形有所修改而没有存盘，系统将打开 AutoCAD 警告对话框，询问是否保存图形文件，如图 1-46 所示。

单击"是（Y）"按钮或直接按〈Enter〉键，可以保存当前图形文件并将其关闭；单击"否（N）"按钮，可以关闭当前图形文件但不存盘；单击"取消"按钮，取消关闭当前图形文件操作，既不保存也不关闭。如果当前所编辑的图形文件没有命名，那么单击"是（Y）"按钮后，AutoCAD 会打开"图形另存为"对话框，要求用户确定图形文件存放的位置和名称。

图 1-46　AutoCAD 警告对话框

↘ 1.3　设置绘图环境

用户在绘制图形之前，首先要对绘图环境进行设置，它是绘图的第一步，任何正式的工程绘图都必须从绘图环境设置开始。

○ 1.3.1　设置图形单位

在绘图窗口中创建的所有对象都是根据图形单位进行测量绘制的。由于 AutoCAD 可以完成不同类型的工作，这就要求用户在绘图时使用不同的度量单位绘制图形以确保图形的精确度。如毫米（mm）、厘米（cm）、分米（dm）、米（m）、千米（km）等，在工程制图中最常用的是毫米（mm）。

在 AutoCAD 中，用户可以通过以下两种方法来设置图形单位：

◆ 选择"格式 | 单位"菜单命令。
◆ 在命令行中输入"UNITS"命令（其快捷键为"UN"）。

当执行"单位"命令之后，系统将弹出"图形单位"对话框，用户可以根据自己的需要对长度、精度、角度、单位及方向进行设置。室内设计图形单位可按照如图 1-47 所示进行设置。

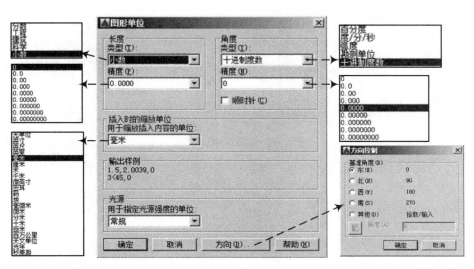

图 1-47　图形单位设置

⊃ 1.3.2　设置图形界限

设置图形界限就是设置 AutoCAD 2016 绘图区域的图纸幅面，相当于手工绘图时选择纸张的大小。

在 AutoCAD 中，用户可以通过以下两种方法来设置图形界限：

◆ 选择"格式 | 图形界限"菜单命令。

◆ 在命令行中输入"LIMITS"命令（其快捷键为"LIM"）。

执行图形界限命令之后，在命令行中提示指定图形界限的左下角（默认为坐标原点）和右上角坐标，用户可根据需要输入相应的坐标值确定图纸幅面范围。例如，设置 A3 图纸幅面（420，297），命令行提示如下：

```
命令: LIMITS     \\ 执行"图形界限"命令
重新设置模型空间界限:
    指定左下角点或 [开(ON)/关(OFF)] <0.0000,0.0000>:     \\ 直接按〈Enter〉键，默认"< >"内的
坐标原点
    指定右上角点:420.0000,297.0000 \\ 输入 A3 图纸幅面大小
```

　　　　　　为了使所设置的 A3 图纸幅面显示出来，可执行"草图设置"命令（SE），在弹出的"草图设置"对话框中，勾选"启用栅格"和取消勾选"显示超出界限的栅格"选项，确定后就可以看到绘图区中以栅格显示出设置的图纸幅面，如图 1-48 所示。

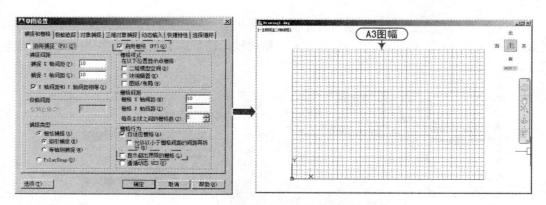

图 1-48　设置的图形界限

第2章
AutoCAD 2016 绘图基础与控制

本章导读

计算机上安装好 AutoCAD 2016 软件就可以在其默认环境中绘制电子化的图形对象。但为了更加灵活、方便、自如地在 AutoCAD 2016 环境中进行图形的绘制，应掌握 AutoCAD 2016 环境中图形的各种绘制方法，掌握坐标、掌握图形的缩放控制，掌握图层的操作和捕捉设计等。

本章首先讲解 AutoCAD 2016 环境中的各种绘图方法，以及 AutoCAD 的 3 种坐标系的表示与创建方法，然后讲解图形的缩放与平移、视图的命名与平铺操作等，然后讲解图层的创建、图层设置和控制操作，以及 AutoCAD 中精确绘图的辅助设计方法，最后通过"新农村住宅设计轴线网的绘制实例"初步讲解图形的绘制方法。

学习目标

- 掌握 AutoCAD 的绘图方法
- 掌握使用坐标系与图形的显示控制
- 掌握图层的规划与管理
- 掌握绘图的辅助功能
- 进行新农村住宅轴线网的实例绘制

预览效果图

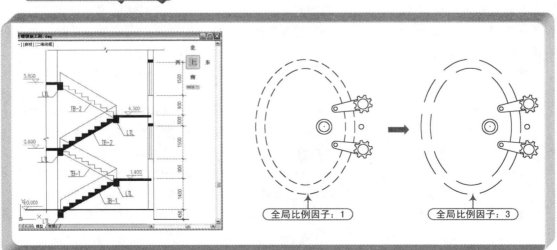

↘ 2.1 命令的输入方式

AutoCAD 交互绘图必须输入必要的指令和参数，即通过执行一项命令进行绘图等操作。下面我们对其中常用的命令输入方式进行讲解。

⊃ 2.1.1 使用菜单栏执行命令

通过在主菜单中单击下拉菜单，再移动到相应的菜单条上单击对应的命令。如果有下一级子菜单，则移动到菜单条后略微停顿，系统自动弹出下一级子菜单，这时移动光标到子菜单对应的命令上单击即可执行相应操作，如图 2-1 所示。

⊃ 2.1.2 使用面板按钮执行命令

面板由表示各个命令的图标按钮组成。用户单击相应按钮可以调用相应的命令，或单击带有下拉符号 的命令按钮，选择执行该按钮选项下的相应命令，如图 2-2 所示。

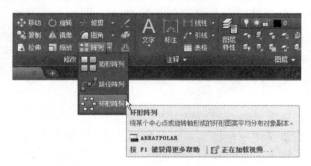

图 2-1 菜单执行命令　　　　　　图 2-2 单击按钮执行命令

⊃ 2.1.3 使用鼠标操作执行命令

鼠标在绘图区域以十字光标的形式显示，在选项板、功能区、对话框等区域中，则以箭头"⌖"显示。可以通过单击或者拖动鼠标来执行相应命令的操作。利用鼠标左键、右键、中键（滚轮）可以进行如下操作。

◆ 鼠标左键：用于指定屏幕上的点，也可以用来选择 Windows 对象、AutoCAD 对象、工具栏按钮和菜单命令等。

◆ 右键：鼠标右键相当于"Enter"键，用于结束当前使用的命令。在除菜单栏以外的任意区域单击鼠标右键，此时系统会根据当前绘图状态而弹出不同的快捷菜单，选择菜单里的选项即可以执行相应的命令，比如：确认、取消、放弃、重复上一步操作等，如图 2-3 所示。当使用"Shift 键"和鼠标右键组合时，系统将弹出一个快捷菜单，用于设置捕捉点的方法，如图 2-4 所示。

◆ 鼠标中键（滚轮）：向上滚动滚轮可以放大视图；向下滚动滚轮可以缩小视图；按住鼠标滚轮，拖动鼠标可以平移视图。

图 2-3　右键快捷菜单　　　　　　　　　图 2-4　弹出菜单

⊃ 2.1.4 使用快捷键执行命令

快捷键大致可以分为两类：一类是各种命令的缩写形式，例如 L（Line）、C（Circle）、A（Arc）、Z（Zoom）、R（Redraw）、M（Move）、CO（Copy）、PL（Pline）、E（Erase）等；另一类是一些功能键（"F1"～"F12"）和组合键，在 AutoCAD 2016 中，用户按"F1"键打开帮助窗口，然后在搜索框中输入"快捷键参考"，单击 🔍 按钮进行搜索，即可在右侧看到相关的快捷键列表，如图 2-5 所示。

图 2-5　命令快捷键

⊃ 2.1.5 使用命令行执行

在 AutoCAD 中，用户可以使用键盘快速在命令行中输入命令、系统变量、文本对象、数值参数、点坐标等，输入命令的字符不区分大小写。

例如，在命令窗口中输入直线命令"LINE"或"L"，则命令行中将提示当前输入命令的建议列表，如图2-6所示。按键盘上的空格键或〈Enter〉键，即可激活"直线"命令。命令行将出现相应的命令提示，如图2-7所示。

在"命令行"窗口中单击鼠标右键，AutoCAD将显示一个快捷菜单，如图2-8所示。

在命令行中，还可以使用〈BackSpace〉或〈Delete〉键删除命令行中输入的字符，也可以选中命令历史，并进行复制、剪切、粘贴及粘贴到命令行操作。

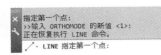
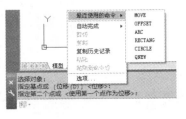

图2-6 输入命令　　　图2-7 执行命令中　　　图2-8 命令行快捷菜单

提示　　　如果用户在绘图过程中，觉得命令行窗口不能显示更多的内容，则可以将鼠标置于命令行上侧，等鼠标呈形状时上下拖动，即可改变命令行窗口的高度，显示更多的内容。如果发现AutoCAD的命令行没有显示出来，则可按下〈Ctrl+9〉组合键对其命令行进行显示或隐藏。

⊃ 2.1.6　使用动态输入功能执行命令

除了在命令行中直接输入命令并执行外，还可以使用"动态输入"功能执行命令。"动态输入"是指用户在绘图时，系统会在绘图区域中的光标附近提供命令界面。当在状态栏中激活了动态输入██后，直接在键盘上键入的命令或数据，将动态显示在光标右下角位置，这和命令行中的提示是相对应的。用户可根据提示一步步操作，这样可使用户专注于绘图区域，如图2-9所示。

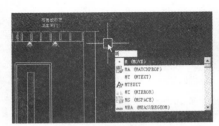
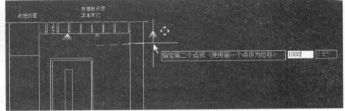

图2-9 使用动态输入功能执行命令

⊃ 2.1.7　使用透明命令执行

在 AutoCAD 中，透明命令是指在执行其他命令的过程中可以执行的命令。通常使用的透明命令多为修改图形设置的命令、绘图辅助工具命令，例如 Snap（捕捉间距）、Grid（栅格间距）、Zoom（窗口缩放）等命令。

要以透明方式使用命令，应在输入命令之前输入单引号（'）。命令行中，透明命令行的提示有一个双折符号（>>），当完成透明命令后，将继续执行原命令。

例如，在执行"圆"命令的过程中执行了"栅格间距"透明命令，其命令行提示内容如下：

```
命令: c                     \\ 输入"C"执行圆命令
CIRCLE 指定圆的圆心或 [三点(3P)/两点(2P)/切点、切点、半径(T)]: 'grid \\ 透明命令"'grid"
>>指定栅格间距(X) 或 [开(ON)/关(OFF)/捕捉(S)/主(M)/自适应(D)/界限(L)/跟随(F)/纵横向间距
(A)] <10.0000>: L          \\ 输入"L"，选择"界限（L）"选项
>>显示超出界限的栅格 [是(Y)/否(N)] <是>: y          \\ 选择"是（Y）"选项
正在恢复执行 CIRCLE 命令。                \\ 恢复到"圆"命令
指定圆的圆心或 [三点(3P)/两点(2P)/切点、切点、半径(T)]:
指定圆的半径或 [直径(D)] <216.0237>:
```

2.1.8　使用系统变量

在 AutoCAD 中，系统变量用于控制某些功能和设计环境、命令的工作方式，它可以打开或关闭捕捉、正交或栅格等绘图模式，设置默认的填充图案，或存储当前图形和 AutoCAD 配置相关的信息。

系统变量通常是 6～10 个字符长度的缩写名称，许多系统变量有简单的开关设置。例如 GRIDMODE 系统变量用来显示或者关闭栅格，当命令行的"输入 GRIDMODE"新的信息 <1>提示下输入 0 时，可以关闭栅格显示；输入 1 时，可以打开栅格显示。有些系统变量则用来存储数值或文字，例如 DATE 系统变量来存储当前日期。

用户可以在对话框中修改系统变量，也可以直接在命令行中修改系统变量。例如，要使用 ISOLINES 系统变量修改曲面的线框密度，可在命令行提示下输入该系统变量名称并按〈Enter〉键，然后输入新的系统变量值并按〈Enter〉键即可，命令行提示如下：

```
命令: ISOLINES  \\ 输入"曲面线框密度"系统变量名称
输入 ISOLINES 的新值 <4>: 32 \\ 输入系统变量的新值 32
```

2.1.9　命令的重复、撤销与重做

为了使绘图更加方便快捷，AutoCAD 提供了"重复""撤销"和"重做"命令，这样用户在绘图过程中如出现失误就可以使用重做和撤销来返回到某一操作步骤中，继续进行重新绘制图形。在 AutoCAD 环境中绘制图形时，对所执行的操作可以进行终止、撤销以及重做操作。

1. 重复

重复命令是指执行完一个命令之后，在没有进行任何其他命令操作的前提下再次执行该命令。此时，用户不需要重新输入该命令，直接按空格键或〈Enter〉键即可重复命令。

2. 撤销

在绘图过程中，如果执行了错误的操作，这时就要返回到上一步的操作。在 AutoCAD 中可以通过以下 4 种方式执行"撤销"命令：

◆ 在"快速工具栏"中单击"撤销"按钮 ↺。

◆ 执行"编辑 | 放弃"菜单命令。

◆ 在命令行中输入快捷键"U"。

◆ 按键盘上的〈Ctrl+Z〉组合键。

执行一次"撤销"命令只能撤销一个操作步骤，若想一次撤销多个步骤，用户可以通过单击"快速工具栏"中"撤销"按钮右侧的下拉按钮 ，选择需要撤销的命令，执行多步撤销操作，如图 2-10 所示。

 提示　　用户还可以直接在命令行中执行命令输入"UNDO"，然后根据提示进行相应设置，输入要撤销的操作数目，进行多步骤撤销操作。用户如只是撤销当前正在执行的操作，可直接通过按键盘上的"Esc"键终止该命令。

3. 重做

如果错误地撤销了正确的操作，可以通过重做命令进行还原。在 AutoCAD 中，用户可以通过以下 4 种方式来执行"重做"命令。

◆ 在"快速工具栏"中单击"重做"按钮 ↻。

◆ 在菜单栏中，选择"编辑 | 重做"菜单命令。

◆ 在命令行中输入快捷命令"REDO"。

◆ 按键盘上的〈Ctrl+Y〉组合键。

如果想要一次性重做多个步骤，用户可单击"快速工具栏"中"重做"命令按钮右侧的下拉按钮 ，选择步骤进行多步骤重做，如图 2-11 所示。

图 2-10　多步撤销

图 2-11　撤销后多步重做

 提示　　"重做（REDO）"命令要在"撤销（UNDO）"命令之后才能执行。

➥ 2.2　坐标的输入方式

用户在绘图过程中，使用坐标系作为参照，可以精确定位某个对象，以便精确地拾取点的位置。AutoCAD 的坐标系提供了精确绘制图形的方法，利用坐标值（X,Y,Z）可以精确地表示具体的点。用户可以通过输入不同的坐标值，来进行图形的精确绘制。

➋ 2.2.1 认识坐标系统

AutoCAD 坐标系统分为世界坐标系（WCS）和用户坐标系（UCS）两种。

◆ 世界坐标系（WCS）是系统默认的坐标系，由 3 个相互垂直并相交的坐标轴 X，Y，Z 组成（二维图形中，由轴 X，Y 组成），如图 2-12 所示。Z 轴正方向垂直于屏幕，指向用户。世界坐标轴的交汇处显示方形标记。

◆ 用户坐标系：AutoCAD 提供了可改变坐标原点和坐标方向的坐标系，即用户坐标系（UCS）。在用户坐标系中，原点可以是任意数值，也可以是任意角度，由绘图者根据需要确定。如图 2-13 所示，用户坐标轴的交汇处没有方形标记，用户可执行"工具|新建 UCS"菜单命令创建用户坐标系，如图 2-14 所示。

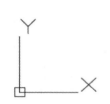
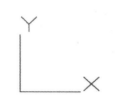

图 2-12 世界坐标系　　　　图 2-13 用户坐标系　　　　图 2-14 新建 UCS

➋ 2.2.2 坐标的表示方法

在 AutoCAD 中，点坐标可以用直角坐标、极坐标、球面坐标和柱形坐标表示，其中直角坐标和极坐标为 AutoCAD 中最为常见的坐标表示方法。

◆ 直角坐标法：直角坐标法是利用 X、Y、Z 值表示坐标的方法，其表示方法为（X,Y,Z）。在二维图形中，Z 坐标默认为 0，用户只需输入（X,Y）坐标即可。例如，在命令行中输入点的坐标（5,3），则表示该点沿 X 轴正方向的长度为 5，沿 Y 轴正方向的长度为 3，如图 2-15 所示。

◆ 极坐标法：极坐标法是用长度和角度表示坐标的方法，其只用于表示二维点的坐标。极坐标表示方法为（L<α），其中"L"表示点与原点的距离（L>0），"α"表示连线与极轴的夹角（极轴的方向为水平向右，逆时针方向为正），"<"表示角度符号。例如某点的极坐标为（5<30），表示该点距离极点的长度为 5，与水平方向的角度为 30°，如图 2-16 所示。

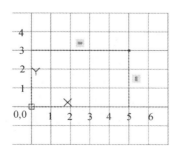
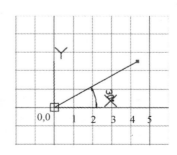

图 2-15 直角坐标系　　　　　　图 2-16 极坐标系

➲ 2.2.3 绝对坐标与相对坐标

坐标输入方式有两种，即绝对坐标和相对坐标。

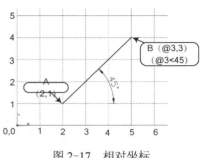

图 2-17 相对坐标

◆ 绝对坐标：是相对于当前坐标系坐标原点(0,0)的坐标。绝对坐标又分为绝对直角坐标（如 5,3）和绝对极坐标（5<30）。

◆ 相对坐标：相对坐标是基于上一点的坐标。如果已知某一点与上一点的位置关系，即可使用相对坐标绘制图形。要指定相对坐标，用户必须在坐标值前添加一个@符号。如图 2-17 所示，点 B 相对于点 A 的相对直角坐标为"@3，3"、相对极坐标为"@3<45"。

➲ 2.2.4 数据输入方法

在 AutoCAD 中，坐标值需要通过数据的方式进行输入，其输入方法主要有两种，即静态输入和动态输入。

◆ 静态输入：指在命令行直接输入坐标值的方法。"静态输入"可直接输入绝对直角坐标（X,Y）、绝对极坐标（X<α），如输入相对坐标，则需在坐标值前加@前缀。

◆ 动态输入：单击"状态栏"中的"动态输入" ▦ 按钮，即可打开或关闭动态输入功能。"动态输入"可直接输入相对直角坐标值和相对极坐标值，无须输入@前缀。如输入绝对坐标，则需在坐标前加#前缀。例如，在动态输入法下绘制直线，其操作步骤如下：

1）使用键盘输入"直线"命令的快捷键"L"，鼠标右下角将弹出与直线命令有关的相应命令，如图 2-18 所示。

2）按空格键激活"直线"命令，根据提示在键盘上直接输入绝对坐标值"#1,1"，动态框将动态显示输入的数据，如图 2-19 所示。按"Enter"键后，确定直线的第一点。

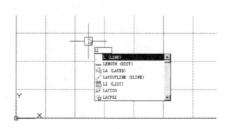

图 2-18 输入命令

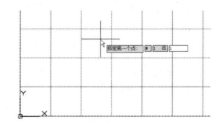

图 2-19 输入绝对坐标值

 提示
　　　　在指定第一点时，输入的"#"号会自动出现在动态数据框的前方，输入第一个数据并按键盘上的"Tab"键后，该数据框将显示一个锁定图标，并且光标会受用户输入值的约束，"Tab"键可以在两个数据框中进行切换，以便修改。

3）接着在“指定下一点”提示下，使用键盘输入相对坐标值“4,2”，如图 2-20 所示。

4）按“Enter”键后确定直线的第二点，然后再次按“Enter”即可完成一条直线绘制，如图 2-21 所示。

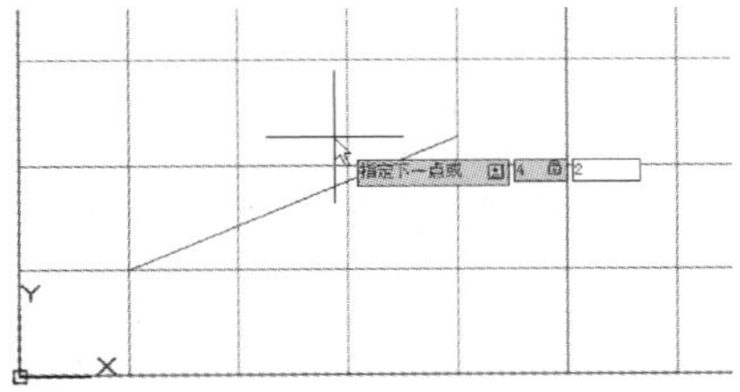

图 2-20　直接输入相对坐标

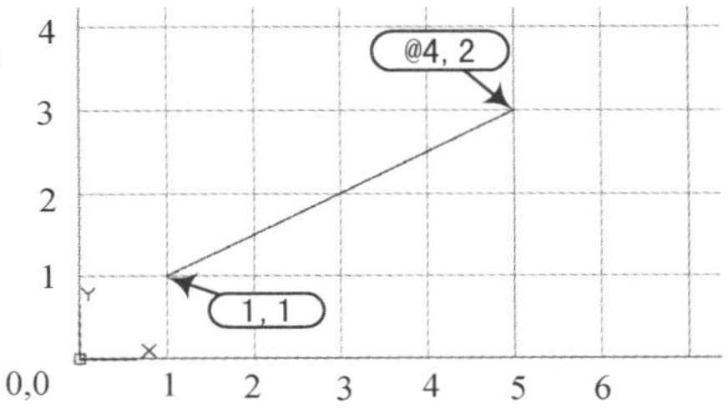

图 2-21　绘制的直线

提示

默认情况下，动态输入的指针输入被设置为“相对极坐标”形式，即输入第一个数据为长度，按“Tab”键或“<”符号，会跳转到极轴角度输入，如图 2-22 所示。

若要使输入的坐标类型为直角坐标，可在输入第一个数据后，按“,”键转换成为直角坐标输入，输入的值均为长度。

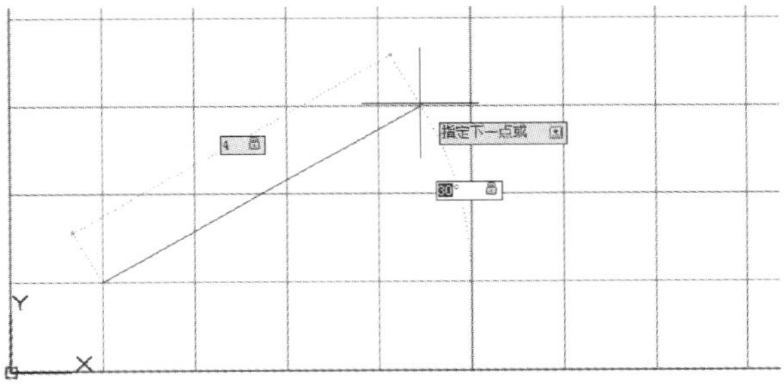

图 2-22　相对极坐标输入

2.3　图形的显示控制

用户所绘制的图形都是在 AutoCAD 的视图窗口中进行的，只有灵活地对图形进行显示与控制，才能更加精确地绘制所需要的图形。在进行二维图形操作时，经常用到主视图、俯视图和侧视图，用户可同时将其三视图显示在一个窗口中，以便更加灵活地掌握控制。当进行三维图形操作时，还需要对其图形进行旋转，以便观察其三维图形视图效果。

2.3.1　缩放与平移视图

观察图形最常用的方法是“缩放”和“平移”视图。在 AutoCAD 中，进行缩放与平移有很多种方法：

◆ 执行“视图”菜单下的“缩放”和“平移”命令，将弹出相应的命令；
◆ 在“缩放”工具栏中也给出了相应的命令，如图 2-23 所示。

ではない

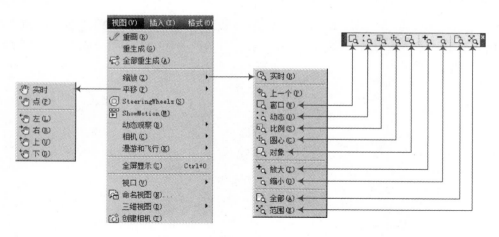

图 2-23　"缩放"与"平移"的命令

1. 平移视图

用户可以通过平移视图来重新确定图形在绘图区域中的位置。若要对图形进行平移操作，用户可通过以下任意一种方法。

- ◆ 菜单栏：执行"视图 | 平移 | 实时"命令；
- ◆ 工具栏：单击"标准"工具栏中"实时平移"按钮；
- ◆ 命令行：输入或动态输入"Pan"（快捷键"P"），然后按〈Enter〉键；
- ◆ 鼠标键：按住鼠标中键不放。

在执行平移命令的时候，鼠标形状将变为，按住鼠标左键可以对图形对象进行上下、左右移动，此时所拖动的图形对象大小不会改变。

例如：打开"楼梯平面图.dwg"文件，然后执行"实时平移"命令，即可对图形进行平移操作，如图 2-24 所示。

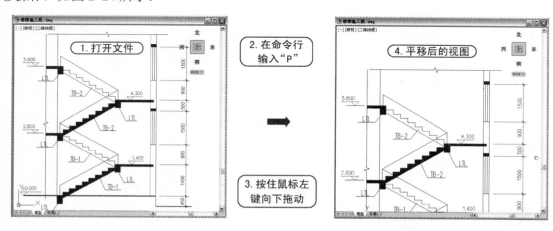

图 2-24　平移的视图

2. 缩放视图

通常，在绘制图形的局部细节时，需要使用缩放工具放大该绘图区域，当绘制完成后，再使用缩放工具缩小图形，从而观察图形的整体效果。

　　要对图形进行缩放操作，用户可通过以下任意一种方法。

◆ 菜单栏：选择"视图 | 缩放"菜单命令，在其下级菜单中选择相应命令；

◆ 工具栏：单击"缩放"工具栏上相应的功能按钮；

◆ 命令行：输入或动态输入"Zoom"（快捷键"Z"），并按〈Enter〉键。

　　若用户选择"视图 | 缩放 | 窗口"命令，其命令行会给出如下的提示信息：

> 命令: z ZOOM
>
> 指定窗口的角点，输入比例因子 (nX 或 nXP)，或者
>
> [全部(A)/中心(C)/动态(D)/范围(E)/上一个(P)/比例(S)/窗口(W)/对象(O)] <实时>:

在该命令提示信息中给出多个选项，每个选项含义如下。

◆ 全部（A）：用于在当前视口显示整个图形，其大小取决于图限设置或者有效绘图区域，这是因为用户可能没有设置图限或有些图形超出了绘图区域。

◆ 中心（C）：该选项要求确定一个中心点，然后绘出缩放系数（后跟字母 X）或一个高度值。之后，AutoCAD 就缩放中心点区域的图形，并按缩放系数或高度值显示图形，所选的中心点将成为视口的中心点。如果保持中心点不变，而只想改变缩放系数或高度值，则在新的"指定中心点:"提示符下按〈Enter〉键即可。

◆ 动态（D）：该选项集成了"平移"命令或"缩放"命令中的"全部"和"窗口"选项的功能。使用时，系统将显示一个平移观察框，拖动它至适合位置并单击，将显示缩放观察框，并能够调整观察框的尺寸。随后，如果单击鼠标，系统将再次显示平移观察框。如果按"Enter"键或单击鼠标，系统将利用该观察框中的内容填充视口。

◆ 范围（E）：用于将图形的视口内容最大限度地显示出来。

◆ 上一个（P）：用于恢复当前视口中上一次显示的图形，最多可以恢复 10 次。

◆ 窗口（W）：用于缩放一个由两个角点所确定的矩形区域。

◆ 比例（S）：该选项将当前窗口中心作为中心点，并且依据输入的相关数值进行缩放。

　　例如：打开"楼梯平面图.dwg"文件，然后执行"视图 | 缩放 | 窗口"命令，利用鼠标的十字光标将需要的区域框选住，即可对所框选的区域以最大窗口显示，如图 2-25 所示。

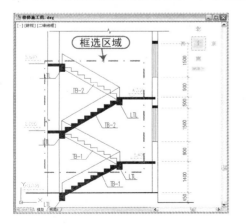
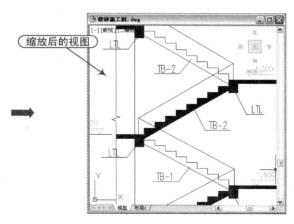

图 2-25　窗口缩放操作

执行"视图|缩放|实时"菜单命令，或者单击"标准"工具栏上的"实时缩放"按钮 ，则鼠标在视图中呈 形状，按住鼠标左键向上或向下拖动，可以进行放大或缩小操作。

例如：打开"楼梯施工图.dwg"文件，在命令行输入"Z"命令，在提示信息下选择"中心（C）"选项，然后在视图中确定一个位置点并输入 2，则视图将以指定点为中心进行缩放，如图 2-26 所示。

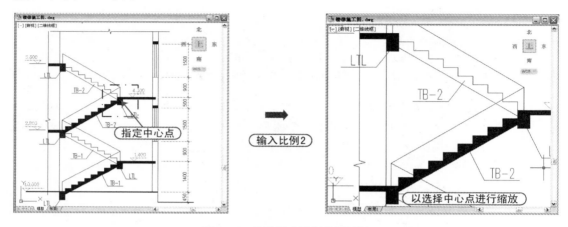

图 2-26　从选择点进行比例缩放

⊃ 2.3.2　命名视图

命名视图是指某一视图的状态以某种名称保存起来，然后在需要时将其恢复为当前显示，以提高绘图效率。

在 AutoCAD 环境中，可以通过命名视图将视图的区域、缩放比例、透视设置等信息保存起来。若要命名视图，可按如下操作步骤进行：

1）在 AutoCAD 环境中，执行"文件|打开"菜单命令，打开"楼梯施工图.dwg"文件，如图 2-27 所示。

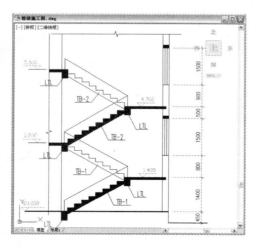

图 2-27　打开的文件视图

2）执行"视图 | 命名视图"菜单命令，打开"视图管理器"对话框，然后按照如图 2-28 所示进行操作。

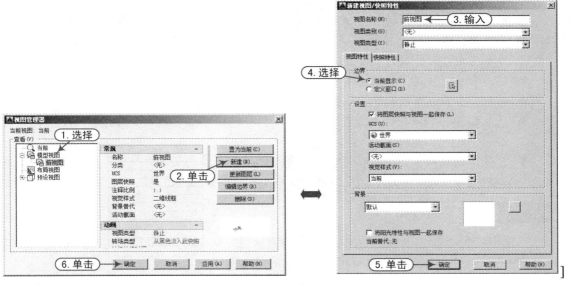

图 2-28　新命名视图

⊃ 2.3.3　恢复命名视图

当需要重新使用一个已命名的视图时，可以将该视图恢复到当前窗口。执行"视图 | 命名视图"命令，弹出"视图管理器"对话框，选择已经命名的视图，然后单击"置于当前"按钮，再单击"确定"按钮即可恢复已命名的视图，如图 2-29 所示。

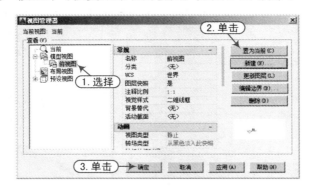

图 2-29　恢复命名视图

⊃ 2.3.4　平铺视口的特点

在绘图时，为了方便编辑，经常需要将图形的局部进行放大来显示详细细节。当用户还希望观察图形的整体效果时，仅使用单一的绘图视口无法满足需要。此时，可以借助于 AutoCAD 的"平铺视口"功能，将视图划分为若干个视口，在不同的视口中显示图形的不同部分。

当打开一个新的图形时，默认情况下将用一个单独的视口填满模型空间的整个绘图区域。而当系统变量 TILEMODE 被设置为 1 后（即在模型空间模型下），就可以将屏幕的绘图区域分割成多个平铺视口。在 AutoCAD 2016 中，平铺视口具有以下特点。

◆ 每个视口都可以平移和缩放，设置捕捉、栅格和用户坐标系等，且每个视口都可以有独立的坐标系统。

◆ 在命令执行期间，可以切换视口以便在不同的视口中绘图。

◆ 可以命名视口中的配置，以便在模型空间中恢复视口或者应用到布局。

◆ 只有在当前视口中，指针才显示为 "+" 字形状，指针移除当前视口后变成为箭头形状。

◆ 当在平铺视口中工作时，可全局控制控制所有视口图层的可见性。如果在某一个视口中关闭了某一个图层，系统将关闭所有视口中的相应图层。

⊃ 2.3.5 创建平铺视口

平铺视口是指定将绘图窗口分成多个矩形视区域，从而可得到多个相邻又不同的绘图区域，其中的每一个区域都可用来查看图形对象的不同部分。

若要创建平铺视口，用户可以通过以下几种方式。

◆ 菜单栏：执行 "视图 | 视口 | 新建视口" 命令。

◆ 工具栏：单击 "视口" 工具栏中的 "显示视口对话框" 按钮。

◆ 命令行：输入或动态输入 "Vpoints"。

例如：打开 "楼梯施工图.dwg" 文件，执行 "视图 | 视口 | 新建视口" 菜单命令，打开 "视口" 对话框，使用 "新建视口" 选项卡可以显示标准视口配置列表和创建并设置新平铺视口，操作步骤如图 2-30 所示。

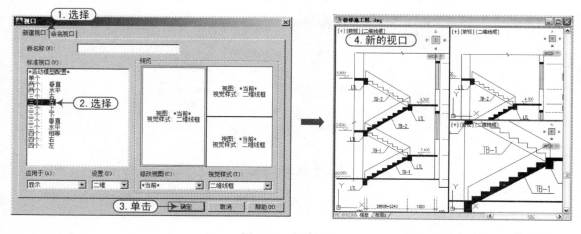

图 2-30　新建视口

⊃ 2.3.6 设置平铺视口

在创建平铺视口时，需要在 "新名称" 文本框中输入新建的平铺视口名称，在 "标准视口"列表框中选择可用的标准视口配置，此时"预览"区将显示所选视口配置以及赋给每个视口的默认视图预览图象。

◆ "应用于"下拉列表框：设置所选的视口配置是用于整个显示屏幕还是当前视口，包括"显示"和"当前视口"两个选项。其中，"显示"选项卡用于设置所选视口配置用于模型空间的整个显示区域，为默认选项："当前视口"选项卡用于设置将所选的视口配置用于当前的视口。

◆ "设置"下拉列表框：指定二维或三维设置。如果选择"二维"选项，则使用视口中的当前视口来初始化视口配置；如果选择"三维"选项，则使用正交的视图来配置视口。

◆ "修改视图"下拉列表框：选择一个视口配置代替已选择的视口配置。

◆ "视觉样式"下拉列表框：可以从中选择一种视觉样式代替当前的视觉样式。

在"视口"对话框中，使用"命名视口"选项卡可以显示图形中已命名的视口配置。当选择一个视口配置后，配置的布局将显示在预览窗口中，如图 2-31 所示。

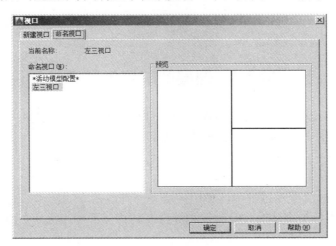

图 2-31　"命名视口"选项卡

　　　　如果需要设置每个窗口，首先在"预览"窗口中选择需要设置的视口，然后在下侧依次设置视口的视图、视觉样式等。

⊃ 2.3.7　分割与合并视口

在 AutoCAD 2016 中，执行"视图 | 视口"子菜单命令可以在改变视口显示的情况下分割或合并当前视口。

例如：打开"楼梯施工图.dwg"文件，执行"视图 | 视口 | 三个视口"菜单命令，即可将打开的图形文件分成 3 个窗口进行显示，如图 2-32 所示。

如果执行"视图 | 视口 | 合并"菜单命令，系统将要求选择一个视口作为主视口，再选择一个相邻的视口，即可以将所选择的两个视口进行合并，如图 2-33 所示。

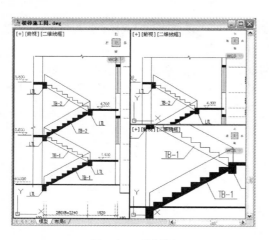

图 2-32　分割视口

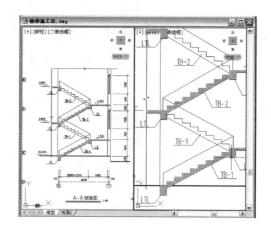

图 2-33　合并视口

提示　　　在多个视口中，四周有粗边框的为当前视口。

↘ 2.4　图层的规划与管理

成熟的设计师和绘图人员，在绘制图形时，都会通过图层的方式将不同的图形对象"划分"到不同的图层中，这样利于图形的分类管理和控制。

➲ 2.4.1　图层的特点

在 AutoCAD 2016 绘图过程中，使用图层是一种最基本的操作，也是最有利的工作之一，它对图形文件中各类实体的分类管理和综合控制具有重要的意义。图层的使用归纳起来主要有以下特点：

◆　大大节省存储空间。

◆　能够统一控制同一图层对象的颜色、线条宽度、线型等属性。

◆　能够统一控制同类图形实体的显示、冻结等特性。

◆　在同一图形中可以建立任意数量的图层，且同一图层的实体数量也没有限制。

◆　各图层具有相同的性质、绘图界限及显示时的缩放倍数，可同时对不同图层上的对象进行编辑操作。

提示　　　每个图形都包括名为 0 的图层，该图层不能删除或者重命名。它有两个用途：一是确保每个图形中至少包括一个图层；二是提供与块中的控制颜色相关的特殊图层。

➲ 2.4.2　图层的创建

默认情况下，图层 0 将被指定使用 7 号颜色（白色或黑色，由背景色决定）、

CONTINUOUS 线型、"默认"线宽及 NORMAL 打印样式。在绘图过程中，如果要使用更多的图层来组织图形，就需要先创建新的图层。

用户可以通过以下方法来打开"图层特性管理器"面板，如图 2-34 所示。

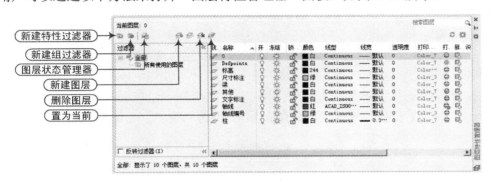

图 2-34 "图层特性管理器"面板

◆ 菜单栏：选择"格式 | 图层"菜单命令。

◆ 工具栏：单击"图层"工具栏的"图层" 按钮。

◆ 命令行：在命令行输入或动态输入"Layer"命令（快捷键"LA"）。

在"图层特性管理器"面板中单击"新建图层" 按钮，在图层的列表中将出现一个名称为"图层 1"的新图层。默认情况下，新建图层与当前图层的状态、颜色、线性及线宽等设置相同。如果要更改图层名称，可单击该图层名，或者按"F2"键，然后输入一个新的图层名并按"Enter"键即可。

要快速创建多个图层，可以选择用于编辑的图层名并用逗号隔开输入多个图层名。图层名最长可达 255 个字符，可以是数字、字母或其他字符，但不能有>、<、|、\、""、:、|、=，否则系统将弹出如图 2-35 所示的警告框。

图 2-35 警告面板

在进行建筑与室内装饰设计过程中，为了便于各专业信息的交换，图层名应采用中文或西文的格式化命名方式，编码之间用西文连接符"-"连接，如图 2-36 所示。

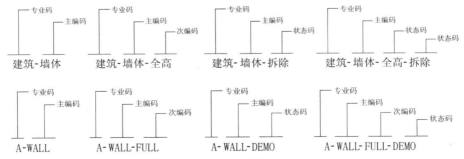

图 2-36 中、西文图层的命名格式

◆ 专业码：由两个汉字组成，用于说明专业类别（如建筑、结构等）。
◆ 主编码：由两个汉字组成，用于详细说明专业特征，可以和任意专业码组合（如墙体）。
◆ 次编码：由两个汉字组成，用于进一步区分主编码类型，是可选项，用户可以自定义次编码（如全高）。
◆ 状态码：由两个汉字组成，用于区分改建、加固房屋中该层实体的状态（如新建、拆迁、保留和临时等），是可选项。

而对于西文命名的图层名，其专业码由一个字符组成，主编码、次编码、状态码均由 4 个字符组成。表 2-1 给出了建筑设计中的专业码和状态码的中、西文名对照。

表 2-1　专业码与状态码的对照表

专业码		状态码	
中文名	英文名	中文名	英文名
建筑	A	新建	NEWW
电气	E	保留	EXST
总图	G	拆除	DEMO
室内	I	拟建	FUIR
暖通	M	临时	TEMP
给排	P	搬迁	MOVE
设备	Q	改建	RELO
结构	S	契外	NICN
通信	T	阶段	PHSI
其他	X		

⊃ 2.4.3　图层的删除

用户在绘制图形过程中，若发现有一些没有使用的多余图层，可以通过"图层特性管理器"面板来删除图层。

若要删除图层，可在"图层特性管理器"面板中，使用鼠标选择需要删除的图层，然后单击"删除图层"按钮 或按〈Alt+D〉组合键即可。如果要同时删除多个图层，可以配合〈Ctrl〉键或〈Shift〉键来选择多个连续或不连续的图层。

在删除图层的时候，只能删除未参照的图层。参照图层包括"图层 0"及 Defpoints、包含对象（包括块定义中的对象）的图层、当前图层和依赖外部参照的图层。不包含对象（包括块定义中的对象）的图层、非当前图层和不依赖外部参照的图层都可以用 Purge 命令删除。

⊃ 2.4.4　设置当前图层

在 AutoCAD 中绘制的图形对象，都是在当前图层中进行的，且所绘制图形对象的属性也将继承当前图层的属性。在"图层特性管理器"面板中选择一个图层，并单击"置为当前"按钮 ，即可将该图层置为当前图层，并在图层名称前面显示 标记，如图 2-37 所示。

另外，在"图层"工具栏中单击 按钮，然后使用鼠标选择指定的对象，即可将选择的图形对象置为当前图层，如图 2-38 所示。

当前图层 →

图 2-37　当前图层

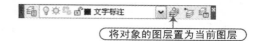

将对象的图层置为当前图层

图 2-38　"图层"工具栏

⮕ 2.4.5　设置图层颜色

颜色在图形中具有非常重要的作用，可用来表示不同的组件、功能和区域。图层的颜色实际上是图层中图形对象的颜色。每个图层都拥有自己的颜色，对不同的图层可以设置相同的颜色，也可以设置不同的颜色，绘制复杂图形时就很容易区分图形的各部分（具体可通过光盘视频领会）。

在"图层特性管理器"面板中，在某个图层名称的"颜色"列中单击，即可弹出"选择颜色"对话框，从而可以根据需要选择不同的颜色，然后单击"确定"按钮即可，如图 2-39 所示。

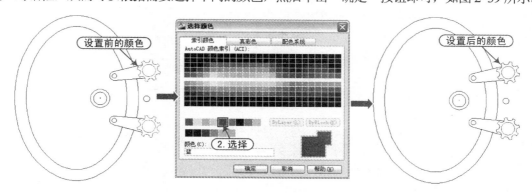

图 2-39　设置图层颜色

⮕ 2.4.6　设置图层线型

线型是指图形基本元素中线条的组成和显示方式，如虚线和实线等。在 AutoCAD 中既有简单线型，也有由一些特殊符号组成的复杂线型，以满足不同国家或行业标准的要求。

在"图层特性管理器"面板中，在某个图层名称的"线型"列中单击，即可弹出"线型管理器"对话框，从中选择相应的线型，然后单击"确定"按钮即可，如图 2-40 所示。

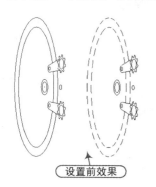

设置前效果

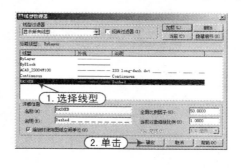

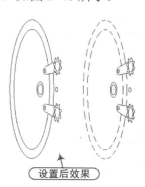

设置后效果

图 2-40　设置图层线型

用户可在"线型管理器"对话框中单击"加载"按钮，将打开"加载或重载线型"对话框，从而可以将更多的线型加载到"选择线型"对话框中，以便用户设置图层的线型，如图 2-41 所示。

在 AutoCAD 中所提供的线型库文件有 acad.lin 和 acadiso.lin。在英制测量系统下使用 acad.lin 线型库文件中的线型；在公制测量系统下使用 acadiso.lin 线型库文件中的线型。

图 2-41　加载 CAD 线型

○ 2.4.7　设置线型比例

用户可以选择"格式｜线型"菜单命令，将弹出"线型管理器"对话框，选择某种线型，并单击"显示细节"按钮，可以在"详细信息"设置区中设置线型比例，如图 2-42 所示。

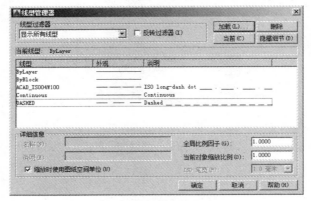

图 2-42　线型管理器

线型比例分为三种："全局比例因子""当前对象的缩放比例"和"图纸空间的线型缩放比例"。"全局比例因子"控制所有新的和现有的线型比例因子；"当前对象的缩放比例"控制新建对象的线型比例；"图纸空间的线型缩放比例"作用为当"缩放时使用图纸空间单位"被选中时，AutoCAD 自动调整不同图纸空间视窗中线型的缩放比例。这三种线型比例分别由 LTSCALE、CELTSCALE 和 PSLTSCALE 三个系统变量控制。如图 2-43 所示分别设置"辅助线"对象的不同线型比例效果。

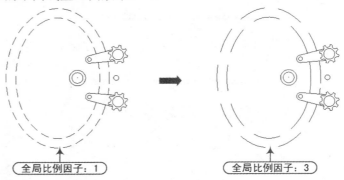

图 2-43　不同比例因子的比较

◆ "全局比例因子": 控制着所有线型的比例因子，通常值越小，每个绘图单位中画出的重复图案就越多。在默认情况下，AutoCAD 的全局线型缩放比例为 1.0，该比例等于一个绘图单位。在"线型管理器"中"详细信息"下，可以直接输入"全局比例因子"的数值，也可以在命令行中键入"ltscale"命令进行设置。

◆ "当前对象的缩放比例": 控制新建对象的线型比例，其最终的比例是全局比例因子与该对象比例因子的乘积，设置方法和"全局比例因子"基本相同。所有线型最终的缩放比例是对象比例因子与全局比例因子的乘积，所以在 CeltScale=2 的图形中绘制的是点画线，如果将 LtScale 设为 0.5，其效果与在 CeltScale=1 的图形中绘制 LtScale=1 的点画线时的效果相同。

⊃ 2.4.8 设置图层线宽

用户在绘制图形过程中，应根据绘制的不同对象绘制不同的线条宽度，以区分不同对象的特性。在"图层特性管理器"面板中，在某个图层名称的"线宽"列中单击，将弹出"线宽设置"对话框，如图 2-44 所示，在其中选择相应的线宽，然后单击"确定"按钮即可。

当设置了线型的线宽后，在状态栏中激活"线宽"按钮，才能在视图中显示出所设置的线宽。如果在"线宽设置"对话框中，调整了不同的线宽显示比例，则视图中显示的线宽效果也将不同，如图 2-45 所示。

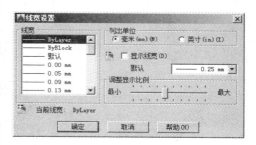

图 2-44 "线宽设置"对话框

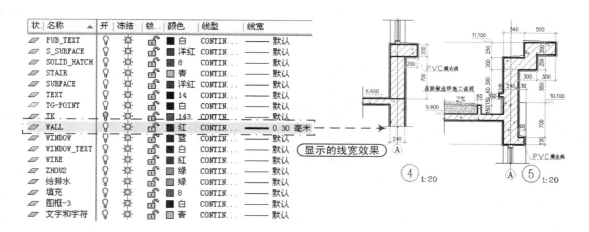

图 2-45 设置线型宽度

用户可选择"格式 | 线宽"菜单命令，将弹出"线宽设置"对话框，从而可以通过调整线宽的比例使图形中的线宽显示得更宽或更窄，如图 2-46 所示。

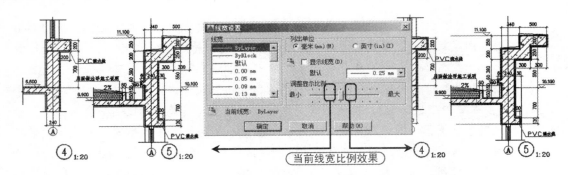

图 2-46　显示不同的线宽比例效果

⊃ 2.4.9　控制图层状态

在"图层特性管理器"面板中，其图层状态包括图层的打开 | 关闭、冻结 | 解冻、锁定 | 解锁等；同样，在"图层"工具栏中，用户也可能够设置并管理各图层的特性，如图 2-47 所示。

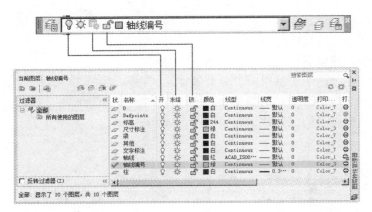

图 2-47　图层状态

◆ "打开 | 关闭"图层：在"图层"工具栏的列表框中，单击相应图层的小灯泡图标💡，可以打开或关闭图层的显示。在打开状态下，灯泡的颜色为黄色，该图层的对象将显示在视图中，也可以在输出设置上打印；在关闭状态下，灯泡的颜色转为灰色💡，该图层的对象不能在视图中显示出来，也不能打印出来，如图 2-48 所示为打开或关闭图层的对比效果。

◆ "冻结 | 解冻"图层：在"图层"工具栏的列表框中，单击相应图层的太阳🌞或雪花❄图标，可以冻结或解冻图层。在图层被冻结时，显示为雪花❄图标，其图层的图形对象不能被显示和打印出来，也不能编辑或修改图层上的图形对象；在图层被解冻时，显示为太阳🌞图标，此时的图层上的对象可以被编辑。

◆ "锁定 | 解锁"图层：在"图层"工具栏的列表框中，单击相应图层的小锁🔒图标，可以锁定或解锁图层。在图层被锁定时，显示为🔒图标，此时不能编辑锁定图层上的对象，但仍然可以在锁定的图层上绘制新的图形对象。

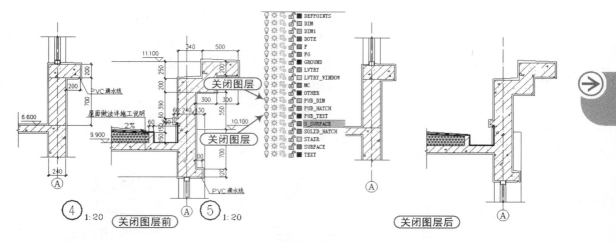

图 2-48　显示与关闭图层的比较效果

 提示　　关闭图层与冻结图层的区别在于：冻结图层可以减少系统重生成图形的计算时间。若用户的计算机性能较好，且所绘制的图形较为简单，则一般不会感觉到图层冻结的优越性。

⊃ 2.4.10　通过"特性"面板设置图层

组织图形的最好方法是按照图层设定对象属性，但有时也需要单独设定某个对象的属性。使用"特性"面板可以快速设置对象的颜色、线型和线宽等属性，但不会改变对象所在的图层。"特性"面板上的图层颜色、线型、线宽的控制增强了查看和编辑对象属性的命令，在绘图区单击或选择任何对象，都将在面板上显示该对象所在图层颜色、线型、线宽等属性，如图 2-49 所示。

图 2-49　显示对象的特性

在"特性"工具栏，各部分功能及选项含义如下。

◆ "颜色控制"下拉列表框：位于特性工具栏中的第一行，单击右侧的下拉箭头符号 ，用户可以从打开的下拉列表框中选择颜色，使之成为当前的绘图颜色或更改选定对象的颜色，如图 2-50 所示。如果列表中没有需要的颜色，可单击"更多颜色"，然后在"选择颜色"对话框中选择需要的颜色。

◆ "线宽控制"下拉列表框：位于特性工具栏中的第二行，单击右侧下拉箭头符号 ，用户可以从打开的下拉列表框中选择线宽，使之成为当前的绘图线宽或更改选定对象的线宽，如图 2-51 所示。

◆ "线性控制"下拉列表框：位于特性工具栏中的第三行，单击右侧下拉箭头符号，用户可以从打开的下拉列表框中选择需要的线型，使之成为当前线型或更改选定对象的线型，如图 2-52 所示。如果列表中没有需要的线型，可单击"其他"，然后在弹出的"线型管理器"对话框中加载新的线型。

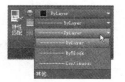

图 2-50　颜色列表　　　　图 2-51　线宽列表　　　　图 2-52　线型列表

提示　　用户可选中图形对象，然后在"特性"工具栏中修改选中对象的颜色、线型以及线宽。如果在没有选中图形的情况下，设置颜色、线型或线宽，那么所设置的是当前绘图的颜色、线型、线宽，无论在哪个图层上绘图都采用此设置，但不会改变各个图层的原有特性。

2.4.11　通过"特性匹配"改变图形特征

在 AutoCAD 2016 中，"特性匹配"是用来将选定对象的特性应用到其他对象，可应用的特性类型包含颜色、图层、线型、线型比例、线宽、打印样式、透明度和其他指定的特性。

单击"默认"标签下"特性"面板中的"特性匹配"按钮，根据提示先选择源对象，然后选择要应用此特性的目标对象，如图 2-53 所示。

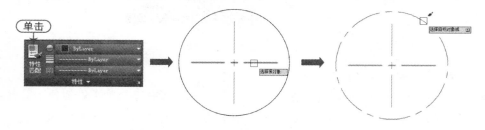

图 2-53　特性匹配操作

提示　　在执行"特性匹配"命令中，命令行提示"选择目标对象或[设置(S)]:"时，输入 S 命令可以显示"特性设置"对话框，从中可以控制要将哪些对象特性复制到目标对象，如图 2-54 所示。默认情况下，选定所有对象特性进行复制。

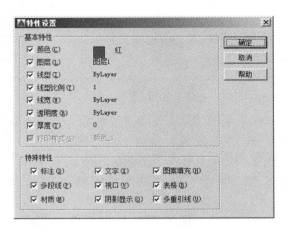

图 2-54 特性设置对话框

↘ 2.5 设置绘图辅助功能

在实际绘图中，用鼠标定位虽然方便快捷，但精度不高，绘制的图形很不精确，远不能够满足制图的要求，这时可以使用系统提供的绘图辅助功能。

用户可采用以下的方法来打开"草图设置"对话框。

◆ 菜单栏：执行"工具｜绘图设置"菜单命令；

◆ 命令行：在命令行输入或动态输入"Dsetting"（快捷键"SE"）。

➲ 2.5.1 设置捕捉和栅格

"捕捉"用于设置鼠标光标移动的间距，"栅格"是一些标定位的位置小点，使用它可以提供直观的距离和位置参照。

在"草图设置"对话框的"捕捉和栅格"选项卡中，可以启动或关闭"捕捉"和"栅格"功能，并设置"捕捉"和"栅格"的间距与类型，如图 2-55 所示。

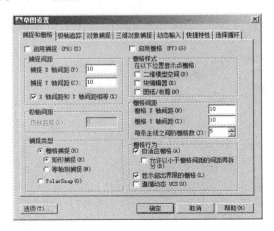

图 2-55 "捕捉和栅格"选项卡

在"捕捉和栅格"选项卡中，各选项的含义如下。

◆ "启用捕捉"复选框：用于打开或关闭捕捉方式。

◆ "捕捉间距"文本框：用于设置 X 轴和 Y 轴的捕捉间距。

◆ "启用栅格"复选框：用于打开或关闭栅格的显示。

◆ "栅格样式"选项组：用于设置在二维模型空间、块编辑器、图纸/布局位置中显示点栅格。

◆ "栅格间距"选项组：用于设置 X 轴和 Y 轴的栅格间距，以及每条主线之间的栅格数量。

◆ "栅格行为"选项组：设置栅格的相应规则。

● "自适应栅格"复选框：用于限制缩放时栅格的密度。缩小时，限制栅格的密度。

● "允许以小于栅格间距的间距再拆分"复选框：放大时，生成更多间距更小的栅格线。主栅格线的频率确定这些栅格线的频率。只有当勾选了"自适应栅格"复选框，此选项才有效。

● "显示超出界限的栅格"复选框：用于确定是否显示图形界限之外的栅格。

● "遵循动态 UCS"复选框：随着动态 UCS 的 XY 平面而改变栅格平面。

⊃ 2.5.2 设置自动与极轴追踪

自动追踪实质上也是一种精确定位的方法，当要求输入的点在一定的角度线上，或者输入的点与其他的对象有一定关系时，可以非常方便地利用自动追踪功能来确定位置。

自动追踪包括两种追踪方式：极轴追踪和对象捕捉追踪。极轴追踪时按事先给定的角度增加追踪点；而对象追踪是按追踪与已绘图形对象的某种特定关系来追踪，这种特定的关系确定了一个用户事先并不知道的角度。

如果用户事先知道要追踪的角度（方向），即可以用极轴追踪；如果事先不知道具体的追踪角度（方向），但知道与其他对象的某种关系，则用对象捕捉追踪，如图 2-56 所示。

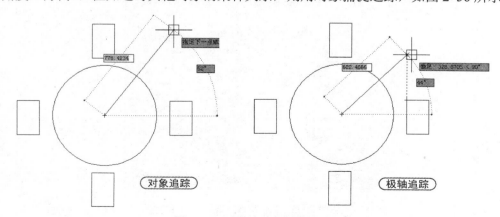

图 2-56　对象追踪与极轴追踪

要设置极轴追踪的角度或方向，在"草图设置"对话框中选择"极轴追踪"选项卡，然后启用极轴追踪并设置极轴的角度即可，如图 2-57 所示。

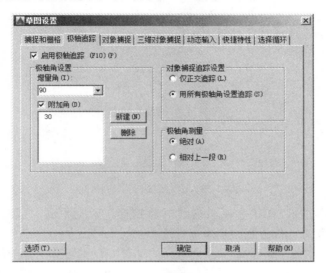

图 2-57　"极轴追踪"选项卡

在"极轴追踪"选项卡中，各选项的含义如下。

◆ "极轴角设置"选项区：用于设置极轴追踪的角度。默认的极轴追踪追踪角度是 90，用户可以在"增量角"下拉列表框中选择角度增加量。若该下拉列表框中的角度不能满足用户的要求，可将下侧的"附加角"复选框勾选。用户也可以单击"新建"按钮并输入一个新的角度值，将其添加到附加角的列表框中。

◆ "对象捕捉追踪设置"选项区：若选择"仅正交追踪"单选按钮，可在启用对象捕捉追踪的同时，显示获取的对象捕捉的正交对象捕捉追踪路径；若选择"用所有极轴角设置追踪"按钮，可以将极轴追踪设置应用到对象捕捉追踪，此时可以将极轴追踪设置应用到对象捕捉追踪上。

◆ "极轴角测量"选项区：用于设置极轴追踪对其角度的测量基准。若选择"绝对"单选按钮，表示以当前用户坐标 UCS 和 X 轴正方向为 0 时计算极轴追踪角；若选择"相对上一段"单选按钮，可以基于最后绘制的线段确定极轴追踪角度。

⊃ 2.5.3　设置对象的捕捉方式

在实际绘图过程中，有时经常需要找到已有图形的特殊点，如圆心点、切点、中点、象限点等，这时可以启动对象捕捉功能。

对象捕捉与捕捉的区别："对象捕捉"是把光标锁定在已有图形的特殊点上，它不是独立的命令，是在执行命令过程中结合使用的模式；而"捕捉"是将光标锁定在可见或不可见的栅格点上，是可以单独执行的命令。

在"草图设置"对话框中单击"对象捕捉"选项卡，分别勾选要设置的捕捉模式即可，如图 2-58 所示。

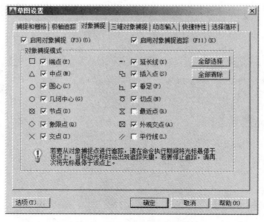

图 2-58 "对象捕捉"对话框

设置好捕捉选项后，在状态栏激活"对象捕捉"对话框，或按〈F3〉键，或者按〈Ctrl+F〉组合键即可在绘图过程中启用捕捉选项。

启用对象捕捉后，将光标放在一个对象上，系统自动捕捉到对象上所有符合条件的几何特征点，并显示出相应的标记。如果光标放在捕捉点达 3s 以上，则系统将显示捕捉的提示文字信息。

在 AutoCAD 2016 中，也可以使用"对象捕捉"工具栏中的工具按钮随时打开捕捉，另外，按住〈Ctrl〉键或〈Shift〉键，并单击鼠标右键，将弹出对象捕捉快捷菜单，如图 2-59 所示。

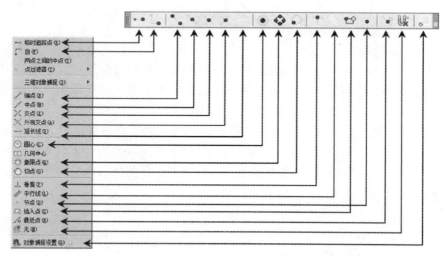

图 2-59 "对象捕捉"工具栏

"捕捉自（F）"工具并不是对象捕捉模式，但它却经常与对象捕捉一起使用。在使用相对坐标指定下一个应用点时，"捕捉自"工具可以提示用户输入基点，并将该点作为临时参考点，这与通过输入前缀"@"使用最后一个点作为参考点类似。

通过调整对象捕捉靶框，可以只对落在靶框内的对象使用对象捕捉。靶框大小应根据选择的对象、图形的缩放设置、显示分辨率和图形的密度进行设置。此外，还可以设置确定是否显示捕捉标记、自动捕捉标记框的大小和颜色、是否显示自动捕捉靶框等。

执行"工具|选项"菜单命令，或者单击"草图设置"对话框中的"选项"按钮，都可以打开"选项"对话框来选择"绘图"选项卡，即可进行对象捕捉的参数设置，如图 2-60 所示。

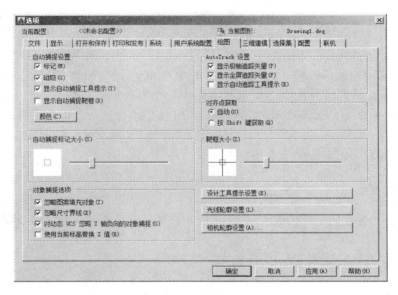

图 2-60　"绘图"选项卡

在"绘图"选项卡中，各主要选项的含义如下。

◆ "标记"复选框：当光标移到对象上或接近对象时，将显示对象捕捉位置。标记的形状取决于它所标记的捕捉。

◆ "磁吸"复选框：吸引并将光标锁定到检测到的最接近的捕捉点。提供一个形象化设置，与捕捉栅格类似。

◆ "显示自动捕捉工具提示"复选框：在光标位置用一个小标志指示正在捕捉对象的哪一部分。

◆ "显示自动捕捉靶框"复选框：围绕十字光标并定义从中计算哪个对象捕捉的区域。用户可以选择显示或不显示靶框，也可以改变靶框的大小。

⊃ 2.5.4　设置正交模式

"正交"的含义，是指在绘制图形时指定第一个点后，连接光标和起点的直线总是平行于 X 轴或 Y 轴。若捕捉设置为等轴测模式时，正交还迫使直线平行于第三个轴中的一个。在"正交"模式下，使用光标只能绘制水平直线或垂直直线，此时只要输入直线的长度就可。

用户可通过以下的方法来打开或关闭"正交"模式。

◆ 状态栏：单击"正交"按钮 。

◆ 快捷键：按〈F8〉键。

◆ 命令行：在命令行输入或动态输入"Ortho"命令，然后按〈Enter〉键。

⊃ 2.5.5 动态输入

在 AutoCAD 2016 中，使用动态输入功能可以在指针位置处显示标注输入和命令提示等信息，从而极大地方便了绘图。

在状态栏上单击 按钮来打开或关闭"动态输入"功能，若按〈F12〉键可以临时将其关闭。当用户启动"动态输入"功能后，其工具栏提示将在光标附近显示信息，该信息会随着光标的移动而动态更新，如图 2-61 所示。

在输入字段中输入值并按〈Tab〉键后，该字段将显示一个锁定图标，并且光标会受用户输入值的约束，随后可以在第二个输入字段中输入值，如图 2-62 所示。另外，如果用户输入值后按〈Enter〉键，则第二个字段被忽略，且该值将被视为直接距离输入。

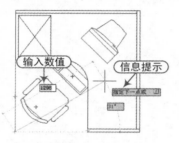

图 2-61　动态输入

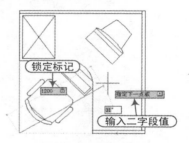

图 2-62　锁定标记

在状态栏的"动态输入"按钮 上右击，从弹出的快捷菜单中选择"设置"命令，将弹出"草图设置"对话框的"动态输入"选项卡。当勾选"启动指针输入"复选框，且有命令在执行时，十字光标的位置将在光标附近的工具栏提示中显示为坐标。

在"指针输入"和"标注输入"栏中分别单击"设置"按钮，将弹出"指针输入设置"和"标注输入的设置"对话框，可以设置坐标的默认格式以及控制指针输入工具栏提示的可见性等，如图 2-63 所示。

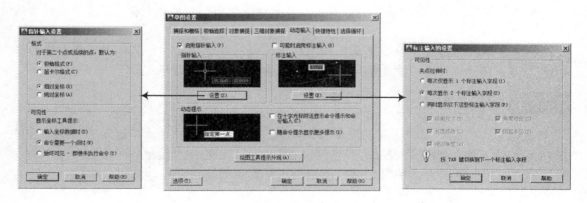

图 2-63　"动态输入"选项卡

↘ 2.6 新农村住宅轴线网的绘制实例

素材 视频\02\新农村住宅轴线网的绘制.avi
案例\02\新农村住宅轴线网.dwg

　　首先启动 AutoCAD 2016，并将其保存为所需的名称，然后根据需要设置绘图的环境、规划图层，使用直线命令绘制垂直和水平的轴线对象，再使用偏移命令将其轴线进行偏移。其最终效果如图 2-64 所示。

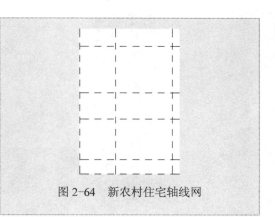

图 2-64　新农村住宅轴线网

　　在 AutoCAD 2016 环境中绘制图形之前，首先要启动 AutoCAD 2016，并将新创建的空白文件保存为所需的名称，然后根据需要设置绘图环境等，在此要设置图层对象，使用直线命令绘制垂直和水平的轴线对象，再使用偏移命令对其轴线进行偏移，使之符合所需的轴线环境。其具体操作步骤如下：

　　1）选择"开始|程序|Auto desk|Auto CAD 2016-Simplified Chinese |AutoCAD 2016"命令，正常启动 AutoCAD 2016，如图 2-65 所示。

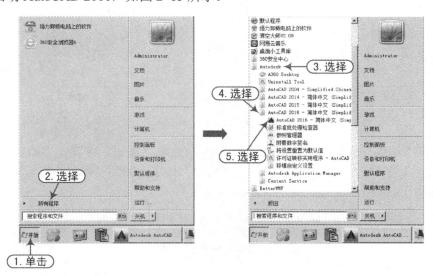

图 2-65　启动 AutoCAD 2016

　　2）此时软件将自动新建一个"Drawing1.dwg"文件，选择"文件|保存"菜单命令，系统将弹出"另存为"对话框，在"保存于"列表框中选择"案例\02"，在"文件名"文本框中输入"新农村住宅轴线网"，然后单击"保存"按钮，从而将文件保存为"案例\02\新农村住宅轴线网.dwg"，如图 2-66 所示。

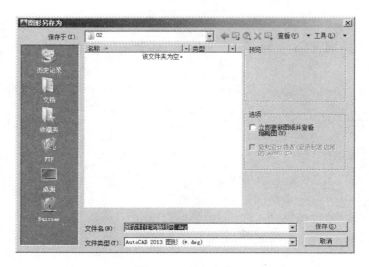

图 2-66　保存文件

3）选择"格式|图层"菜单命令，将弹出"图层特性管理器"面板，单击"新建图层"按钮 5 次，在"名称"列中将依次显示"图层 1"～"图层 5"，此时使用鼠标选择"图层 1"，并按〈F2〉键使之成为编辑状态，输入图层名称"轴线"；再按照同样的方法，分别将其他图层重新命名为"墙体""门窗""柱子"和"标注"，如图 2-67 所示。

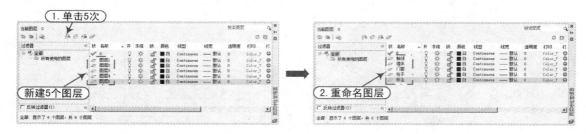

图 2-67　设置图层名称

4）选择"轴线"图层，在"颜色"列中单击该颜色按钮，将弹出"选择颜色"对话框，在该对话框中单击"红色"，然后单击"确定"按钮返回到"图层特性管理器"面板，从而设置该图层的颜色为红色，如图 2-68 所示。

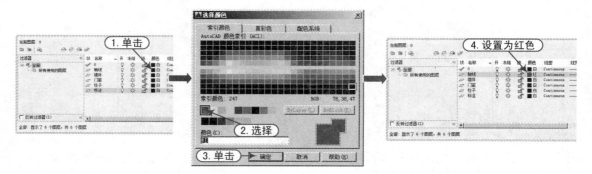

图 2-68　设置颜色

5）在"线型"列中单击该按钮，将弹出"选择线型"对话框，选择"DASHDOT"线型后单击"确定"按钮，从而设置该图层的线型对象为"DASHDOT"，如图 2-69 所示。

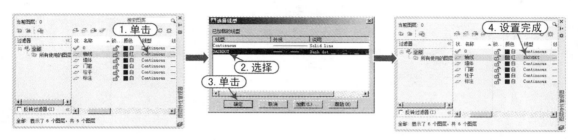

图 2-69 设置线型

提示　如果在"选择线型"对话框中找不到所需要的线型对象，此时用户可单击"加载"按钮，在弹出的"加载或重载线型"对话框选择所需的线型对象，然后单击"确定"按钮即可将其加载到"选择线型"对话框中，如图 2-70 所示。

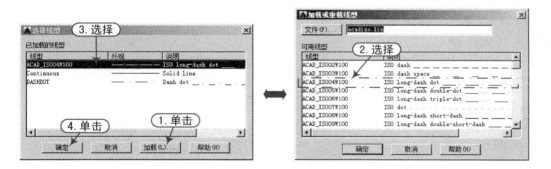

图 2-70 加载线型

6）再按照前面的方法，分别将"墙体""门窗""柱子"和"标注"图层的对象按照如表 2-2 所示进行设置，其设置的效果如图 2-71 所示。

表 2-2　设置图层

图层名称	颜色	线型	宽度
墙体	黑色	Continuous	0.30 mm
门窗	蓝色	Continuous	默认
柱子	黄色	Continuous	0.30 mm
标注	绿色	Continuous	默认

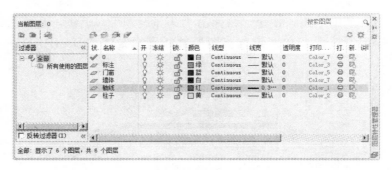

图 2-71 设置其他图层参数

7）在"图层"工具栏的"图层控制"下拉列表框中选择"轴线"图层，使之成为当前图层对象，如图 2-72 所示。

8）在"绘图"工具栏中单击"直线"按钮 ，在命令行的"指定第一点："提示下输入"0，0"，再在"指定下一点或[放弃(U)]："提示下输入"@0,15000"，然后按〈Enter〉键结束，从而自原点绘制一条垂直的线段，如图 2-73 所示。

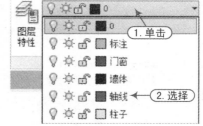

图 2-72 设置当前图层

9）同样，在"绘图"工具栏中单击"直线" 按钮，在命令行的"指定第一点："提示下输入"0，0"，再在"指定下一点或[放弃(U)]："提示下输入"@10000,0"，然后按〈Enter〉键结束，从而自原点绘制一条水平的线段，如图 2-74 所示。

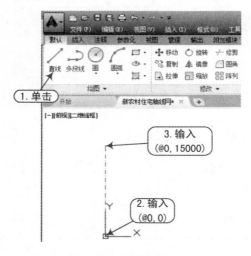

图 2-73 绘制的垂直线段

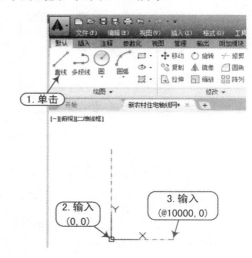

图 2-74 绘制的水平线段

10）在"修改"工具栏中单击"偏移"按钮 ，在命令行的"指定偏移距离："提示下输入 3600 并按〈Enter〉键，在"选择要偏移的对象："提示下选择垂直线段，在"指定要偏移的那一侧上的点"提示下选择垂直线段的右侧，从而将垂直线段向右偏移 3600，如图 2-75 所示。

11）再按照上面的方法将偏移的线段向右侧偏移 5700，将下侧的线段分别向上偏移 1500、4200、2700 和 4800，如图 2-76 所示。

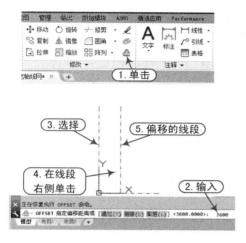

图 2-75 偏移的垂直线段

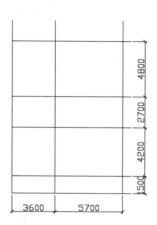

图 2-76 偏移其他线段

12）从当前图形对象可以看出，选择的"轴线"图层使用的线型为"DASHDOT"应该是虚线形式的，但当前观察并非虚线，而是实线形式的，这时用户可选择"格式｜线型"命令，将弹出"线型管理器"对话框，在"全局比例因子"文本框中输入 100，再单击"确定"按钮，则视图中的轴线将呈点画线状，如图 2-77 所示。

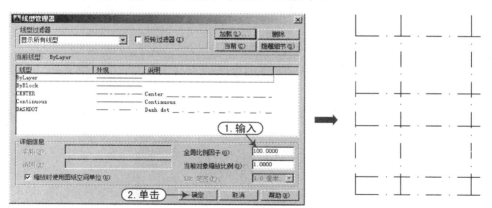

图 2-77 改变比例因子

13）至此，该新农村住宅轴线网已经绘制完成，用户可按〈Ctrl+S〉组合键对其进行保存。

第3章
AutoCAD 图形的绘制与编辑

本章导读

使用 CAD 绘图时，不仅需要创建一些简单的二维图形对象，还需要对复杂、不规则的图形使用编辑工具进行修改操作，如使用多线绘制墙体、窗、梁对象，使用多段线绘制钢筋等，从而使图形能更加准确与完善。

AutoCAD 2016 提供了一些常用的编辑命令，如移动、复制、旋转、缩放、延伸、阵列、偏移、合并、打断、圆角等，只要熟练地掌握了这些修改命令，不管多么复杂的图形对象都能够进行灵活绘制。

学习目标

- 掌握基本图形的绘制方法
- 演练住宅平面图轴线和墙体的绘制
- 掌握图形对象的不同选择方法
- 掌握图形的编辑与修改方法
- 演练住宅平面图门窗的绘制方法

预览效果图

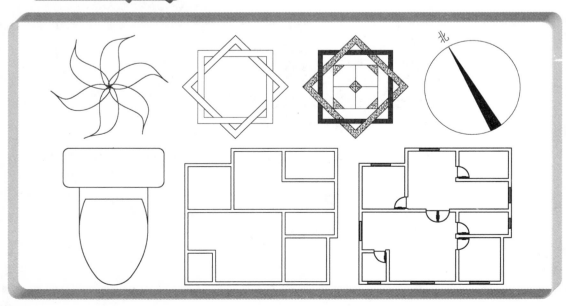

↘ 3.1　绘制基本图形

土木工程图形都是一些最基本的图形组合而成的，如点、直线、圆弧、圆、矩形、多边形、多线等。只有熟练地掌握了这些基本图形的绘制方法，才能够更加方便、快捷、灵活自如地绘制出复杂的图形来。

⊃ 3.1.1　绘制直线对象

直线对象可以是一条线段，也可以是一系列相连的线段，但每条线段都是独立的直线对象。通过调用 Line 命令及选择正确的终点顺序，可以绘制一系列首尾相接的直线段。

要绘制直线对象，用户可以通过以下 3 种方法。

◆ 菜单栏：选择"绘图｜直线"命令。

◆ 工具栏：在"绘图"工具栏上单击"直线"按钮。

◆ 命令行：在命令行中输入或动态输入"Line"命令（快捷键"L"）。

当执行直线命令并根据命令行提示进行操作，即可绘制一系列首尾相连的直线段所构成的对象（梯形），如图 3-1 所示。

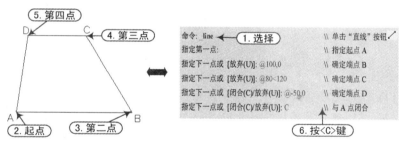

图 3-1　绘制的由直线对象构成的梯形

在绘制直线的过程中，各选项的含义如下。

◆ 指定第一点：通过键盘输入或者鼠标确定直线的起点位置。

◆ 闭合（C）：如果绘制了多条线段，最后要形成一个封闭的图形时，选择该选项并按〈Enter〉键，即可将最后确定的端点与第 1 个起点重合。

◆ 放弃（U）：选择该选项将撤销最近绘制的直线而不退出直线 Line 命令。

在 AutoCAD 2016 中，当命令操作有多个选项时，单击鼠标右键将弹出类似于如图 3-2 所示的快捷菜单，虽然命令选项会因命令的不同而不同，但基本选项大同小异。

图 3-2　快捷菜单

 提示　　用"直线"命令绘制的直线在默认状态下是没有宽度的，但可以通过不同的图层定义直线的线宽和颜色，在打印输出时，可以打印粗细不同的直线。

➲ 3.1.2　绘制构造线对象

构造线是两端无限长的直线，没有起点和终点，可以放置在三维空间的任何地方，它们不像直线、圆、圆弧、椭圆、正多边形等作为图形的构成元素，只是仅仅作为绘图过程中的辅助参考线。

要绘制构造线对象，用户可以使用以下 3 种方法。

◆ 菜单栏：选择"绘图 | 构造线"命令。

◆ 工具栏：在"绘图"工具栏上单击"构造线"按钮 ✎。

◆ 命令行：在命令行中输入或动态输入"Xline"命令（快捷键"XL"）。

执行构造线命令并根据命令行提示进行操作，即可绘制垂直和指定角度的构造线，如图 3-3 所示。

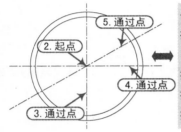

```
命令：_xline ←─── ( 1.执行构造线命令 )    \\ 单击"构造线"按钮 ✎
指定点或 [水平(H)/垂直(V)/角度(A)/二等分(B)/偏移(O)]：
                                        \\ 捕捉圆心点设置起点
指定通过点：                             \\ 指定通过点绘制垂直构造线
指定通过点：                             \\ 指定通过点绘制水平构造线
指定通过点：                             \\ 指定通过点绘制斜角构造线
```

图 3-3　绘制的构造段

在绘制构造线的过程中，各选项的含义如下。

◆ 水平（H）：创建一条经过指定点并且与当前坐标 x 轴平行的构造线。

◆ 垂直（V）：创建一条经过指定点并且与当前坐标 y 轴平行的构造线。

◆ 角度（A）：创建与 x 轴成指定角度的构造线；也可以先指定一条参考线，再指定直线与构造线的角度；还可以先指定构造线的角度，再设置通过点，如图 3-4 所示。

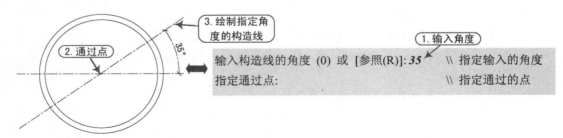

```
输入构造线的角度 (0) 或 [参照(R)]：35    \\ 指定输入的角度
指定通过点：                           \\ 指定通过的点
```

图 3-4　绘制指定角度的构造线

◆ 二等分（B）：创建二等分指定的构造线，即角平分线，要指定等分角的顶点、起点和端点，如图 3-5 所示。

◆ 偏移（O）：创建平行指定基线的构造线，需要先指定偏移距离，选择基线，然后指明构造线位于基线的哪一侧，如图 3-6 所示。

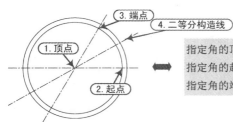

图 3-5　绘制角平分线

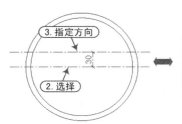

图 3-6　偏移的构造线

提示　　　在绘制构造线时，若没有指定构造线的类型，用户可在视图中指定任意两点来绘制一条构造线。

◯ 3.1.3　绘制多段线对象

多段线是作为单个对象创建的相互连接的线段序列，可以创建直线段、圆弧段或两者的组合线段。它可适用于地形、气压和其他科学应用的轮廓素线、布线图和印制电路板布局、流程图和布管图、三维实体建模的拉伸轮廓和拉伸路径等。

要绘制多段线对象，用户可以使用以下 3 种方法。

◆ 菜单栏：选择"绘图 | 多段线"命令。

◆ 工具栏：在"绘图"工具栏上单击"多段线"按钮⏜。

◆ 命令行：在命令行中输入或动态输入"Pline"命令（快捷键"PL"）。

执行多段线命令并根据命令行提示进行操作，即可绘制带箭头的构造线，如图 3-7 所示。

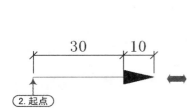

图 3-7　绘制带箭头的构造线

在绘制多段线的过程中，各选项含义如下。

◆ 圆弧（A）：从绘制的直线方式切换到绘制圆弧方式，如图 3-8 所示。
◆ 半宽（H）：设置多段线的一半宽度，用户可分别指定多段线的起点半宽和终点半宽，如图 3-9 所示。

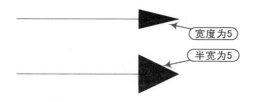

图 3-8　圆弧多段线

图 3-9　半宽多段线

◆ 长度（L）：指定绘制直线段的长度。
◆ 放弃（U）：删除多段线的前一段对象，从而方便用户及时修改在绘制多段线过程中出现的错误。
◆ 宽度（W）：设置多段线的不同起点和端点宽度，如图 3-10 所示。

 　当用户设置了多段线的宽度时，可通过 FILL 变量来设置是否对多段线进行填充。如果设置为"开（ON）"，则表示填充，若设置为"关（OFF）"，则表示不填充，如图 3-11 所示。

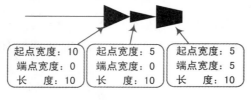

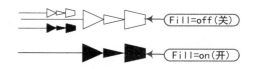

图 3-10　绘制不同宽度的多段线

图 3-11　是否填充的效果

◆ 闭合（C）：与起点闭合，并结束命令。当多段线的宽度大于 0 时，若想绘制闭合的多段线，一定要选择"闭合（C）"选项，这样才能使其完全闭合，否则即使起点与终点重合也会出现缺口现象，如图 3-12 所示。

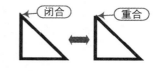

图 3-12　起点与终点是否闭合

⊃ 3.1.4　绘制圆对象

圆是工程制图中另一种常见的基本实体，若要绘制圆对象，用户可以使用以下 3 种方法。

◆ 菜单栏：选择"绘图 | 圆"子菜单下的相关命令，如图 3-13 所示。
◆ 工具栏：在"绘图"工具栏上单击"圆"按钮 ⊙。
◆ 命令行：在命令行中输入或动态输入"Circle"命令

图 3-13　"圆"子菜单的相关命令

（快捷键"C"）。

在 AutoCAD 2016 中，可以使用 6 种方法来绘制圆对象，如图 3-14 所示。

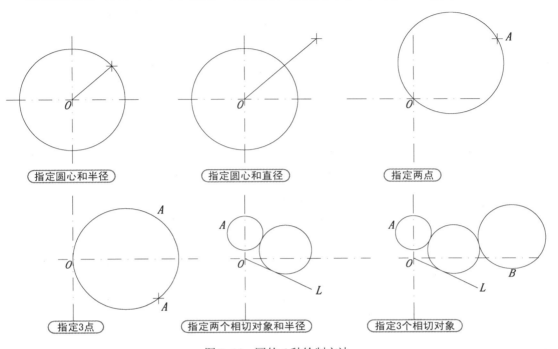

指定圆心和半径　　　　指定圆心和直径　　　　指定两点

指定3点　　　指定两个相切对象和半径　　　指定3个相切对象

图 3-14　圆的 6 种绘制方法

在"绘图｜圆"命令的子菜单中，各命令的功能如下。

◆ "绘图｜圆｜圆心、半径"命令：指定圆的圆心和半径绘制圆。

◆ "绘图｜圆｜圆心、直径"命令：指定圆的圆心和直径绘制圆。

◆ "绘图｜圆｜两点"命令：指定两个点，并以两个点之间的距离为直径来绘制圆。

◆ "绘图｜圆｜三点"命令：指定 3 个点来绘制圆。

◆ "绘图｜圆｜相切、相切、半径"命令：以指定的值为半径，绘制一个与两个对象
相切的圆。在绘制时，需要先指定与圆相切的两个对象，然后指定圆的半径。

◆ "绘图｜圆｜相切、相切、相切"命令：依次指定与圆相切的 3 个对象来绘制圆。

如果在命令提示要求输入半径或者直径时所输入的值无效，如英文字母、负值等，系
统将显示"需要数值距离或第二点""值必须为正且非零"等信息，并提示重新输入值或者
退出。

 　　　　在"指定圆的半径或[直径(D)]:"提示下，也可移动十字光标至合
适位置单击，系统将自动把圆心和十字光标确定的点之间的距离作为圆
的半径，绘制出一个圆。

⊃ 3.1.5　绘制圆弧对象

在 AutoCAD 中，提供了多种画弧的方式，可以指定圆心、端点、起点、半径、角度、

弦长和方向值的各种组合形式。

要绘制圆弧对象，用户可以使用以下 3 种方法。

◆ 菜单栏：选择"绘图丨圆弧"子菜单下的相关命令，如图 3-15 所示。

◆ 工具栏：在"绘图"工具栏上单击"圆弧"按钮 。

◆ 命令行：在命令行中输入或动态输入"Arc"命令（快捷键"A"）。

执行"圆弧"命令并根据提示进行操作，即可绘制一个圆弧，如图 3-16 所示。

图 3-15　圆弧的子菜单命令

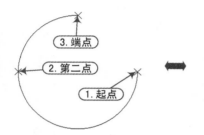

```
命令: _arc ← 1. 执行"圆弧"命令  \\单击"圆弧"按钮
指定圆弧的起点或 [圆心(C)]:
指定圆弧的第二个点或 [圆心(C)/端点(E)]:
指定圆弧的端点:
```

图 3-16　绘制的圆弧

在"绘图丨圆弧"子菜单下，有多种绘制圆弧的方式，其具体含义如下。

◆ "三点"：通过指定三点可以绘制圆弧。

◆ "起点、圆心、端点"：如果已知起点、圆心和端点，可以通过指定起点或圆心来绘制圆弧，如图 3-17 所示。

◆ "起点、圆心、角度"：如果存在可以捕捉到的起点和圆心点，并且已知包含角度，请使用"起点、圆心、角度"或"圆心、起点、角度"选项，如图 3-18 所示。

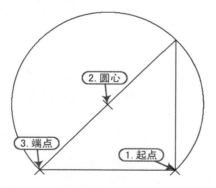

图 3-17　"起点、圆心、端点"法画圆弧

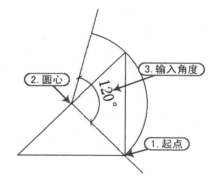

图 3-18　"起点、圆心、角度"法画圆弧

◆ "起点、圆心、长度"：如果存在可以捕捉到的起点和圆心，并且已知弦长，此时可执行"起点、圆心、长度"或"圆心、起点、长度"选项，如图 3-19 所示。

◆ "起点、端点、方向/半径"：如果存在起点和端点，此时可执行"起点、端点、方向"或"起点、端点、半径"选项，如图 3-20 所示。

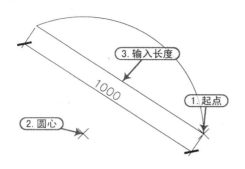

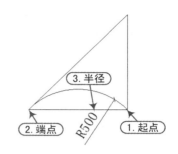

图 3-19 "起点、圆心、长度"法画圆弧　　　　　图 3-20 "起点、圆心、方向/半径"法画圆弧

 提示　　　完成圆弧的绘制后，启动直线命令"Line"，在"指定第一点:"提示下直接按〈Enter〉键，再输入直线的长度数值，可以立即绘制一端与该圆弧相切的直线。其提示如下所示，其视图效果如图 3-21 所示。

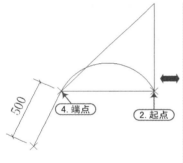

命令: _arc ◄── ① 执行"圆弧"命令　\\单击"圆弧"按钮
指定圆弧的起点或 [圆心(C)]:
指定圆弧的第二个点或 [圆心(C)/端点(E)]: _e ◄── ③ 输入
指定圆弧的端点:
指定圆弧的圆心或 [角度(A)/方向(D)/半径(R)]: _r ◄── ⑤ 输入
指定圆弧的半径: 400 ◄── ⑥ 输入
命令: _line ◄── ⑦ 执行直线命令　\\单击"直线"按钮
指定第一点: 直接按回车键 ◄── ⑧ 按〈Enter〉键
直线长度: 500 ◄── ⑨ 输入

图 3-21 绘制与圆弧相切的直线段

⊃ 3.1.6 绘制矩形对象

矩形命令是 AutoCAD 最基本的平面绘图命令，用户在绘制矩形时仅需提供两个对角的坐标即可。在 AutoCAD 2016 中，用户绘制矩形时可以进行多种设置，使用该命令创建的矩形是由封闭的多段线作为矩形的 4 条边。

要绘制矩形对象，用户可以使用以下 3 种方法。

◆ 菜单栏: 选择"绘图 | 矩形"命令。

◆ 工具栏: 在"绘图"工具栏上单击"矩形"按钮 □。

◆ 命令行: 在命令行中输入或动态输入"Rectang"命令（快捷键"REC"）。

当执行矩形命令，并根据命令行提示进行操作，即可绘制一个矩形，如图 3-22 所示。

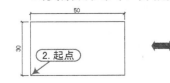

命令: _rectang ◄── ① 执行"矩形"命令　\\单击"矩形"按钮 □
指定第一个角点或 [倒角(C)/标高(E)/圆角(F)/厚度(T)/宽度(W)]:
指定另一个角点或 [面积(A)/尺寸(D)/旋转(R)]: @30,50 ◄── ③ 输入

图 3-22 绘制的矩形

在绘制矩形的过程中，各选项含义如下。

◆ 倒角（C）：指定矩形的第一个与第二个倒角的距离，如图 3-23 所示。

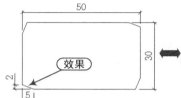

图 3-23　绘制的倒角矩形

◆ 标高（E）：指定矩形距 xy 平面的高度，如图 3-24 所示。

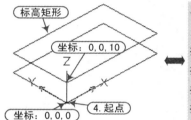

图 3-24　绘制的标高矩形

◆ 圆角（F）：指定带圆角半径的矩形，如图 3-25 所示。

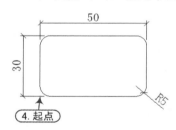

图 3-25　绘制的圆角矩形

◆ 厚度（T）：指定矩形的厚度，如图 3-26 所示。

◆ 宽度（W）：指定矩形的线宽，如图 3-27 所示。

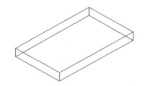

图 3-26　绘制的厚度矩形

图 3-27　绘制的宽度矩形

◆ 面积（A）：通过指定矩形的面积来确定矩形的长或宽。

◆ 尺寸（D）：通过指定矩形的宽度、高度和矩形另一角点的方向来确定矩形。

◆ 旋转（R）：通过指定矩形旋转的角度来绘制矩形。

提示 　　在 AutoCAD 中，使用"矩形"命令（Rectang）所绘制的矩形对象是一个整体，不能单独进行编辑。若需要进行单独编辑，应将其对象分解后再操作。

➲ 3.1.7　绘制正多边形对象

正多边形是由多条等长的封闭线段构成的，利用正多边形命令可以绘制由 3～1024 条边组成的正多边形。

要绘制正多边形对象，用户可以使用以下 3 种方法。

◆ 菜单栏：选择"绘图｜正多边形"命令。

◆ 工具栏：在"绘图"工具栏上单击"正多边形"按钮⬠。

◆ 命令行：在命令行中输入或动态输入"Polygon"命令（快捷键"POL"）。

执行正多边命令，并根据提示进行操作，即可绘制一个正多边形，如图 3-28 所示。

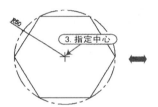

命令: _polygon ← 1.执行"多边形"命令 \\单击"正多边形"按钮⬠
输入边的数目 <4>: 6 ← 2.输入 \\指定多边形的边数
指定正多边形的中心点或 [边(E)]: \\指定中心点
输入选项 [内接于圆(I)/外切于圆(C)] <I>: i ← 4.输入
指定圆的半径: 50 ← 5.输入

图 3-28　绘制内接正六边形

如果用户可以在"输入选项[内接于圆(I)/外切于圆(C)]"提示下输入 C，则绘制外切正六边形，如图 3-29 所示。

命令: _polygon ← 1.执行"多边形"命令 \\单击"正多边形"按钮⬠
输入边的数目 <4>: 6 ← 2.输入 \\指定多边形的边数
指定正多边形的中心点或 [边(E)]: \\指定中心点
输入选项 [内接于圆(I)/外切于圆(C)] <I>: C ← 4.输入
指定圆的半径: 50 ← 5.输入

图 3-29　绘制外切正六边形

在绘制正多边形的过程中，各选项含义如下。

◆ 中心点：通过指定一个点来确定正多边形的中心点。

◆ 边（E）：通过指定正多边形的边长和数量来绘制正多边形，如图 3-30 所示。

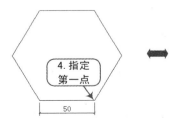

命令: _polygon ← 1.执行"多边形"命令 击"正多边形"按钮⬠
输入边的数目 <4>: 6 ← 2.输入
指定正多边形的中心点或 [边(E)]: e ← 3.输入
指定边的第一个端点: \\确定第一个端点
指定边的第二个端点: @-50,0 ← 5.输入

图 3-30　指定边长及数量

◆ 内接于圆（I）：以指定多边形外接圆半径的方式来绘制正多边形，如图 3-31 所示。

◆ 外切于圆（C）：以指定多边形内切圆半径的方式来绘制正多边形，如图 3-32 所示。

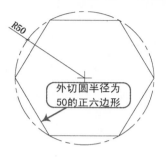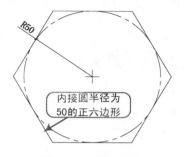

图 3-31　内接于圆　　　　　　　　图 3-32　外切于圆

1）使用正多边形命令，绘制的正多边形是一个整体，不能单独进行编辑，如确需进行单独编辑，应将其对象分解后操作。

2）利用边长绘制出正多边形时，用户确定的两个点之间的距离即为多边形的边长，两个点可通过捕捉栅格或相对坐标方式确定。

3）利用边长绘制正多边形时，绘制出的正多边形的位置和方向与用户确定的两个端点的相对位置有关。

⊃ 3.1.8　绘制点对象

在 AutoCAD 中，可以一次绘制多个点，也可以一次性绘制单个点，它相当于在图纸的指定位置旋转一个特定的点符号。可以通过"单点""多点""定数等分"和"定距等分"4 种方式来创建点对象。

要绘制点对象，用户可以使用以下 3 种方法。

◆ 菜单栏：选择"绘图丨点"子菜单下的相关命令，如图 3-33 所示。

◆ 工具栏：单击"绘图"工具栏的"点"按钮 。

◆ 命令行：在命令行输入或动态输入"Point"命令（快捷键"PO"）。

执行点命令后，在命令行"指定点："的提示下，使用鼠标在窗口的指定位置单击即可绘制点对象。

AutoCAD 可以设置点的不同样式和大小，用户可选择"格式丨点样式"命令，或者在命令行中输入"ddptype"，即可弹出"点样式"对话框，从而设置不同点样式和大小，如图 3-34 所示。

在"点样式"对话框中，各选项的含义如下。

◆ 点样式：在上侧的多个点样式中，列出了 AutoCAD 2016 提供的所有点样式，且每个点对应一个系统变量（PDMODE）值。

◆ 点大小：设置点的显示大小，可以相对于屏幕设置点的大小，也可以设置绝对单位点的大小，用户在命令行中输入系统变量（PDSIZE）来重新设置。

◆ 相对于屏幕设置大小（R）：按屏幕尺寸的百分比设置点的显示大小，当进行缩放时，点的显示大小并不改变。

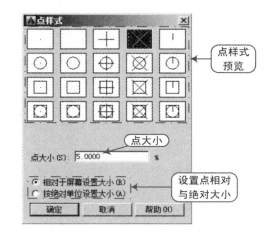

点样式预览

点大小

设置点相对
与绝对大小

图 3-33　绘制点的几种方式　　　　　　图 3-34　"点样式"对话框

◆ 按绝对单位设置大小（A）：按照"点大小"文本框中值的实际单位来设置点显示大
　小。当进行缩放时，AutoCAD 显示点的大小会随之改变。

1．等分点

等分点命令的功能是以相等的长度设置点或图块的位置，被等分的对象可以是线段、
圆、圆弧以及多段线等实体。选择"绘图｜点｜定数等分"菜单命令，或者在命令行中输入
"Divide"命令，然后按照命令行提示进行操作，等分的效果如图 3-35 所示。

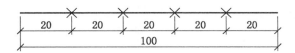

选择要定数等分的对象:　　　\\选择要等分的对象
输入线段数目或 [块(B)]: 5　　\\输入线段的等分数

图 3-35　五等分后的线段

 提示　　在输入等分对象的数量时，其输入值为 2～32767。

2．等距点

等距点命令用于在选择的实体上按给定的距离放置点或图块。选择"绘图｜点｜定距等
分"命令，或者在命令行输入"Measure"命令，然后按照命令行提示进行操作，等分的效
果如图 3-36 所示。

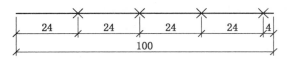

选择要定距等分的对象:　　　\\选择要定距等分的对象
指定线段长度或 [块(B)]: 24　\\输入线段的长度

图 3-36　以 24 mm 为单位定距等分线段

⊃ 3.1.9 图案填充对象

当需要用一个重复的图案填充某个区域时，可以使用图案填充命令建立一个关联的填充

阴影对象。

用户可以通过以下几种方法来执行图案填充命令。

◆ 菜单栏：选择"绘图 | 图案填充"菜单命令。

◆ 工具栏：在"绘图"工具栏中单击"图案填充"按钮 🔲 。

◆ 命令行：在命令行中输入或动态输入"Bhatch"（快捷键"H"）。

启动图案填充命令之后，将弹出"图案填充或渐变色"对话框，根据要求选择封闭的图形区域，并设置填充的图案、比例、填充原点等，即可对其进行图案填充，如图 3-37 所示。

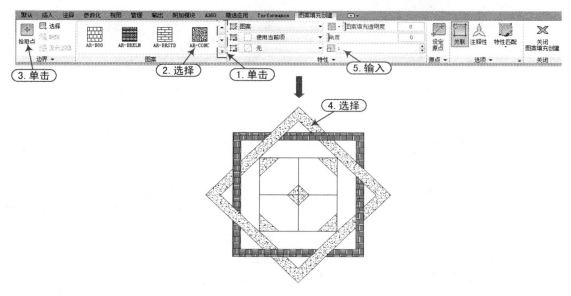

图 3-37 图案填充

1）"边界"面板：用于指定是否将填充边界保留为对象，并确定其对象类型。

➤ 拾取点 🔲 ：用于根据图中现有的对象自动确定填充区域的边界，该方式要求这些对象必须构成一个闭合区域。单击该按钮，在闭合区域内拾取一点，系统将自动确定该点的封闭边界，并将边界加粗加亮显示，如图 3-38 所示。

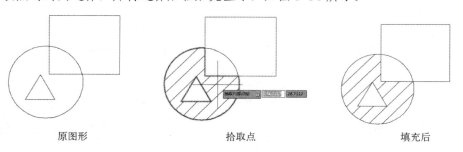

原图形　　　　　拾取点　　　　　填充后

图 3-38 添加拾取点

➤ 添加选择对象 🔲 ：以选择对象的方式确定填充区域的边界，用户可以根据需要选择构成填充区域的边界，如图 3-39 所示。

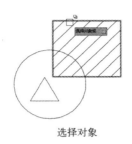

| 原图形 | 选择对象 | 填充后 |

图3-39 选择对象

➤ 删除边界⬚⃟✕：用于从边界定义中删除以前添加的任何对象，如图3-40所示。

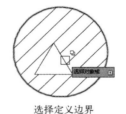

| 删除前 | 选择定义边界 | 删除后填充高效果 |

图3-40 删除边界

➤ 重新创建⬚：围绕选定的图形边界或填充对象创建多段线或面域，并使其与图案填充对象相关联（可选）。如果未定义图案填充，则此选项不可选用。

2）"图案"面板：可以选择图案填充的样式，单击其右侧的上下按钮可选择相应图案，单击下拉按钮即可在下拉列表中选择所需的预定义图案，如图3-41所示。

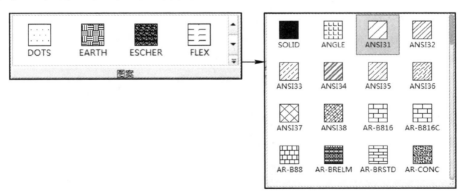

图3-41 图案面板

3）"特性"面板：用于设定填充图案的属性，其含有4个选项：图案样式、类型、填充颜色和填充比例等，如图3-42所示。

➤ 图案填充类型⬚：用于显示当前图案类型及设置填充图案的类型，其中包含实体、渐变色、图案和用户定义4个选项，如图3-43所示。

图 3-42　"特性"面板　　　　　　　　　　　图 3-43　图案填充类型

- 图案填充颜色 ▥：用于显示和设置当前图案的填充颜色。单击右侧下拉按钮可显示可用颜色。
- 背景色 ▦：用于显示和设置当前填充图案的背景色。单击右侧下拉按钮，可选择背景颜色，如图 3-44 所示。

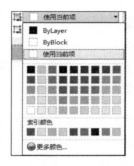
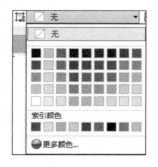

图 3-44　设置图案填充颜色和设置背景色

- 透明度 ▨：用于设置当前填充图案的透明程度。用户可单击其右侧下拉按钮，选择相应的透明度，还可以在右侧文本框中输入相应透明度参数。
- 角度 ▭：指定填充图案相对于当前用户坐标系 X 轴的旋转角度，用户可在右侧的文本框中输入相应的角度参数。例如，填充样例 "ANSI-31" 的图案角度为 0° 和 90° 时，其显示效果如图 3-45 所示。
- 比例 ▤：设置填充图案的缩放比例，以使图案的外观变得更稀疏或更紧密。例如，填充样例 "ANSI-31" 的图案比例为 1 和 10 时，其显示效果如图 3-46 所示。

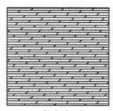
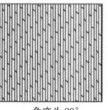
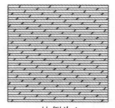
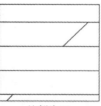

角度为 0°　　　　　　　　角度为 90°　　　　　　　比例为 1　　　　　　　　比例为 10

图 3-45　角度填充效果　　　　　　　　　　　图 3-46　比例填充效果

- 图案填充图层替代 ▧：可以指定为新的图案填充指定一个图层来替代当前图层。
- 双向 ▦：只有设置 "类型" 为 "用户定义" 时，该参数才能被激活，用于填充设定距离的一组平行线，或是相互垂直的两组平行线。激活按钮为相互垂直两组平行线填充，否则为一组平行线填充。

4）"原点"面板：用于确定填充图案的原点。其中包括：使用当前原点（为默认原点）、左下、左上、右上、右下、中心等，如图3-47所示。

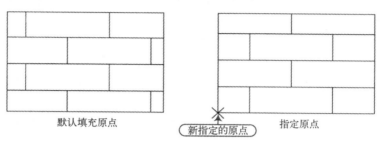

图3-47 原点设置

5）"选项"面板：用于设置填充图案的关联性、注释性及特性匹配。

➤ 关联性▦：控制用户修改填充图案边界时，是否自动更新图案填充。

➤ 注释性▲：指定根据视口比例，自动调整填充图案比例。

➤ 特性匹配▦：使用选定的图案填充特性，应用到其他填充图案，图案填充原点除外。

6）"关闭"面板✖：单击按钮关闭图案填充选项卡，退出"图案填充"命令。

3.1.10 绘制多线对象

多线是由多条平行线组合形成的图形对象，用户可以通过以下几种方法来执行多线命令。

◆ 菜单栏：选择"绘图 | 多线"菜单命令。

◆ 工具栏：在"绘图"工具栏中单击"多线"按钮 ╲╲ 。

◆ 命令行：在命令行中输入或动态输入"Mline"（快捷键"ML"）。

当执行多线命令，系统将显示当前的设置（如对正方式、比例和多样样式），用户可以根据如下命令行提示进行设置，然后依次确定多线起点和下一点，从而绘制多线，其操作步骤如图3-48所示。

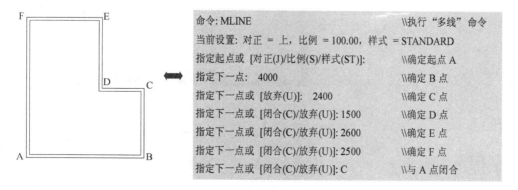

图3-48 绘制的多线

用户在绘制多线确定下一点时，可按〈F8〉键切换到正交模式，使用鼠标水平或垂直指向绘制的方向，然后在键盘上输入该多线的长度值即可。

执行多线命令，命令行中各选项的含义如下。

◆ 对正（J）：指定多线的对正方式。选择该项后，将显示如下提示，每种对正方式的示意图如图 3-49 所示。

输入对正类型 [上(T)/无(Z)/下(B)] <上>: \\ 选择多线的样式

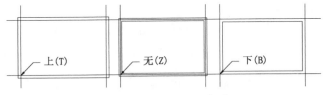

图 3-49   不同的对正方式

◆ 比例（S）：可以控制多线绘制时的比例。选择该项后，将显示如下提示，不同比例因子的示意图如图 3-50 所示。

输入多线比例 <20.00>: \\ 输入多线的比例因子

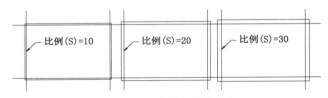

图 3-50   不同的比例因子

◆ 样式（ST）：用于设置多线的线型样式，其默认为标准型（STANDARD）。选择该项后，将显示如下提示，不同多线样式的示意图如图 3-51 所示。

输入多线样式名或 [?]: \\ 输入多样的样式名称

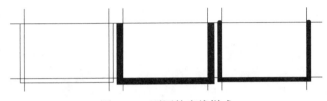

图 3-51   不同的多线样式

如果用户不知道当前文档中设置了哪些多样样式，可以在"输入多线样式名或 [?]:"提示下输入"？"，将弹出一个文本窗口显示当前样式的名称，如图 3-52 所示。

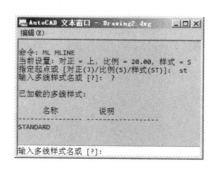

图 3-52　显示当前已有的多线样式

⊃ 3.1.11　设置多线样式

执行多线命令时，命令行显示"输入多线样式名或[？]"提示信息，当输入"？"，命令行会显示已被定义的多线样式。用户可以直接用已存在的多线样式，也可以使用"多线样式"对话框来新建多线样式。

用户可以通过以下几种方法来新建多线样式。

◆ 菜单栏：选择"格式 | 多线样式"菜单命令。

◆ 命令行：在命令行中输入或动态输入"mlstyle"。

启动多线样式命令之后，将弹出"多线样式"对话框，如图 3-53 所示。"多线样式"对话框中各功能按钮的含义说明如下。

◆ "样式"列表框：显示已经设置好或加载的多线样式。

◆ "置为当前"按钮：将"样式"列表框中所选择的多线样式设置为当前模式。

◆ "新建"按钮：单击该按钮，将弹出"创建新的多线样式"对话框，从而可以创建新的多线样式，如图 3-54 所示。

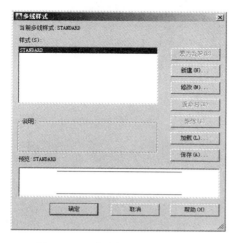

图 3-53　"多线样式"对话框

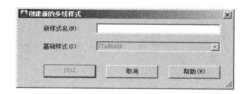

图 3-54　"创建新的多线样式"对话框

◆ "修改"按钮：在"样式"列表框中选择样式并单击该按钮，将弹出"修改多线样式：XX"对话框，即可修改多线的样式，如图 3-55 所示。

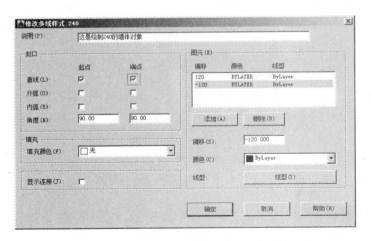

图 3-55 "修改多线样式：XX"对话框

 提示　　若当前文档中已经绘制了多线样式，那么就不能对该多线样式进行修改。

◆ "重命名"按钮：将"样式"列表框中所选择的样式重新命名。
◆ "删除"按钮：将"样式"列表框中所选择的样式删除。
◆ "加载"按钮：单击该按钮，将弹出如图 3-56 所示的"加载多线样式"对话框，从而可以将更多的多线样式加载到当前文档中。
◆ "保存"按钮：单击该按钮，将弹出如图 3-57 所示的"保存多线样式"对话框，将当前的多线样式保存为一个多线文件（*.mln）。

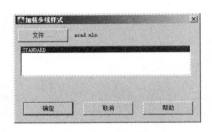

图 3-56 "加载多线样式"对话框　　　　　　　图 3-57 "保存多线样式"

在"修改多线样式：XX"对话框中，常用选项的含义说明如下：
◆ "说明"：对新建的多线样式的补充说明。
◆ "起点""端点"：勾选该复选框，则绘制的多线首尾相连。

◆ "角度"：平行线之间端点的连线的角度偏移。
◆ "填充颜色"：多线中平等线之间是否填充颜色。
◆ "显示连接"：勾选该复选框，则绘制的多线是互相连接的。
◆ "图元"区域：单击白色显示框中的偏移、颜色、线型下的各个数据或样式名，可在下面相应的各选项中修改其特性。"添加"与"删除"两个按钮用于添加和删除多线中的某一单个平行线。

3.1.12 编辑多线

在 AutoCAD 2016 中，所绘制的多线对象可通过编辑多线不同交点方式来修改多线，以完成对各种绘制的需要。

用户可以通过以下几种方法来修改多线样式。

◆ 菜单栏：选择"修改|对象|多线"命令。
◆ 命令行：在命令行中输入或动态输入"Mledit"。

执行上述操作后，将弹出"多线编辑工具"对话框，如图 3-58 所示。用户可直接选择相应的按钮，返回绘图区，再单击需要修改的多线即可。

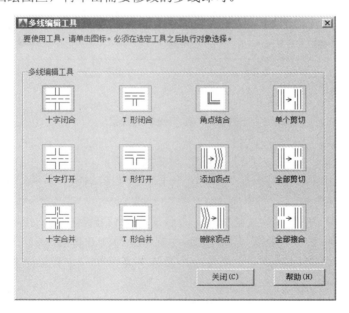

图 3-58 "多线编辑工具"对话框

在"多线编辑工具"对话框中，各工具选项的含义及编辑的效果如下。

◆ "十字闭合"：表示相交两多线的十字封闭状态，AB 分别代表选择多线的次序，垂直多线为 A，水平多线为 B。
◆ "十字打开"：表示相交两多线的十字开放状态，将两线的相交部分全部断开，第一条多线的轴线在相交部分也要断开。
◆ "十字合并"：表示相交两多线的十字合并状态，将两线的相交部分全部断开，但两条多线的轴线在相交部分相交。如图 3-59 所示。

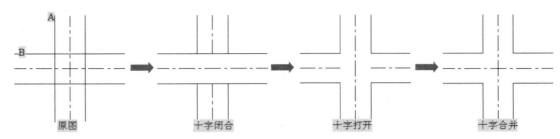

图 3-59　十字编辑的效果

◆　"T 形闭合"：表示相交两多线的 T 形封闭状态，将选择的第一条多线与第二条多线的相交部分修剪掉，而第二条多线保持原样连通。

◆　"T 形打开"：表示相交两多线的 T 形开放状态，将两线的相交部分全部断开，但第一条多线的轴线在相交部分也断开。

◆　"T 形合并"：表示相交两多线的 T 形合并状态，将两线的相交部分全部断开，但第一条与第二条多线的轴线在相交部分相交，如图 3-60 所示。

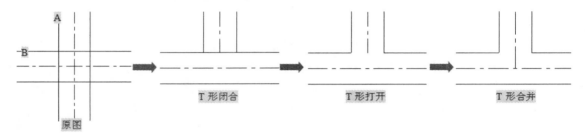

图 3-60　T 形编辑的效果

　在处理十字相交和 T 形相交多线时，用户应当注意选择多线的顺序，如果选择顺序不恰当，可能得到的结果也不会切合实际需要。

◆　"角点结合"：表示修剪或延长两条多线直到它们接触形成一相交角，将第一条和第二条多线的拾取部分保留，并将其相交部分全部断开剪去。

◆　"添加顶点"：表示在多线上产生一个顶点并显示出来，相当于打开显示连接开关，显示交点一样。

◆　"删除顶点"：表示删除多线转折处的交点，使其变为直线形多线。删除某顶点后，系统会将该顶点两边的另外两顶点连接成一条多线线段。如图 3-61 所示。

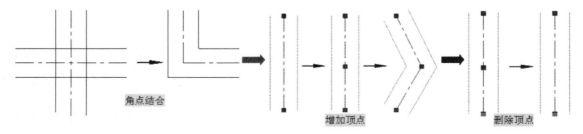

图 3-61　角点编辑的效果

◆ "单个剪切": 表示在多线中的某条线上拾取两个点从而断开此线。

◆ "全部剪切": 表示在多线上拾取两个点从而将此多线全部切断一截。

◆ "全部接合": 表示连接多线中的所有可见间断, 但不能用来连接两条单独的多线。如图 3-62 所示。

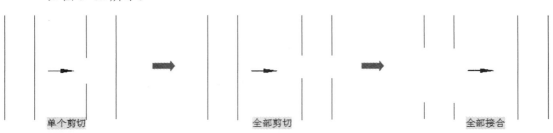

图 3-62　多线的剪切与结合

↘ 3.2　绘制住宅平面图轴线和墙体

素材 视频\03\住宅平面图轴线和墙体的绘制.avi
案例\03\住宅平面图轴线和墙体.dwg

在绘制住宅平面图的墙体时, 首先新建 4 个图层, 用于辅助绘图; 使用直线、偏移、修剪等命令, 绘制轴网线; 然后新建 "Q240" 多线样式, 使用 "多线" 命令绘制墙体, 再对多线墙体对象进行编辑, 从而完成图形的绘制, 最终效果如图 3-63 所示。

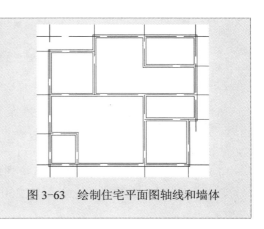

图 3-63　绘制住宅平面图轴线和墙体

1）启动 AutoCAD 2016 软件, 执行 "文件 | 保存" 菜单命令, 将打开的空白文件保存为 "案例\03\住宅平面图轴线和墙体.dwg" 文件。

2）执行 "格式 | 图形界限" 菜单命令, 依照提示, 设定图形界限的左下角为(0, 0), 右上角为(42000, 29700)。

3）在命令行输入<Z>→<空格>→<A>, 使输入的图形界限区域全部显示在图形窗口内。

4）执行 "格式 | 图层" 菜单命令, 打开 "图层特性管理器" 对话框, 然后按照如表 3-1 所示来建立图层, 所建立的图层效果如图 3-64 所示。

表 3-1　图层设置

序号	图层名	线宽	线型	颜色	打印属性	描述内容
1	轴线	默认	ACAD_ISO04W100	红色	不打印	轴网线
2	墙体	0.30mm	实线(CONTINUOUS)	黑色	打印	墙体
3	门窗	默认	实线(CONTINUOUS)	绿色	打印	门窗
4	标注	默认	实线(CONTINUOUS)	蓝色	打印	尺寸、文字标注

图 3-64　新建图层

5）单击"图层"工具栏上的"图层控制"下拉列表，将"轴线"置为当前图层，如图 3-65 所示。

图 3-65　选择"轴线"图层

6）按〈F8〉键打开正交模式。执行"直线"（L）命令，绘制高 12500 的垂直线段；再执行"偏移"命令（O），将绘制的垂直线段向右依次偏移 2100、1400、3900、3400 和 600，如图 3-66 所示。

7）执行"直线"（L）命令，绘制长 13400 的水平线段；再执行"偏移"命令（O），将绘制的水平线段向上各偏移 2500、1200、2000、2400、1200 和 1200，如图 3-67 所示。

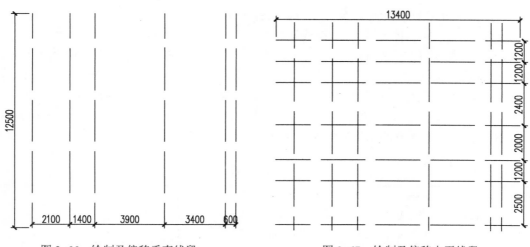

图 3-66　绘制及偏移垂直线段　　　　　图 3-67　绘制及偏移水平线段

提示 如果用户觉得绘制的轴线 ACAD_ISOO4W100 线型看上去并非点画线状，可以使用〈Ctrl+1〉组合键，打开"特性"面板，在"线型比例"处输入比例值"2"，如图 3-68 所示，此时所绘制的轴线呈点画线状。

8）使用"修剪"（TR）命令，修剪掉多余的线段，结果如图 3-69 所示。

图 3-68　特性面板

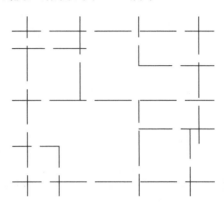

图 3-69　修剪掉多余线段

9）执行"格式｜多线样式"菜单命令，打开"多线样式"对话框，设置"Q240"多线样式，并设置其偏移的图元分别为 120 和-120，如图 3-70 所示。

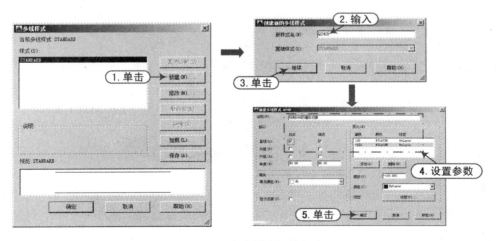

图 3-70　"多线样式"的创建

10）单击"图层"工具栏上的"图层控制"下拉列表，将"墙体"置为当前图层。

11）执行"多线"命令（ML），设置多线的比例为 1，对正方式为"无（Z）"，多线样式为"Q240"，然后捕捉相应的轴线交点来绘制墙体对象，效果如图 3-71 所示。

12）执行"修改｜对象｜多线"菜单命令，打开"多线编辑工具"对话框，如图 3-72 所示。

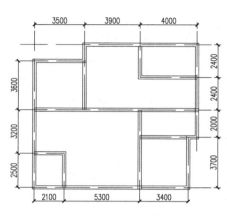

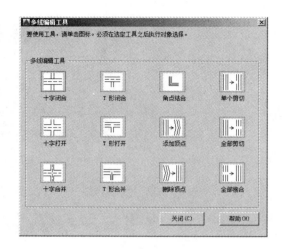

图 3-71　墙体线的绘制 　　　　　　　　图 3-72　"多线编辑工具"对话框

13）再单击"角点结合" └ 按钮，并在绘图区点击左上角未结合的角点使其结合；单击"T 形打开" 〒 按钮，并在绘图区先后单击内墙与边墙的交点处的多线，使其内墙对外墙 T 形打开，其结果如图 3-73 所示。

14）至此，住宅平面图的轴线和墙体对象已绘制完毕，用户可按〈Ctrl+S〉组合键将文件进行保存。

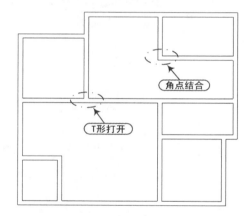

图 3-73　修改多线的效果

提示　　此处为了观察多线编辑后的效果，关闭了"轴线"图层。用户可对一些难以编辑的多线进行"分解"操作，从而更加方便地编辑多线对象。

↘ 3.3　图形对象的选择

在 AutoCAD 中选择对象的方法很多，可以通过单击对象逐个拾取，也可利用矩形窗口或交叉窗口来选择；还可以选择最近创建的对象、前面的选择集或图形中的所有对象；也可以向选择集中添加对象或从中删除对象。

➦ 3.3.1　设置选择的模式

在对复杂图形进行编辑时，经常需要同时对多个对象进行编辑，或在执行命令之前先选择目标对象，设置合适的目标选择方式即可实现这种操作。

在 AutoCAD 2016 中，执行"工具｜选项"菜单命令，在弹出的"选项"对话框中选择"选择集"选项卡，即可以设置拾取框大小、选择集模式、夹点大小、夹点颜色等，如图 3-74 所示。

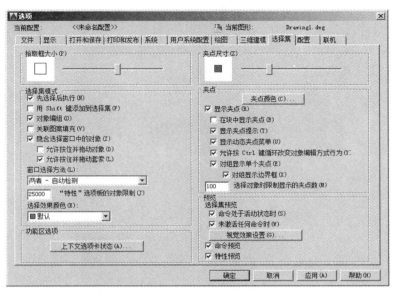

图 3-74 "选择集"选项卡

在"选择集"选项卡中，各主要选项的具体含义如下。

◆ "拾取框大小"滑块：拖动该滑块，可以设置默认拾取框的大小。如图 3-75 所示为拾取框的大小的对比。

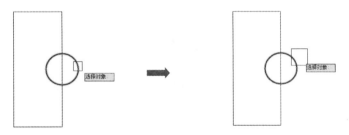

图 3-75 拾取框大小比较

◆ "夹点尺寸"滑块：拖动该滑块，可以设置夹点标记的大小，如图 3-76 所示。

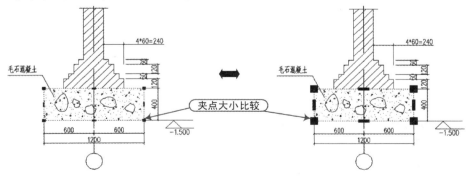

图 3-76 夹点大小比较

◆ "选择集预览"选项组：在"选择集预览"栏中可以设置"命令处于活动状态时"

和"未激活任何命令时"是否显示选择预览。若单击"视觉效果设置"按钮,将打开"视觉效果设置"对话框,从而可以设置选择预览效果和选择有效区域,如图 3-77 所示。

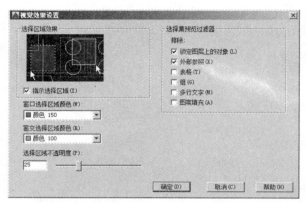

图 3-77 "视觉效果设置"对话框

 提示
　　在"视觉效果设置"对话框中,在"窗口选择区域颜色"和"窗交选择区域颜色"下拉列表框中选择相应的颜色进行比较,如图 3-78 所示。拖动"选择区域不透明度"的滑块,可以设置选择区域的颜色透明度,如图 3-79 所示。

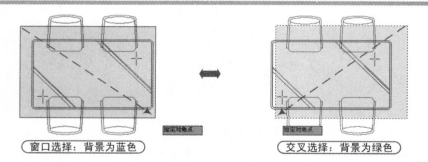

图 3-78 窗口与交叉选择

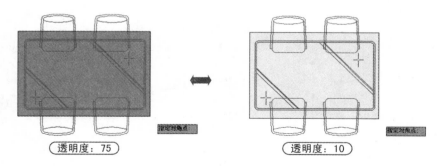

图 3-79 选择区域的不同透明度

◆ "先选择后执行"复选框：选中该复选框可先选择对象，再选择相应的命令。但是，无论该复选框是否被选中，都可以先执行命令，然后再选择要操作的对象。

◆ "对〈Shift〉键添加到选择集"复选框：选中该复选框则表示在未按住〈Shift〉键时，后面选择的对象将代替前面选择的对象，而不加入到对象选择集中。要想将后面的选择对象加入到选择集中，则必须在按住〈Shift〉键时单击对象。另外，按住〈Shift〉键并选取当前选中的对象，还可将其从选择集中清除。

◆ "对象编组"复选框：设置决定对象是否可以成组。默认情况下，该复选框被选中，表示选择组中的一个成员就是选择了整个组。但是，此处所指的组并非临时组，而是由 Group 命令创建的命名组。

◆ "关联图案填充"复选框：该设置决定当前用户选择关联图案时，原对象（即图案边界）是否被选择。默认情况下，该复选框未被选中，表示选中关联图案时，不同时选中其边界。

◆ "隐含选择窗口中的对象"复选框：默认情况下，该复选框被选中，表示可利用窗口选择对象。若取消选中，将无法使用窗口来选择对象，即单击时要么选择对象，要么返回提示信息。

◆ "允许按住并拖动对象"复选框：该复选框用于控制如何产生选择窗口或交叉窗口。默认情况下，该复选框被清除，表示在定义选择窗口时单击一点后，不必再按住鼠标按键，单击另一点即可定义选择窗口。否则，若选中该复选框，则只能通过拖动方式来定义选择窗口。

◆ "夹点颜色"按钮：用于设置不同状态下的夹点颜色。单击该按钮，将打开"夹点颜色"对话框，如图 3-80 所示。

　　✓ "未选中夹点颜色"下拉列表框：用于设置夹点未选中时的颜色。

　　✓ "选中夹点颜色"下拉列表框：用于设置夹点选中时的颜色。

　　✓ "悬停夹点颜色"下拉列表框：用于设置光标暂停在未选定夹点上时该夹点的填充颜色。

　　✓ "夹点轮廓颜色"下拉列表框：用于设置夹点轮廓的颜色。

图 3-80　"夹点颜色"对话框

◆ "显示夹点"复选框：控制夹点在选定对象上的显示。在图形中显示夹点会明显降低性能。根据需要用户可不勾选此选项，则可以优化性能。

◆ "在块中显示夹点"复选框：控制块中夹点的显示。

◆ "显示夹点提示"复选框：当光标悬停在支持夹点提示的自定义对象的夹点上时，显示夹点的特定提示。但是此选项在标准对象上无效。

◆ "显示动态夹点菜单"复选框：控制在将鼠标悬停在多功能夹点上时动态菜单的显示。

◆ "允许按〈Ctrl〉键循环改变对象编辑方式行为"复选框：允许多功能夹点的按〈Ctrl〉键循环改变对象编辑方式行为。

◆ "对组显示单个夹点"复选框：显示对象组的单个夹点。

◆ "对组显示边界框"复选框：围绕编组对象的范围显示边界框。

◆ "选择对象时限制显示的夹点数"文本框：如果选择集包括的对象多于指定的数量时，将不显示夹点。可在文本框内输入需要指定的对象数量。

3.3.2 选择对象的方法

在绘图过程中，当执行到某些命令时（如复制、偏移、移动），将提示"选择对象："，此时出现矩形拾取光标□，将光标放在要选择的对象位置时，将亮显对象，单击则选择该对象（也可以逐个选择多个对象），如图3-81所示。

用户在选择对象时有多种方法，若要查看选择对象的方法，可在"选择对象："命令提示符下输入"？"，这时命令行将显示如下所有选择对象的方法。

> 选择对象:？
> *无效选择*
> 需要点或窗口(W)/上一个(L)/窗交(C)/框(BOX)/全部(ALL)/栏选(F)/圈围(WP)/圈交(CP)/编组(G)/添加(A)/删除(R)/多个(M)/前一个(P)/放弃(U)/自动(AU)/单个(SI)/子对象(SU)/对象(O)

根据上面提示，用户输入相应选项的大写字母，可以指定对象的选择模式。该提示中主要选项的具体含义如下。

◆ 需要点：可逐个拾取所需对象，该方法为默认设置。
◆ 窗口(W)：用一个矩形窗口将要选择的对象框住，矩形窗口必须是从左至右绘制的，凡是在窗口内的目标均被选中，如图3-82所示。

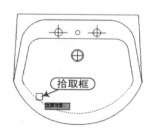

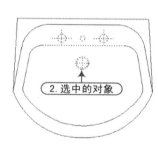

图 3-81　拾取选择对象　　　　　　　　图 3-82　"窗口"方式选择

◆ 上一个(L)：此方式将用户最后绘制的图形作为编辑对象。
◆ 窗交(C)：选择该方式后，由右至左绘制一个矩形框，凡是在窗口内和与此窗口四边相交的对象都被选中，如图3-83所示。

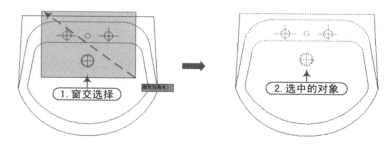

图 3-83　"窗交"方式选择

◆ 框(BOX)：当用户所绘制矩形的第一角点位于第二角点的左侧，此方式与窗口(W)选择方式相同；当用户所绘制矩形的第一角点位于第二角点右侧，此方式与窗交(C)方式相同。

◆ 全部(ALL)：图形中所有对象均被选中。

◆ 栏选(F)：用户可用此方式画任意折线，凡是与折线相交的图形均被选中，如图 3-84所示。

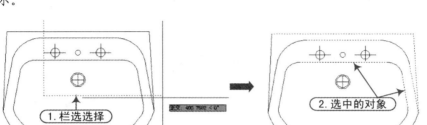

图 3-84 "栏选"方式选择

◆ 圈围(WP)：该选项与窗口(W)选择方式相似，但它可构造任意形状的多边形区域，包含在多边形窗口内的图形均被选中，如图 3-85 所示。

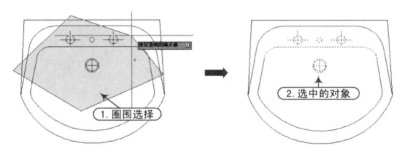

图 3-85 "圈围"方式选择

◆ 圈交(CP)：该选项与窗交(C)选择方式类似，但它可以构造任意形状的多边形区域，包含在多边形窗口内的图形或与该多边形窗口相交的任意图形均被选中，如图 3-86所示。

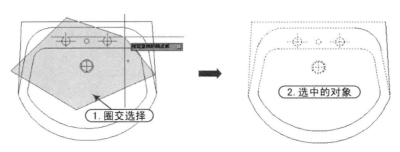

图 3-86 "圈交"方式选择

◆ 编组(G)：输入已定义的选择集，系统将提示输入编组名称。

◆ 添加(A)：当用户完成目标选择后，还有少数没有选中时，可以通过此方法把目标添加到选择集中。

◆ 删除(R)：把选择集中的一个或多个目标对象移出选择集。

◆ 前一个(P)：此方法用于选中前一次操作所选择的对象。

◆ 多个(M)：当命令中出现选择对象时，鼠标变为一个矩形小方框，逐一点取要选中的目标即可（可选多个目标）。

◆ 放弃(U)：取消上一次所选中的目标对象。

◆ 自动(AU)：若拾取框正好有一个图形，则选中该图形；反之，则用户指定另一角点以选中对象。

◆ 单个(SI)：当命令行中出现"选择对象"时，鼠标变为一个矩形小框□，点取要选中的目标对象即可。

➲ 3.3.3 快速选择对象

在 AutoCAD 中，当用户需要选择具有某些共有特性的对象时，可利用"快速选择"对话框根据对象的图层、线型、颜色、图案填充等特性和类型来创建选择集。

执行"工具 | 快速选择"菜单命令，或者在视图的空白位置右击鼠标，从弹出的快捷菜单中选择"快速选择"命令，将弹出"快速选择"对话框，根据自己的需要来选择相应的图形对象，如图 3-87 所示为选择图形中所有的圆对象。

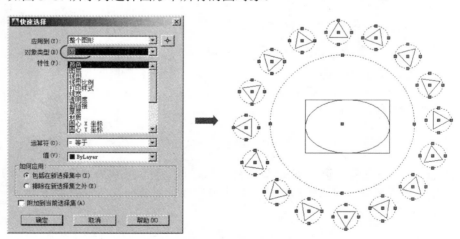

图 3-87　快速选择所有的圆对象

➲ 3.3.4 使用编组操作

编组是保存的对象集，可以根据需要同时选择和编辑这些对象，也可以分别进行。编组提供了以组为单位操作图形元素的简单方法。用户可以将图形对象进行编组以创建一种选择集，它随图形一起保存，且一个对象可以作为多个编组的成员。

创建编组：除了可以选择编组的成员外，还可以为编组命名并添加说明。要对图形对象进行编组，可在命令行输入"Group"（其快捷键是"G"），并按〈Enter〉键；或者执行"工具│组"菜单命令，在命令行出现如下的提示信息：

命令: GROUP　　　　　　　　　　　　　　　\\ 执行"编组"命令
选择对象或 [名称(N)/说明(D)]:n　　　　　\\ 选择"名称"项
输入编组名或 [?]: 123　　　　　　　　　　\\ 输入组名称
选择对象或 [名称(N)/说明(D)]:指定对角点: 找到 3 个 \\ 选择对象
选择对象或 [名称(N)/说明(D)]:　　　　　\\ 按〈Enter〉键
组"123"已创建。

用户可以使用多种方式编辑编组，包括更改其成员资格、修改其特性、修改编组的名称和说明以及从图形中将其删除。

> **提示**　　　　即使删除了编组中的所有对象，但编组定义依然存在（如果用户输入的编组名与前面输入的编组名称相同，则在命令行出现"编组***已经存在"的提示信息）。

↘ 3.4　图形的编辑与修改

除了绘制一些基本的图形外，还需要对图形进行编辑与修改，从而使图形能够表达更多的意义，如复制、镜像、偏移、旋转、修剪、延伸、分解等。二维图形的编辑命令菜单主要集中在"修改"菜单，其工具主要集中在"修改"工具栏，如图 3-88 所示。

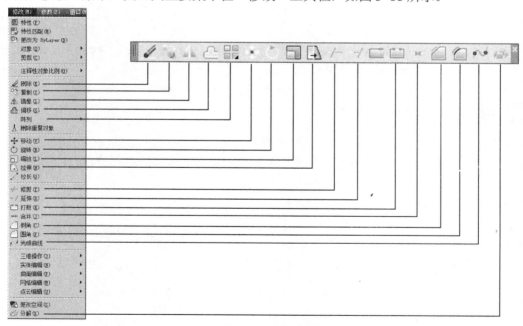

图 3-88　"修改"菜单和工具栏

⊃ 3.4.1　删除对象

在绘制图形对象时，对一些出现失误以及不需要的图形对象或辅助对象，可以执行删除命令，删除多余的图形对象。

用户可以通过以下任意一种方式来执行删除命令。

◆ 菜单栏：选择"修改 | 删除"命令。

◆ 工具栏：在"修改"工具栏中单击"删除"按钮 。

◆ 命令行：在命令行输入或动态输入"Erase"（快捷键"E"）。

启动删除命令后，根据如下提示进行操作，即可删除选择的图形对象，如图 3-89 所示。

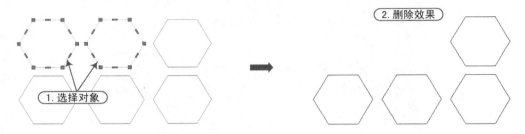

图 3-89　删除图形对象

命令: ERASE	\\ 启动删除命令
选择对象: 找到 1 个	\\ 选择对象 1
选择对象: 找到 1 个，总计 2 个	\\ 选择对象 2
选择对象:	\\ 按〈Enter〉键，结束命令

 提示　　　在 AutoCAD 中，用 Erase 命令删除对象后，这些对象只是临时删除，只要不退出当前图形和没有存盘，用户还可以用 Oops 或 Undo 命令将删除的实体恢复。

➲ 3.4.2　复制对象

复制是对当前选中的图形对象的一种重复，对于需要许多同一种图形对象的用户来说，基点复制命令能快速、便捷地生成相同形状的图形对象并且能达到再次绘制的目的。

用户可以通过以下任意一种方式来执行复制命令。

◆ 菜单栏：选择"修改 | 复制"命令。

◆ 工具栏：在"修改"工具栏中单击"复制"按钮 。

◆ 命令行：在命令行或动态输入 Copy 命令（快捷键"CO"）。

启动复制命令后，根据如下提示进行操作，即可复制选择的图形对象，如图 3-90 所示。

命令: COPY	\\ 启动复制命令
选择对象: 找到 1 个	\\ 选择圆对象
选择对象:	
当前设置：复制模式 = 多个	
指定基点或 [位移(D)/模式(O)] <位移>:	\\ 确定基点 A（圆心）
指定第二个点或 [阵列(A)] <使用第一个点作为位移>:	\\ 确定基点 B
指定第二个点或 [阵列(A)/退出(E)/放弃(U)] <退出>:	\\ 确定基点 C

指定第二个点或 [阵列(A)/退出(E)/放弃(U)] <退出>:　　　 \\ 确定基点 D
指定第二个点或 [阵列(A)/退出(E)/放弃(U)] <退出>:　　　 \\ 按下 "Enter" 键，结束命令

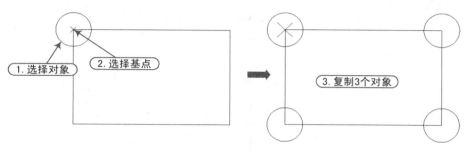

图 3-90　带基点多次复制

执行命令后，各选项的含义如下。

◆ 指定基点：指定复制的基点。

◆ 位移(D)：通过与绝对坐标或相对坐标的 X、Y 轴的偏移来确定复制到新位置。

◆ 模式(O)：设置多次或单次复制。O 输入复制模式选项 [单个(S)/多个(M)]：输入 "S" 只能执行一次复制命令，输入 "M" 能执行多次复制命令。

⊃ 3.4.3　镜像对象

　　镜像是复制的一种，其生成的图形对象与源对象关于一条基线对称，也是在绘图时会经常使用的命令，执行该命令后，可以保留源对象，也可以对其执行删除命令。

　　用户可以通过以下几种方法来执行镜像命令。

◆ 菜单栏：选择 "修改 | 镜像" 命令。

◆ 工具栏：在 "修改" 工具栏中单击 "镜像" 按钮 ⚎。

◆ 命令行：在命令行输入或动态输入 "Mirror" 命令（快捷键 "MI"）。

　　启动镜像命令后，根据如下提示进行操作，即可镜像选择的对象，如图 3-91 所示。

命令: MIRROR　　　　　　　　　　 \\ 启动 "镜像" 命令
选择对象: 指定对角点: 找到 1 个　　 \\ 选择需要镜像的对象
选择对象:　指定镜像线的第一点: 指定镜像线的第二点:　　　 \\ 选择镜像线的第一点、第二点
要删除源对象吗? [是(Y)/否(N)] <N>: **n** \\ 不需要删除源对象

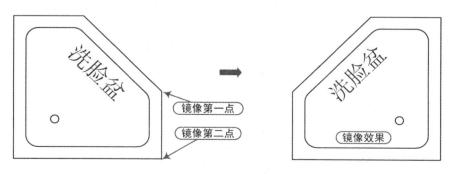

图 3-91　镜像操作（属性值=0）

> **提示**
>
> 在 AutoCAD 2016，使用系统变量 MirrText 可以控制其文字镜像，当其值设置为 0 时，文字方向不会镜像；当其值设置为 1 时，文字会和图形对象一起完全镜像，变得不可读，如图 3-92 所示。

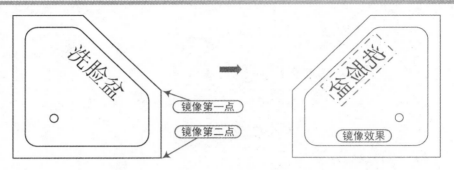

图 3-92 镜像操作（属性值=1）

3.4.4 偏移对象

偏移是以指定的方位及距离来生成与源对象性质相同的图形对象，通常会用来绘制平行线或等距离分布图形对象等。

用户可以通过以下几种方法来执行偏移命令。

◆ 菜单栏：选择"修改 | 偏移"命令。

◆ 工具栏：在"修改"工具栏中单击"偏移"按钮 ⬛。

◆ 命令行：在命令行输入或动态输入"Offset"命令（快捷键"O"）。

启动偏移命令后，根据命令行的提示进行操作，如图 3-93 所示。

```
命令: OFFSET                                              \\ 启动偏移命令
当前设置: 删除源=否 图层=源 OFFSETGAPTYPE=0
指定偏移距离或 [通过(T)/删除(E)/图层(L)] <1.0000>: 5      \\ 输入偏移的距离
选择要偏移的对象，或 [退出(E)/放弃(U)] <退出>:            \\ 选择圆对象
指定要偏移的那一侧上的点，或 [退出(E)/多个(M)/放弃(U)] <退出>:
选择要偏移的对象，或 [退出(E)/放弃(U)] <退出>:
```

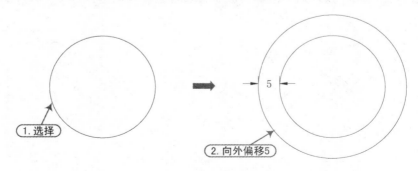

图 3-93 偏移操作

执行命令后，各选项的含义如下。

◆ 通过(T)：在命令行输入"T"，然后选择其需要偏移的图形对象，命令行提示"指定通过点或 [退出(E)/多个(M)/放弃(U)] <退出>"时：输入"E"则退后该命令；输入"U"则退回到上一步操作之前；输入"M"可以一次性实行多次指定位置的偏移复制，或不输入任何数据按〈Enter〉键，则可以进行多次以源对象为准的指定位置的偏移复制。

◆ 删除(E)：在命令行输入"E"，命令行提示"要在偏移后删除源对象"时，输入"Y"则删除该源对象，输入"N"则保留源对象。

◆ 图层(L)：在命令行输入"L"，选择要偏移的图层。

 在使用偏移命令时，对圆（弧）类对象所偏移生成的图形对象，会与源对象有所差异，其弧长或轴长会发生改变，并且执行所有的偏移命令时所偏移的距离都必须大于0，如图3-94所示。

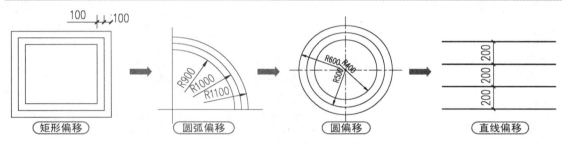

图3-94 不同对象的偏移效果

➲ 3.4.5 阵列对象

阵列是以矩形或环形路径来复制指定数量的，与选择的图形对象性质相同的图形对象。用户可以通过以下几种方法来执行阵列命令。

◆ 菜单栏：选择"修改｜阵列"命令。

◆ 工具栏：在"修改"工具栏中单击相应的"阵列"按钮。

◆ 命令行：在命令行输入或动态输入"Array"命令（快捷键"AR"）。

启动阵列命令后，其命令提示行如下：

```
命令: ARRAY              \\ 执行"阵形"命令
选择对象: 找到 1 个       \\ 选择需要阵列的对象
选择对象:
输入阵列类型 [矩形(R)/路径(PA)/极轴(PO)]      \\ 选择阵列的类型
```

执行命令后，各选项的含义如下。

◆ 矩形(R)：以矩形方式来复制多个相同的对象，并设置阵列的行数及行间距、列数及列间距，如图3-95所示。

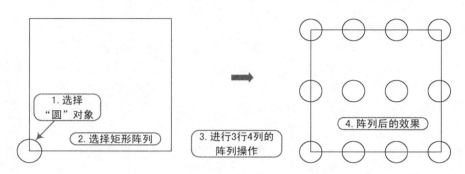

图 3-95 进行"矩形"阵列

◆ 路径(PA): 以指定的中心点或路径对象进行阵列，并设置形阵列的数量及填充角度，如图 3-96 所示。

◆ 极轴(PO): 沿着指定的路径曲线创建阵列，并设置阵列的数量（表达式）或方向。

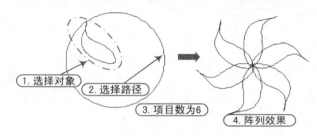

图 3-96 进行"路径"阵列

⊃ 3.4.6 移动对象

移动是指改变原有图形对象的位置，而不改变对象的方向、大小和性质等。

用户可以通过以下几种方法来执行移动命令。

◆ 菜单栏: 选择"修改 | 移动"命令。

◆ 工具栏: 在"修改"工具栏中单击"移动"按钮 ✛。

◆ 命令行: 在命令行输入或动态输入"Move"命令（快捷键"M"）。

启动移动命令后，根据命令行的提示即可移动正多边形对象，如图 3-97 所示。

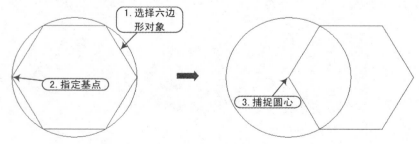

图 3-97 移动操作

命令: MOVE   \\ 执行"移动"命令

选择对象: 找到 1 个　　\\ 选择需要移动的对象1
选择对象:
指定基点或 [位移(D)] <位移>:　\\ 选择对象的端点 A
指定第二个点或 <使用第一个点作为位移>:　\\ 确定移动的点 O

3.4.7　旋转对象

对图形对象以指定的某一基点进行指定角度的旋转。用户可以通过以下几种方法来执行旋转命令。

◆ 菜单栏: 选择"修改 | 旋转"命令。
◆ 工具栏: 在"修改"工具栏中单击"旋转"按钮 ○。
◆ 命令行: 在命令行输入或动态输入"Rotate"命令(快捷键"RO")。

启动旋转命令后,根据如下提示进行操作,即可使用其命令旋转其图形对象,如图 3-98 所示。

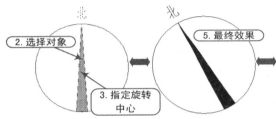

图 3-98　旋转对象

执行命令后,各选项的含义如下。
◆ 复制(C): 旋转并保留源图形对象。
◆ 参照(R): 以某一指定角度为基准,再进行旋转。
◆ 点(P): 在绘图区用鼠标指定新角度的起点与终点。

提示　　在执行"旋转"命令时,以逆时针为正,顺时针为负。

3.4.8　缩放对象

使用缩放命令可以将选定的图形对象进行等比例放大或缩小操作。
若要缩放对象,用户可以通过以下 3 种方法。
◆ 菜单栏: 选择"修改 | 缩放"命令。
◆ 工具栏: 在"修改"工具栏上单击"缩放"按钮 □。
◆ 命令行: 在命令行输入或动态输入"Scale"命令(快捷键"SC")。

当执行缩放命令过后,根据如下命令行提示,首先选择要缩放的对象,再选择缩放的中心点,再输入缩放的比例因子即可,如图 3-99 所示。

命令: SCALE　　\\ 启动"缩放"命令

选择对象: \\ 选择需要缩放的对象
选择对象: \\ 按〈Enter〉键结束选择
指定基点: \\ 指定缩放的中心点
指定比例因子或 [复制(C)/参照(R)]:**0.5** \\ 设置缩放的比例

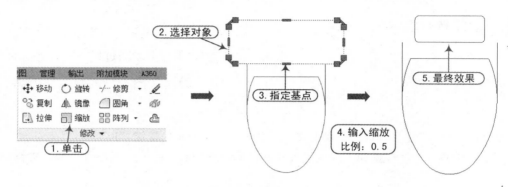

图 3-99 缩放对象

⊃ 3.4.9 修剪对象

修剪是对图形对象不需要的部分进行剪切，用户可以通过以下几种方法来执行修剪命令。

◆ 菜单栏: 选择"修改 | 修剪"命令。

◆ 工具栏: 在"修改"工具栏中单击"修剪"按钮 ⊶ 。

◆ 命令行: 在命令行输入或动态输入"Trim"命令（快捷键"TR"）。

启动修剪命令后，根据如下提示进行操作即可修剪图形对象，其操作步骤如图 3-100 所示。

命令: TRIM   \\ 启动"修剪"命令
当前设置:投影=UCS，边=延伸
选择剪切边...
选择对象或 <全部选择>: 指定对角点: 找到 4 个   \\ 框选所有的图形对象
选择对象:
选择要修剪的对象，或按住〈Shift〉键选择要延伸的对象，或
[栏选(F)/窗交(C)/投影(P)/边(E)/删除(R)/放弃(U)]:

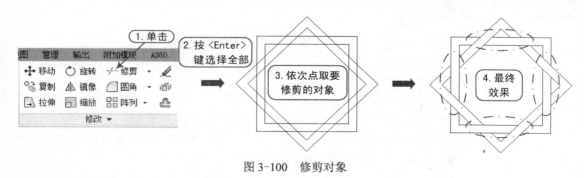

图 3-100 修剪对象

执行命令后，各选项的含义如下。

◆ 全部选择：可快速选择视图中所有可见的图形，从而用作剪切边或边界的边。

◆ 栏选(F)：指定栏线的起点与终点，修剪所有与栏线相交的图形对象。

◆ 窗交(C)：指定矩形区域，修剪其区域内或与之相交的所有图形对象，某些要修剪的对象的窗交选择不正确，TRIM 将沿着矩形交叉窗口从第一个点以顺时针选择遇到的第一个对象。

◆ 投影(P)：主要运用于三维空间中两个对象的修剪，可将对象投影到某一平面上执行修剪。

◆ 边(E)：该项中 "输入隐含边延伸模式[延伸(E)/不延伸(N)]<不延伸>:" 提示下输入 "E" 表示当前边太短而且没有与被修剪的对象相交时，自动延伸至修剪边，然后进行修剪；输入 "N" 时，只有当剪切边与被修剪边对象真正相交时才能执行修剪命令。

 提示：在进行修剪操作时按住〈Shift〉键，可转换执行延伸 Extend 命令。当选择要修剪的对象时，若某条线段未与修剪边界相交，则按住〈Shift〉键后单击该线段，可将其延伸到最近的边界。

⊃ 3.4.10 拉伸对象

拉伸是对图形对象的拉伸、缩短和移动，用户可以通过以下几种方法来执行拉伸命令。

◆ 菜单栏：选择 "修改 | 拉伸" 命令。

◆ 工具栏：在 "修改" 工具栏中单击 "拉伸" 按钮 ⬚ 。

◆ 命令行：在命令行输入或动态输入 "Stretch" 命令（快捷键 "S"）。

启动拉伸命令后，根据如下提示进行操作即可完成对象的拉伸，如图 3-101 所示。

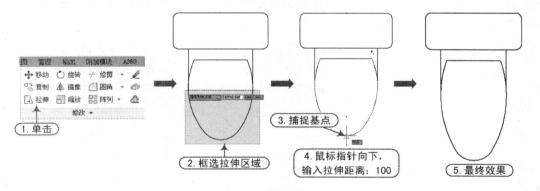

图 3-101 拉伸对象 1

 提示：通过拉伸对象的操作，可以非常方便、快捷地来修改图形对象。例如，当绘制了一个（2000×1000）的矩形时，发现这个矩形的高度为 1500，这时用户可以使用拉伸命令来进行操作。首先执行拉伸命令，再使用鼠标从左至右框选矩形的上半部分，再指定左上角点作为拉伸基点，然后输入拉伸的距离为 500，从而将（2000×1000）的矩形快速修改为（2000×1500）的矩形，如图 3-102 所示。

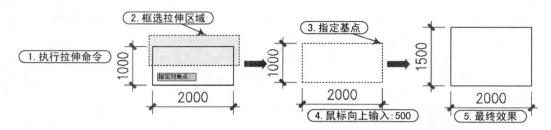

图 3-102   拉伸对象 2

⊃ 3.4.11   拉长对象

拉长是对线型对象命令，它可以改变一些非闭合直线、圆弧、非闭合多段线、椭圆弧以及非闭合的样条曲线等的长度，它还可以改变圆弧的角度。

若要延伸对象，用户可以使用以下 3 种方法。

◆ 菜单栏：选择"修改｜拉长"命令。

◆ 工具栏：在"修改"工具栏上单击"拉长"按钮 ╱。

◆ 命令行：在命令行输入或动态输入"Lengthen"命令（快捷键"LEN"）。

 提示　　　在默认情况下，其"修改"工具栏中并没有"拉长"按钮 ╱，用户可以通过自定义工具栏的方法将其添加到该工具栏中。

执行"拉长"命令后，根据如下命令行的提示选择拉长选项，如"全部(T)"，再指定总长度值，然后选择拉长的对象，并指定拉长对象的端点方向，从而将指定对象进行拉长，如图 3-103 所示。

命令: LENGTHEN	\\ 执行"拉长"命令
选择对象或 [增量(DE)/百分数(P)/全部(T)/动态(DY)]:	\\ 选择要拉长的对象
选择对象或 [增量(DE)/百分数(P)/全部(T)/动态(DY)]: DE	\\ 选择"增量(DE)"选项
选择要修改的对象或 [放弃(U)]:	\\ 单击要拉长对象的一端

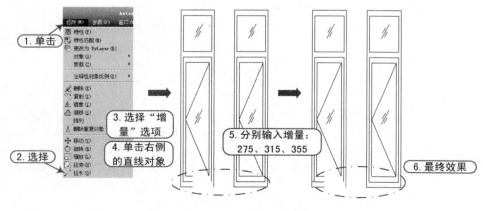

图 3-103   拉长对象

执行命令后，各选项的含义如下。

◆ 增量(DE)：指定以增量方式来修改对象的长度，该增量从距离选择点最近的端点处开始测量。

◆ 百分数(P)：可按百分比形式来改变对象的长度。

◆ 全部(T)：可通过指定对象的新长度来改变其总长度。

◆ 动态(DY)：可动态拖动对象的端点来改变其长度。

3.4.12 延伸对象

延伸是对未闭合的直线、圆等图形对象延伸到一个边界对象，使其与边界相交。

用户可以通过以下几种方法来执行延伸命令。

◆ 菜单栏：选择"修改 | 延伸"命令。

◆ 工具栏：在"修改"工具栏中单击"延伸"按钮 ¬/ 。

◆ 命令行：在命令行输入或动态输入"Extend"命令（快捷键"EX"）。

执行上述操作启动延伸命令后，根据如下提示进行操作即可延伸图形对象，如图 3-104 所示。

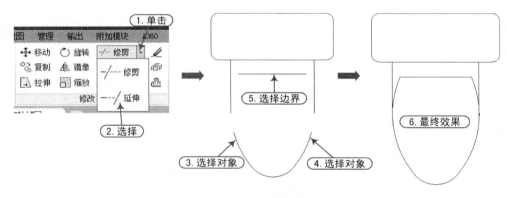

图 3-104 延伸对象

提示 用户在选择要延伸的对象时，一定要在靠近延伸的端点位置处单击。

3.4.13 打断对象

打断是将图形对象在指定两点间的部分删除，或将一个对象打断成两个具有同一端点的对象。用户可以通过以下几种方法来执行打断命令。

◆ 菜单栏：选择"修改 | 打断"菜单命令。

◆ 工具栏：在"修改"工具栏中单击"打断"按钮 ，或者"打断一点"按钮 。

◆ 命令行：在命令行输入或动态输入"Break"命令（快捷键"BR"）。

执行上述操作启动打断命令后，根据如下提示进行操作即可使用其命令打断其图形对象，如图 3-105 所示。

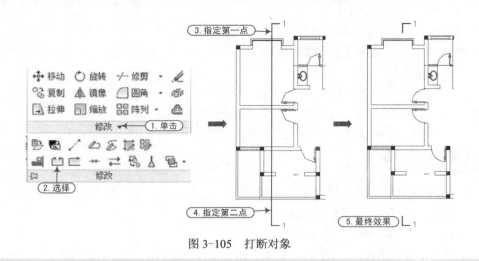

图 3-105　打断对象

> **提示**
>
> 在"修改"工具栏上还有一个与"打断"相似的命令——"打断于点"（□）。它与"打断"命令的区别是，前者是将指定两点间的部分删除，而后者只是将图形对象从指定的某点上断开，并不删除任何一部分图形对象。

⊃ 3.4.14　合并对象

合并是将相似的图形对象延长或延伸，形成一个完整的图形对象。用户可以通过以下几种方法来执行合并命令。

◆ 菜单栏：选择"修改 | 合并"命令。

◆ 工具栏：在"修改"工具栏中单击"合并"按钮 ⊁⊁ 。

◆ 命令行：在命令行输入或动态输入"Join"命令（快捷键"J"）。

执行上述操作启动合并命令后，根据如下提示进行操作即可使用其命令合并其图形对象，如图 3-106 所示。

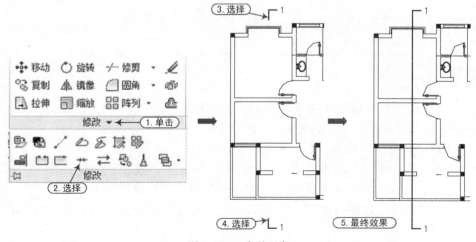

图 3-106　合并对象

```
命令: _join                              \\ 执行"合并"命令
选择源对象或要一次合并的多个对象: 找到 1 个    \\ 选择要合并的源对象
选择要合并的对象: 找到 1 个，总计 2 个        \\ 选择要合并的对象
选择要合并的对象:                          \\ 按"Enter"键结束选择
2 条直线已合并为 1 条直线                   \\ 显示所合并的效果
```

提示　　在进行合并时，合并的对象必须具有同一属性，如直线与直线合并，且这两条直线应该在同一条直线上；圆弧与圆弧合并时，圆弧的圆心和半径应相同，否则将无法合并，如图3-107所示。

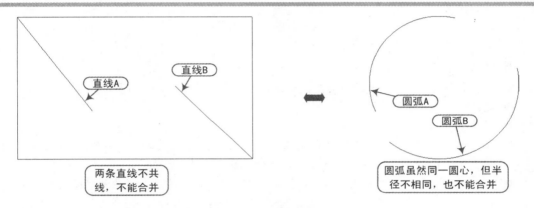

图 3-107　不能合并

⊃ 3.4.15　倒角对象

倒角是将两个不平行线形对象用斜角边连接起来，可进行该操作的对象有直线、多段线、射线等。

用户可以通过以下几种方法来执行倒角命令。

◆ 菜单栏：选择"修改|倒角"命令。

◆ 工具栏：在"修改"工具栏中单击"倒角"按钮。

◆ 命令行：在命令行输入或动态输入"Chamfer"命令（快捷键"CHA"）。

执行上述操作启动倒角命令后，根据如下提示进行操作即可使用其命令倒角其图形对象，如图3-108所示。

```
命令: _chamfer    \\ 执行"倒角"操作
("修剪"模式) 当前倒角距离 1 = 0.0000，距离 2 = 0.0000
选择第一条直线或 [放弃(U)/多段线(P)/距离(D)/角度(A)/修剪(T)/方式(E)/多个(M)]:D\\ 选择"距离(D)"
指定 第一个 倒角距离 <0.0000>: 5    \\ 设置第一个倒角距离
指定 第二个 倒角距离 <30.0000>:5    \\ 设置第一个倒角距离
选择第一条直线或 [放弃(U)/多段线(P)/距离(D)/角度(A)/修剪(T)/方式(E)/多个(M)]:    \\ 选择倒角边1
选择第二条直线，或按住 Shift 键选择直线以应用角点或 [距离(D)/角度(A)/方法(M)]:    \\ 选择倒角边2
```

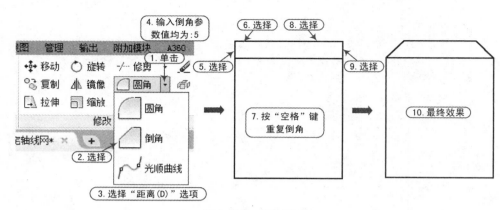

图 3-108　倒角对象

执行命令后，各选项的含义如下。

◆ 放弃(U)：取消倒角命令。

◆ 多段线(P)：以当前设置的倒角大小来对多段线执行倒角命令。

◆ 距离(D)：设置倒角的距离尺寸。

◆ 角度(A)：设置倒角的角度。

◆ 修剪(T)：倒角后是否保留原拐角边。在"输入修剪模式选项 [修剪(T)/不修剪(N)] <修剪>:"的提示下，输入"N"表示不进行修剪，输入"T"表示进行修剪。

◆ 方式(E)：设置倒角的模式，在命令行的"输入修剪方法 [距离(D)/角度(A)] <距离>:"的提示下，输入"D"时，将以两条边的倒角距离来倒角；输入"A"时，将以一条边的距离以及相应的角度来修倒角。

◆ 多个(M)：对多上图形对象进行倒角。

⊃ 3.4.16　圆角对象

圆角是将两个图形对象以指定半径的圆弧平滑地相连接，用户可以通过以下几种方法来执行圆角命令。

◆ 菜单栏：选择"修改 | 圆角"命令。

◆ 工具栏：在"修改"工具栏中单击"圆角"按钮 ⌐。

◆ 命令行：在命令行输入或动态输入"Fillet"命令（快捷键"F"）。

执行上述操作启动圆角命令后，根据如下提示进行操作即可使用其命令圆角其图形对象，如图 3-109 所示。

```
命令：_fillet                                          \\ 执行"圆角"命令
当前设置：模式 = 修剪，半径 = 0.0000
选择第一个对象或 [放弃(U)/多段线(P)/半径(R)/修剪(T)/多个(M)]: R   \\ 选择"半径(R)"选项
指定圆角半径 <0.0000>: 5                               \\ 设置圆角半径为5
选择第一个对象或 [放弃(U)/多段线(P)/半径(R)/修剪(T)/多个(M)]:     \\ 选择要圆角对象1
选择第二个对象，或按住 Shift 键选择对象以应用角点或 [半径(R)]:    \\ 选择要圆角对象2
```

执行圆角命令后，各选项的含义如下。

◆ 放弃(U)：取消圆角命令。

◆ 多段线(P)：以当前设置的圆角大小来对多段线执行圆角命令。

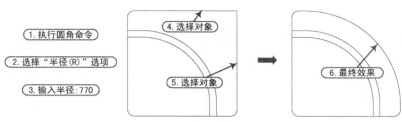

图 3-109　进行圆角操作

◆ 半径(R)：设置圆角命令的半径。

◆ 修剪(T)：圆角后是否保留原拐角边。在"输入修剪模式选项 [修剪(T)/不修剪(N)] <修剪>:"的提示下，输入"N"表示不进行修剪，输入"T"表示进行修剪。

◆ 多个(M)：对多个图形对象进行圆角。

➔ 3.4.17　分解对象

若要对一些像多边形等由多个对象组合而成的图形对象的某单个对象进行编辑，就需要使用分解命令将其先解体，这时便需要执行分解命令。

用户可以通过以下几种方法来执行分解命令。

◆ 菜单栏：选择"修改 | 分解"命令。

◆ 工具栏：在"修改"工具栏中单击"分解"按钮 🗗。

◆ 命令行：在命令行输入或动态输入"Explode"命令（快捷键"X"）。

启动分解命令后，选择需要进行分解的对象即可进行分解操作，如图 3-110 所示。

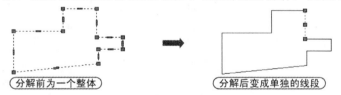

图 3-110　分解前后的对比

➔ 3.5　绘制住宅平面图的门窗

视频\03\住宅平面图门窗的绘制.avi 案例\03\住宅平面图门窗.dwg

调用"住宅平面图轴线和墙体.dwg"文件，将其另存为"住宅平面图门窗.dwg"；然后绘制门、窗对象，再将门、窗对象移动到相应的门窗洞口，从而完成图形的绘制，最终效果如图 3-111 所示。

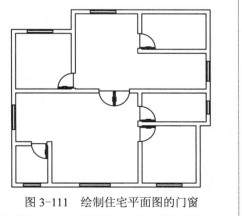

图 3-111　绘制住宅平面图的门窗

1）执行"文件｜打开"菜单命令，打开光盘中"案例\03"文件夹下的"住宅平面图轴线和墙体.dwg"，如图 3-112 所示。

2）再执行"文件｜另存为"菜单命令，将该文件另存为"案例\03\住宅平面图门窗.dwg"文件。

3）执行"偏移"命令（O），将图形上侧左垂直轴线向右各偏移 800 和 1500、1000 和 1500，如图 3-113 所示。

4）使用"修剪"命令（TR），修剪掉多余的线段，从而形成窗洞口，如图 3-114 所示。

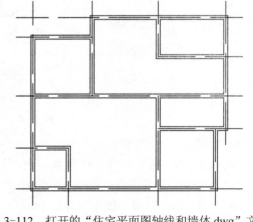

图 3-112　打开的"住宅平面图轴线和墙体.dwg"文件

图 3-113　偏移的轴线

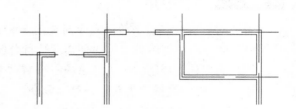

图 3-114　形成的窗洞口

提示　　　由于修剪后窗洞口处垂直线段是轴线，所以应将部分线段转换为"墙体"图层。

5）再执行"偏移"（O）和"修剪"（TR）命令，将垂直和水平轴线进行偏移操作；再将偏移的垂直和水平轴线与周围的墙线进行修剪操作，使之形成门、窗洞口，如图 3-115 所示。

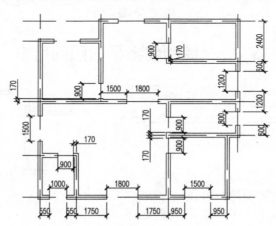

图 3-115　修剪后形成的门窗洞口

6）执行"格式｜多线样式"菜单命令，将弹出"多线样式"对话框，按照要求设置"C"窗多线样式，如图 3-116 所示。

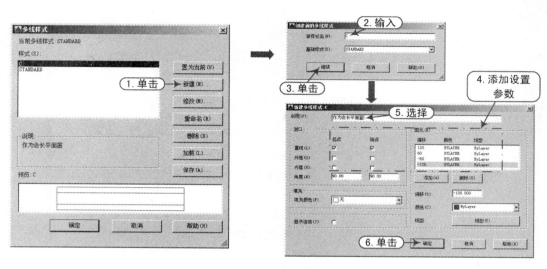

图 3-116　设置多线样式"C"

7）单击"图层"工具栏上的"图层控制"下拉列表，将"门窗"置为当前图层。

8）执行"多线"命令（ML），对图形的 1～8 处的窗洞口位置绘制多线样式"C"，从而完成该图形的平面窗效果，如图 3-117 所示。

9）执行"矩形"（REC）、"直线"（L）、"圆弧"（A）、"修剪"（TR）等命令，按照如图 3-118 所示绘制平面门。

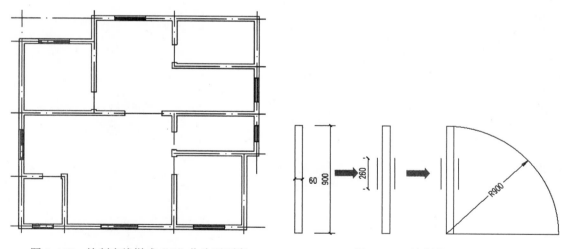

图 3-117　绘制多线样式"C"作为平面窗　　　　图 3-118　绘制的平面门对象

10）执行"编组"（G）命令，将上一步绘制的平面门对象组合成一个名称为"M900"的整体。

11）执行"移动"（M）、"旋转"（RO）、"镜像"（MI）命令，将编组的平面门对象（M900）旋转 90°后，再左右镜像操作，移动至图形的右上侧门洞口，结果如图 3-119 所示。

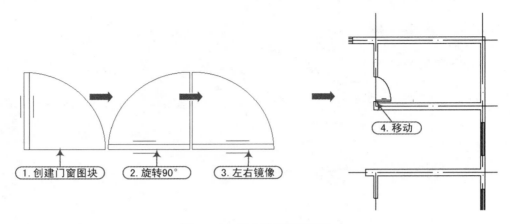

图 3-119　移动的平面门对象

　　12）继续执行"移动"（M）、"旋转"（RO）、"镜像"（MI）命令，将平面门对象（M900）相应的操作，移动至图形的门洞口，结果如图 3-120 所示。

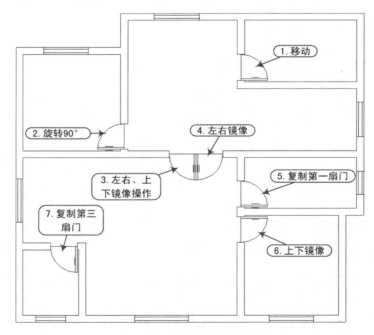

图 3-120　安装的平面门对象

　　13）至此，住宅平面图的门窗已绘制完毕，用户可按〈Ctrl+S〉组合键将文件进行保存。

第4章
图形的尺寸、文字标注与表格

本章导读

　　进行建筑施工图的设计时，总是需要对图形对象进行一些数据说明及细节描述，从而让施工人员能够正确无误、高效快捷地按照设计人员的要求进行施工操作，包括尺寸的描述、材料的规格属性描述等。

　　在本章中，主要讲解了尺寸标注样式的创建与设置、图形对象的尺寸标注与编辑、多重引线的标注与编辑、文字标注的创建与编辑、表格的创建与管理等，从而使用户能够快速掌握对图形对象的尺寸、文字进行标注的操作。

学习目标

- 掌握尺寸标注样式的创建和设置
- 掌握文字的创建与编辑
- 掌握多重引线的创建和编辑
- 掌握表格的创建和管理
- 进行楼梯对象的尺寸和文字标注

预览效果图

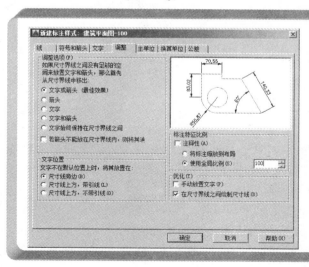

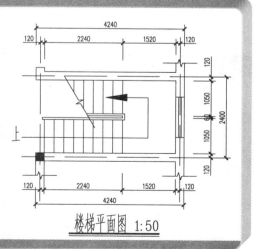

楼梯平面图 1:50

4.1　尺寸样式概述

在使用 AutoCAD 进行尺寸标注时，首先应掌握尺寸标注的类型和尺寸标注的组成，然后应掌握在 AutoCAD 中进行尺寸标注的步骤。

4.1.1　AutoCAD 尺寸标注的类型

AutoCAD 提供了十余种标注工具用以标注图形对象，分别位于"标注"菜单或"标注"工具栏中，常用的尺寸标注方式如图 4-1 所示，使用它们可以进行角度、直径、半径、线性、对齐、连续、圆心及基线等标注。

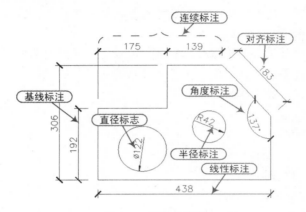

图 4-1　标注的类型

- ◆ 线性标注：通过确定标注对象的起始和终止位置，依照其起止位置的水平或竖直投影来标注的尺寸称为线性标注。
- ◆ 对齐标注：尺寸线与标注起止点组成的线段平行，能更直观地反映标注对象的实际长度。
- ◆ 连续标注：是在前一个线性标注基础上继续标注其他对象的标注方式。

4.1.2　AutoCAD 尺寸标注的组成

在建筑工程图中，一个完整的尺寸标注是由标注文字、尺寸线、尺寸界线、尺寸线起止符号（尺寸线的端点符号）及起点等组成，如图 4-2 所示。

- ◆ 标注文字：表明图形对象的标识值，它可以反映建筑构件的尺寸。在同一张图纸上，不论各个部分的图形比例是否相同，其标注文字的字体、高度必须统一。施工图纸上尺寸文字高度需满足制图标准的规定。
- ◆ 箭头（尺寸起止符）：建筑工程图纸中，尺寸起止符必须是 45°中粗斜短线。尺寸起止符绘制在尺寸线的起止点，用于指出标识值的开始和结束位置。
- ◆ 起点：尺寸标注的起点是尺寸标注对象标注的起始定义点。通常尺寸的起点与被标注图形对象的起止点重合（如图 4-2 中尺寸起点离开矩形的下边界，是为了表述起点的含义）。

◆ 尺寸界线: 从标注起点引出的表明标注范围的直线, 可以从图形的轮廓、轴线、对称中心线等引出。尺寸界线是用细实线绘制的。

◆ 超出尺寸界线值: 尺寸界线超出尺寸线的大小。

◆ 起点偏移量: 尺寸界线离开尺寸线起点的距离。

◆ 基线间距: 使用 AutoCAD 的 "基线标注" 时, 基线尺寸线与前一个基线对象尺寸线之间的距离。

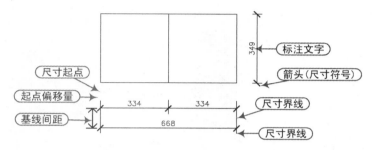

图 4-2 AutoCAD 尺寸标注的组成

⊃ 4.1.3 AutoCAD 尺寸标注的基本步骤

AutoCAD 2016 的尺寸标注命令都被归类在 "标注" 菜单下, 进入 AutoCAD 2016 后任意绘制一些线段或图形, 然后单击 "标注" 工具栏下的尺寸标注命令, 就可进行标注。

尺寸标注的尺寸线是由多个尺寸线元素组成的匿名块, 该匿名块具有一定的 "智能", 当标注对象被缩放或移动时, 标注该对象的尺寸线就像粘附其上一样, 也会自动缩放或移动, 且除了尺寸文字内容会随标注对象图形大小变化而变化之外, 还能自动控制尺寸线的其他外观保持不变。

在 AutoCAD 中对图形进行尺寸标注的基本步骤如下:

1) 确定打印比例或视口比例。

2) 创建一个专门用于尺寸标注的文字样式。

3) 创建标注样式, 依照是否采用注释标注及尺寸标注操作类型设置标注参数。

4) 进行尺寸标注。

↘ 4.2 设置尺寸标注样式

在对图形对象进行尺寸标注样式设置过后, 因为不同的需要进行修改, 只要通过设置不同的尺寸标注样式, 就可以根据需要来进行设置, 用户只需对其标注样式的格式和外观进行修改过后, 即可改变图形对象的标注。

⊃ 4.2.1 创建标注样式

在 AutoCAD 中, 使用 "标注样式" 可以控制标注的格式和外观, 建立强制执行的绘图标准, 并有利于对标注格式及用途进行修改。

若要创建尺寸标注样式, 用户可以通过以下 3 种方式。

◆ 菜单栏：选择"标注 | 标注样式"命令。

◆ 工具栏：在"标注"工具栏上单击"标注样式"按钮。

◆ 命令行：输入或动态输入"Dimstyle"（快捷键"D"）。

执行"标注样式"命令之后，系统将弹出"标注样式管理器"对话框，单击"新建"按钮，将弹出"创建新标注样式"对话框，然后在"新样式名"文本框中输入样式的名称，单击"继续"按钮，如图4-3所示。

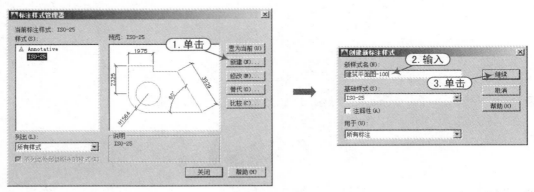

图 4-3　创建标注样式

提示　标注样式的命名要遵守"有意义，易识别"的原则，如"1-100 平面"表示该标注样式是用于标注 1∶100 绘图比例的平面图，又如"1-50大样图"表示该标注样式是用于标注大样图的尺寸。

4.2.2　编辑并修改标注样式

当用户在新建并命名标注样式过后，单击"继续"按钮将弹出"新建标注样式：XXX"对话框，从而可以根据需要来设置标注样式线、箭头和符号、文字、调整、主单位等，如图4-4所示。下面就针对各选项卡的设置参数进行讲解。

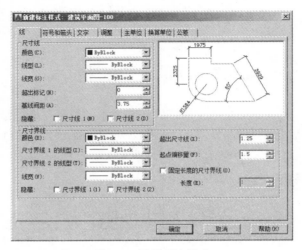

图 4-4　设置标注样式

1. 设置尺寸线

在"线"选项卡中，可设置尺寸线、尺寸界线、超出尺寸线长度值、起点偏移量等。

◆ 线的颜色、线型、线宽：在 AutoCAD 中，每个图形实体都有自己的颜色、线型、线宽。颜色、线型、线宽可以设置具体的真实参数，以颜色为例，可以把某个图形实体的颜色设置为红、蓝或绿等物理色。另外，为了实现绘图的一些特定要求，AutoCAD 还允许对图形对象的颜色、线型、线宽设置成 ByBlock（随块）和 ByLayer（随层）两种逻辑值；ByLayer（随层）是与图层的颜色设置一致，或 ByBLock（随块）是指随图块定义的图层。

> **提示** 通常情况下，对尺寸标注线的颜色、线型、线宽，无须进行特别的设置，采用 AutoCAD 默认的 ByBlock（随块）即可。

◆ 超出标记：当用户采用"建筑符号"作为箭头符号时，该选项即可激活，从而确定尺寸线超出尺寸界线的长度，如图 4-5 所示。

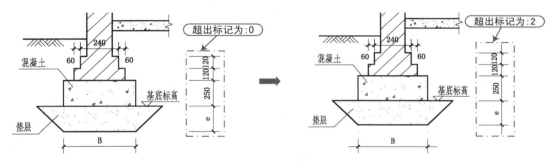

图 4-5 不同的超出标注

◆ 基线间距：用于限定"基线"标注命令标注的尺寸线离开基础尺寸标注的距离，在建筑图标注多道尺寸线时有用，其他情况下也可以不进行特别设置，如图 4-6 所示。如果要设置的话，应设置在 7～10。

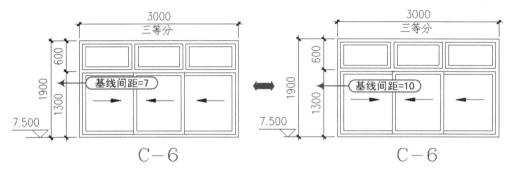

图 4-6 不同的基线间距

◆ "隐藏"尺寸线：用来控制标注的尺寸线是否隐藏，如图 4-7 所示。

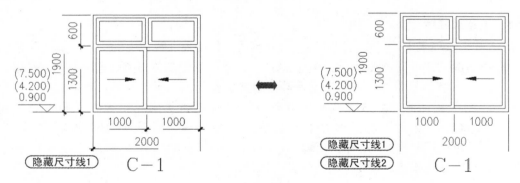

图 4-7　隐藏的尺寸线

◆ 超出尺寸线：制图规范规定输出到图纸上的值为 2～3，如图 4-8 所示。

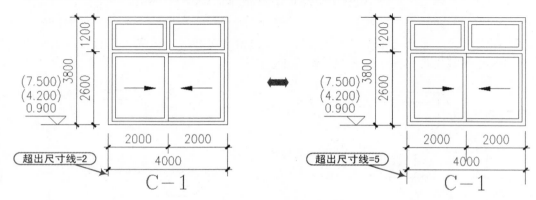

图 4-8　不同的超出尺寸线

◆ 起点偏移量：制图标准规定离开被标注对象距离不能小于 2。绘图时应依据具体情况设定，一般情况下，尺寸界线应该离开标注对象一定距离，以使图面表达清晰易懂，如图 4-9 所示。比如在平面图中有轴线和柱子，标注轴线尺寸时一般是通过点击轴线交点确定尺寸线的起止点，为了使标注的轴线不和柱子平面轮廓冲突，应根据柱子的截面尺寸设置足够大的"起点偏移量"，从而使尺寸界线离开柱子一定距离。

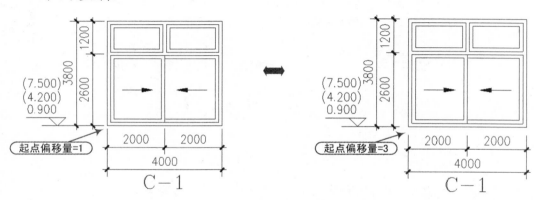

图 4-9　不同的起点偏移量

◆ 固定长度的尺寸界线：当勾选该项后，可在下面的"长度"文本框中输入尺寸界线的固定长度值，如图4-10所示。

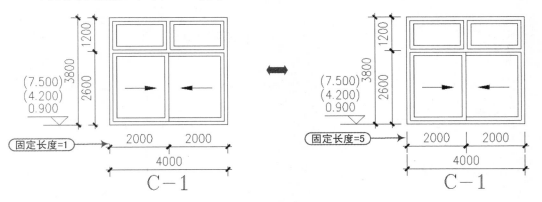

图 4-10　不同的固定长度

◆ "隐藏"延伸线：用来控制标注的尺寸延伸线是否隐藏，如图4-11所示。

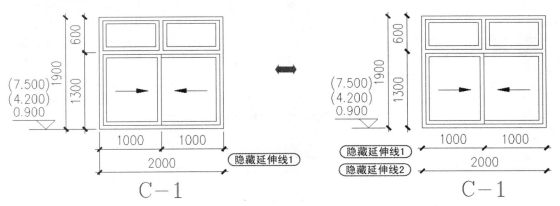

图 4-11　隐藏的尺寸线

2. 设置符号和箭头

在如图 4-12 所示的"符号和箭头"选项卡中，用户可以设置箭头的类型、大小、引线类型、圆心标记、折断标注等。

◆ "箭头"栏：为了适用于不同类型的图形标注需要，AutoCAD 设置了 20 多种箭头样式。在 AutoCAD 中，其"箭头"标记就是建筑制图标准里的尺寸线起止符，制图标准规定尺寸线起止符应该选用中粗 45°角斜短线，短线的图纸长度为 2~3。其"箭头大小"定义的值指箭头的水平或竖直投影长度，如值为 1.5 时，实际绘制的斜短线总长

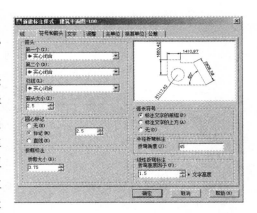

图 4-12　"符号和箭头"选项卡

度为 2.12，如图 4-13 所示。"引线"标注在建筑绘图中也时常用到，制图规范规定引线标注无须箭头。

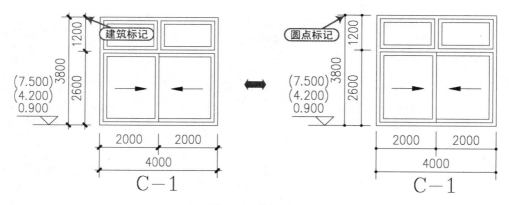

图 4-13　箭头符号

> 也可以使用自定义箭头，此时可在下拉列表框中选择"用户箭头"选项，打开"选择自定义箭头块"对话框，在"从图形块中选择"文本框内输入当前图形中已有的块名，然后单击"确定"按钮，AutoCAD 将以该块作为尺寸线的箭头样式，此时块的插入基点与尺寸线的端点重合，如图 4-14 所示。

图 4-14　"选择定义的箭头块"对话框

◆ "圆心标记"栏：用于标注圆心位置。在图形区任意绘制两个大小相同的圆后，分别把圆心标记定义为 2 或 4，选择"标注 | 圆心标记"命令后，分别标记刚绘制的两个圆，如图 4-15 所示。

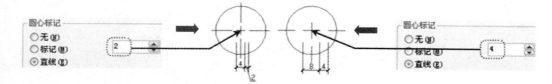

图 4-15　圆心标记设置

◆ "折断标注"栏：为尺寸线在所遇到的其他图元处被打断后，其尺寸界线的断开距离。"线性弯折标注"为把一个标注尺寸线进行折断时绘制的折断符高度与尺寸文字高度的比值。"折断标注"和"折弯线性"都是属于 AutoCAD 中"标注"菜单下的标注命令，执行这两个命令后，被打断和弯折的尺寸标注效果如图 4-16 所示。

◆ "半径折弯标注"栏：用于设置标注圆弧半径时标注线的折变角度大小。

3. 设置标注文字

尺寸文字设置是标注样式定义的一个很重要的内容。在"新建标注样式"对话框中，可以使用"文字"选项卡设置标注文字的外观、位置和对齐方式，如图 4-17 所示。

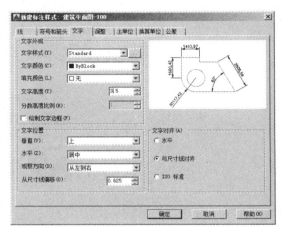

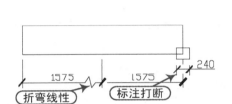

图 4-16　折断标注或线性弯折标注设置　　　　　图 4-17　"文字"选项卡

◆ 文字样式：应使用仅供尺寸标注的文字样式，如果没有，可单击按钮 ，打开"文字样式"对话框新建尺寸标注专用的文字样式，之后回到"新建标注样式"对话框的"文字"选项卡选用这个文字样式。

　　　在进行"文字"参数设置中，标注用的文字样式中文字高度必须设置为 0，而在"标注样式"对话框中设置尺寸文字的高度为图纸高度，否则容易导致尺寸标注设置混乱。其他参数可以不管，可直接选用 AutoCAD 默认设置。

◆ 文字高度：就是指定标注文字的大小，也可以使用变量 DIMTXT 来设置，如图 4-18 所示。

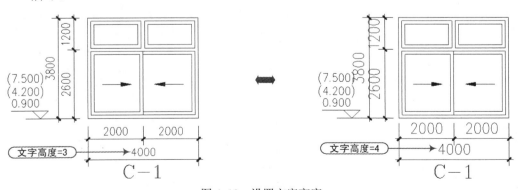

图 4-18　设置文字高度

◆ 分数高度比例：建筑制图不设置分数主单位。
◆ 绘制文字边框：设置是否给标注文字加边框，建筑制图一般不用。
◆ "文字位置"栏：该选项区用于设置尺寸文本相对于尺寸线和尺寸界线的放置位置，如图 4-19 所示。

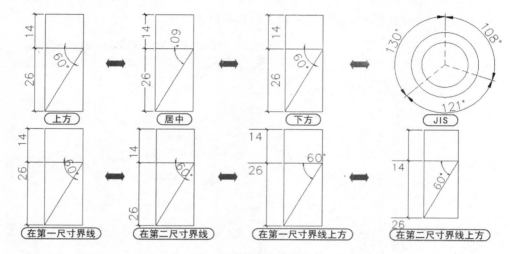

图 4-19　标注文字的位置

建筑制图依据《建筑制图标准》的规定，文字垂直位置选择居于尺寸线的"上方"，文字水平位置选择"居中"。建筑制图依据《建筑制图标准》的规定，文字对其方向应选择"与尺寸线对齐"，如图 4-20 所示。

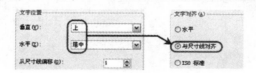

图 4-20　标注样式文字位置

◆ 从尺寸线偏移：可以设置一个数值以确定尺寸文本和尺寸线之间的偏移距离。如果标注文字位于尺寸线的中间，则表示断开处尺寸端点与尺寸文字的间距，如图 4-21 所示。

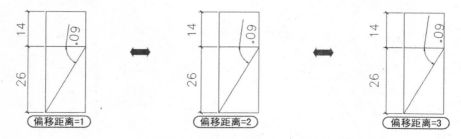

图 4-21　设置文本的偏移距离

4．对标注进行调整

对"调整"选项卡上的参数进行设置，可以对标注文字、尺寸线、尺寸箭头等进行调整，如图 4-22 所示。在"标注特征比例"选项组中，"标注特征比例"是标注样式设置过程中的一个很重要的参数。

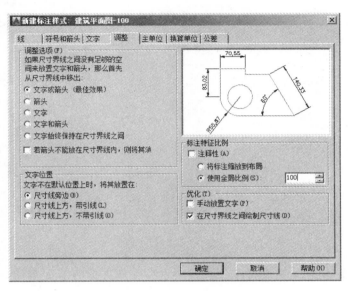

图 4-22 "调整"选项卡

◆ "调整选项"栏：当尺寸界线之间没有足够的空间同时放置标注文字和箭头时，可通过"调整选项"选项组设置，移出到尺寸线的外面。

◆ "文字位置"栏：当尺寸文字不能按"文字"选项卡设定的位置放置时，尺寸文字按这里设置的调整"文字位置"放置。选择"尺寸线旁边"调整方式，容易和其他尺寸文字混淆，建议不要使用。在实际绘图时，一般可以选择在"尺寸线上方，带引线"调整方式。

◆ 注释性：注释性标注时需要勾选。

◆ 将标注缩放到布局：在布局卡上激活视口后，在视口内进行标注，按此项设置。标注时，尺寸参数将自动按所在视口的视口比例放大。

◆ 使用全局比例：全局比例因子的作用是把标注样式中的所有几何参数值都按其因子值放大后，再绘制到图形中，如文字高度为 3.5，全局比例因子为 100，则图形内尺寸文字高度为 350。在模型卡上进行尺寸标注时，应按打印比例或视口比例设置此项参数值。

 提示　"标注特征比例"选项组是尺寸标注中的一个关键设置，在建立尺寸标注样式时，应依据具体的标注方式和打印方式进行设置。

5．设置主单位

在"主单位"选项卡中，用于设置单位格式、精度、比例因子与消零等参数设置，如图 4-23 所示。

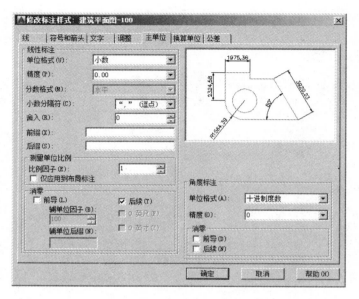

图 4-23 "主单位"选项卡

◆ 单位格式: 设置除角度标注之外的其余各标注类型的尺寸单位, 建筑绘图选"小数"方式。

◆ 精度: 设置除角度标注之外的其他标注的尺寸精度, 建筑绘图取 0。

◆ 比例因子: 尺寸标注长度为标注对象图形测量值与该比例的乘积。

◆ 仅应用到布局标注: 在没有视口被激活的情况下, 在布局卡上直接标注尺寸时, 如果勾选了"仅应用到布局标注"复选框, 则此时标注长度为测量值与该比例的积。而在激活视口内或在模型卡上的标注值与该比例无关。

◆ "角度标注"选项组: 可以使用"单位格式"下拉列表框设置标注角度单位, 使用"精度"下拉列表框设置标注角度的尺寸精度, 使用"消零"选项组设置是否消除角度尺寸的前导和后续零。

↳ 4.3 图形尺寸的标注和编辑

由于各种建筑工程图的结构和施工方法不同, 所以在进行尺寸标注时需要采用不同的标注方式和标注类型。在 AutoCAD 中有多种标注的样式和标注的种类, 进行尺寸标注时应根据具体需要来选择, 从而使标注的尺寸符合设计要求, 方便施工和测量。

⊃ 4.3.1 "尺寸标注"工具栏

在对图形进行尺寸标注时, 可以将"尺寸标注"工具栏调出, 并将其放置到绘图窗口的边缘, 从而可以方便地输入标注尺寸的各种命令。如图 4-24 所示为"尺寸标注"工具栏及工具栏中的各项内容。

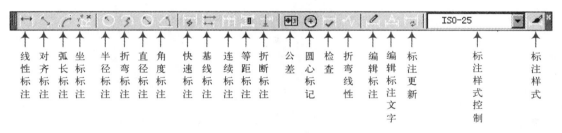

线性标注 对齐标注 弧长标注 坐标标注 半径标注 折弯标注 直径标注 角度标注 快速标注 基线标注 连续标注 等距标注 折断标注 公差 圆心标记 检查 折弯线性 编辑标注 编辑标注文字 标注更新 标注样式控制 标注样式

图 4-24 "尺寸标注"工具栏

⊃ 4.3.2 对图形进行尺寸标注

由于尺寸标注的种类很多，而且篇幅有限，下面就简要讲解一些主要的尺寸标注工具按钮。

1. 线性标注

"线性标注"用于标注水平和垂直方向的尺寸，还可以设置为角度与旋转标注，其标注方法和效果如图 4-25 所示。

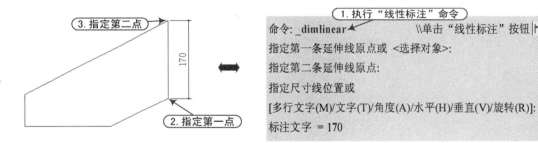

图 4-25 线性标注方法和示例

如果用户在"线性"标注命令提示直接按〈Enter〉键，然后在视图中选择要选择尺寸的对象，则 AutoCAD 将该对象的两个端点作为两条尺寸界线的起点进行尺寸标注，如图 4-26 所示。

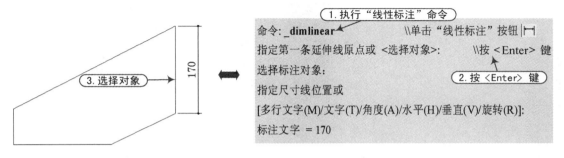

图 4-26 选择对象进行线性标注

2. 对齐标注

"对齐标注"用于标注倾斜方向的尺寸，其标注方法和效果如图 4-27 所示。

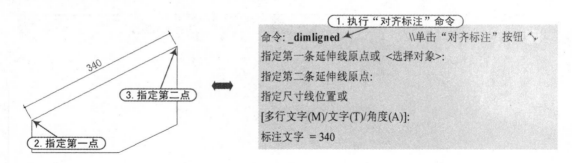

图 4-27　对齐标注方法和示例

3. 连续标注 ⊞

"连续标注" ⊞ 表示创建从上一个或选定标注的第二条延伸线开始的线性、角度或坐标标注，其标注方法和效果如图 4-28 所示。

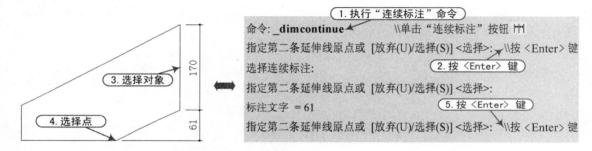

图 4-28　连续标注方法和示例

4. 基线标注 ⊟

"基线标注" ⊟ 表示从上一个或选定标注的基线作连续的线性、角度或坐标标注，其标注方法和效果如图 4-29 所示。

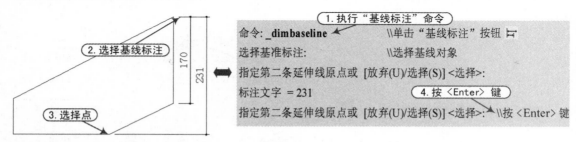

图 4-29　基线标注方法和示例

5. 角度尺寸标注 △

"角度标注" △ 用于测量选定的对象或者 3 个点之间的角度，其标注方法和效果如图 4-30 所示。

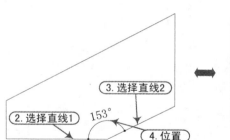

图 4-30　角度标注方法和示例

6. 半径标注 ⊙

"半径标注" ⊙ 可以测量选定圆或圆弧的半径，并显示前面带有半径符号（R）的标注文字，其标注方法和效果如图 4-31 所示。

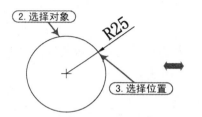

图 4-31　半径标注方法和示例

7. 直径标注 ⊘

"直径标注" ⊘ 用于测量选定圆或圆弧的直径，并显示前面带有直径符号（Ø）的标注文字，其标注方法和效果如图 4-32 所示。

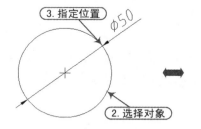

图 4-32　直径标注方法和示例

 　　在进行圆弧的半径或直径标注时，如果选择"文字对齐"方式为"水平"的话，则所标注的数值将以水平的方式显示出来，如图 4-33 所示。

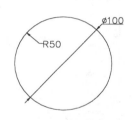

图 4-33　文字水平对齐

⊃ 4.3.3　尺寸标注的编辑方法

在 AutoCAD 中，用户可以对已标注出的尺寸进行编辑修改，修改的对象包括尺寸文本、位置、样式等内容。

1．编辑标注文字

在"标注"工具栏单击"编辑标注文字"按钮，可以修改尺寸文本的位置、对齐方向及角度等，其编辑标注文字的方法和效果如图4-34所示。

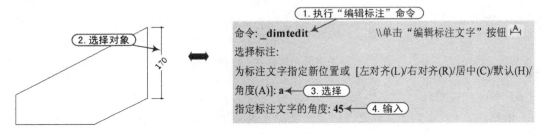

图4-34　编辑标注文字的方法和示例

2．编辑标注

在"标注"工具栏单击"编辑标注"按钮，该命令可以修改尺寸文本的位置、方向、内容及尺寸界线的倾斜角度等，其编辑标注的方法和效果如图4-35所示。

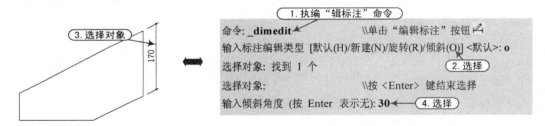

图4-35　编辑标注的方法和示例

3．通过特性编辑标注

在"标注"工具栏中单击"特性"按钮可以更改选择对象的一些属性。同样，如果要编辑标注对象，单击"特性"按钮将打开"特性"面板，从而可以更改标注对象的图层对象、颜色、线型、箭头、文字等内容，如图4-36所示。

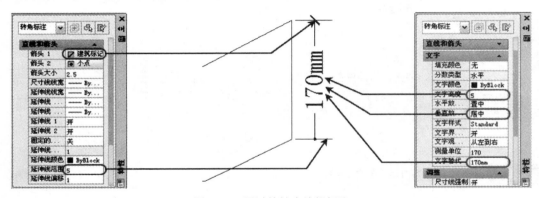

图4-36　通过特性来编辑标注

4.4 多重引线标注和编辑

引线对象是一条线或样条曲线，其一端带有箭头，另一端带有多行文字对象或块。在某些情况下，有一条短水平线（又称为基线）将文字或块和特征控制框连接到引线上，如图 4-37 所示。

在 AutoCAD 2016 中右击工具栏，从弹出的快捷菜单中选择"多重引线"项，将打开"多重引线"工具栏，如图 4-38 所示。

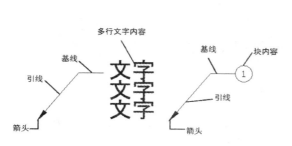

图 4-37 引线的结构

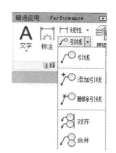

图 4-38 "多重引线"工具栏

4.4.1 创建多重引线样式

多重引线样式与标注样式一样，也可以创建新的样式来对不同的图形进行引线标注。

◆ 菜单栏：选择"格式 | 多线引线样式"菜单命令。

◆ 工具栏：在"多重引线 | 样式"工具栏中单击"多重引线样式"按钮 。

◆ 命令行：输入或动态输入"Mleaderstyle"。

用户可以选择其中一种方式执行多重引线样式命令打开"多重引线样式管理器"对话框，在"样式"列表框中列出了已有的多重引线样式，并在右侧的"预览"框中看到该多重引线样式的效果。如果用户要创建新的多重引线样式，可单击"新建"按钮，将弹出"创建新多重引线样式"对话框，在"新样式名"文本框中输入新的多重引线样式的名称，如图 4-39 所示。

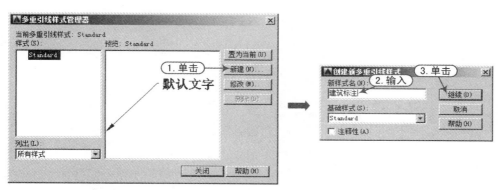

图 4-39 创建新的多重引线样式

当单击"继续"按钮后，系统将弹出"修改多重引线样式：XXX"对话框，从而用户可以根据需要来对其引线的格式、结构和内容进行修改，如图4-40所示。

图4-40 修改多重引线样式

在"修改多重引线样式：XXX"对话框中，各选项的设置方法与"新建标注样式：XXX"对话框中的设置方法大致相同，在这里就不一一讲解了。

➲ 4.4.2 创建与修改多重引线

当用户创建了多重引线样式过后，就可以通过此样式来创建多重引线，并且可以根据需要来修改多重引线。

创建多重引线命令的启动方法包括如下几种。

◆ 下拉菜单：选择"标注 | 多重引线"菜单命令。

◆ 工具栏：在"多重引线"工具栏上单击"多重引线"按钮 ⌀。

◆ 命令行：输入或动态输入"Mleader"，并按〈Enter〉键。

启动多重引线命令之后，用户根据如下的提示信息进行操作，即可对图形对象进行多重引线标注，如图4-41所示。

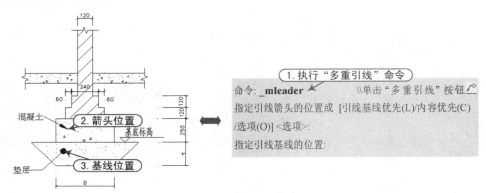

图4-41 多重引线标注效果

用户可打开"案例\04\多重引线示例.dwg"文件进行操作。

当用户需要修改选定的某个多重引线对象时，可以右击该多重引线对象，从弹出的快捷菜单中选择"特性"命令，或者按〈Ctrl+1〉组合键，将弹出"特性"面板，从而可以修改多重引线的样式、箭头样式与大小、引线类型、是否水平基线、基线间距等，如图 4-42 所示。

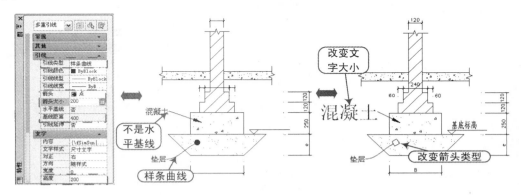

图 4-42　修改选择的多重引线

 在创建多重引线时，所选择的多重引线样式类型应尽量与标注的类型一致，否则所标注出来的效果与标注样式不一致。

4.4.3　添加与删除多重引线

当同时引出几个相同部分的引出线时，可使用平行线或集中于一点的放射线，那么这时就可以采用添加多重引线的方法来操作。

在"多重引线"工具栏中单击"添加多重引线"按钮，或者右击选择快捷菜单中"添加引线"命令，可根据如下提示选择已有的多重引线，然后依次指定引出线箭头的位置即可，如图 4-43 所示。

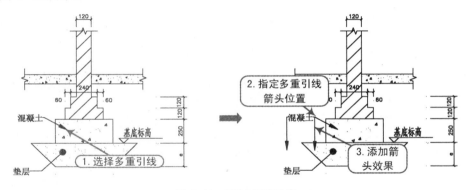

图 4-43　添加多重引线

当然，用户在添加了多重引线后，还可根据需要将多余的多重引线删除。在"多重引线"工具栏中单击"删除多重引线"按钮🔾，或者右击选择快捷菜单中"删除引线"命令，根据如下提示选择已有的多重引线，然后依次指定引出线箭头的位置即可，如图 4-44 所示。

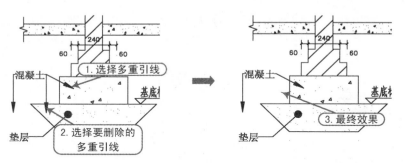

图 4-44　删除多重引线

⊃ 4.4.4　对齐多重引线

当一个图形中有多处引线标注时，如果没有对齐操作则显得图形不规范，也不符合要求，这时可以通过 AutoCAD 2016 提供的多重引线对齐功能来操作，将它所需要的多个多重引线以某个引线为基准进行对齐操作。

在"多重引线"工具栏中单击"多重引线对齐"按钮🔾，并根据如下提示选择要对齐的引线对象，再选择要作为对齐的基准引线对象及方向即可，如图 4-45 所示。

命令: _mleaderalign	\\ 启动"多重引线"对齐命令
选择多重引线: 找到 1 个, 总计 9 个	\\ 选择多个要对齐的引线对象
选择多重引线:	\\ 按〈Enter〉键结束选择
当前模式: 使用当前间距	\\ 显示当前的模式
选择要对齐到的多重引线或 [选项(O)]:	\\ 选择要对齐到的引线
指定方向:	\\ 使用鼠标来指定对齐的方向

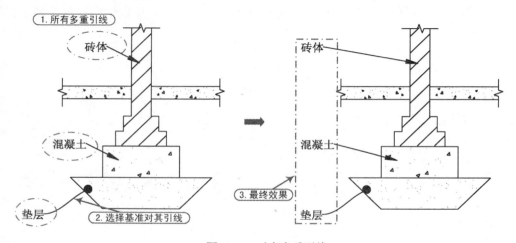

图 4-45　对齐多重引线

↘ 4.5 文字标注的创建和编辑

在 AutoCAD 2016 中，所有的文字都有与之对应的文字样式，系统一般将其"Standard"样式置为当前样式，也可修改当前文本样式或创建新的文本样式来满足不同绘图环境的需要。

用户可以通过以下几种方法来新建文字样式。

◆ 菜单栏：选择"格式 | 文字样式"菜单命令。

◆ 工具栏：在"文字"工具栏中单击"文字样式"按钮 ，如图 4-46 所示。

◆ 命令行：在命令行中输入"Style"命令（快捷键"ST"）。

图 4-46 "文字"工具栏

⊃ 4.5.1 创建文字样式

执行上述操作后，将弹出"文字样式"对话框，如图 4-47 所示。单击"新建"按钮，将弹出"新建文字样式"对话框，如图 4-48 所示。在"样式名"后的文本框中输入样式的名称，单击"确定"按钮新建文字样式。

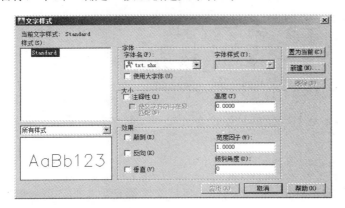

图 4-47 "文字样式"对话框   图 4-48 "新建文字样式"对话框

在"文字样式"对话框中各选项内容的功能与含义如下。

◆ "样式"：当样式列表框下方的下拉列表中选择了"所有样式"时，样式列表框中显示当前图形文件中所有定义的文字样式，选择"当前样式"时，其样式列表框中只显示当前使用的文字样式。

◆ "字体名"：在其下拉列表中，选择文字样式所使用的字体。

◆ "字体样式"：在其下拉列表中选择字体的格式。

◆ "使用大字体"：勾选该复选框，"字体样式"的下拉列表框变为"大字体"下拉列表框，用于选择大字体文件。

◆ "注释性"：勾选该复选框，文字被定义为可注释的对象。

◆ "使文字方向与布局匹配"：勾选该复选框，则注释方向与布局对齐。

◆ "高度"：指定文字的高度，系统将按此高度来显示文字，而不再提示高度设置。

◆ "颠倒"：勾选该复选框，系统会上下颠倒显示输入的文字。

◆ "反向"：勾选该复选框，系统将左右反转地显示输入的文字。

◆ "垂直"：勾选该复选框，系统将垂直显示输入的文字，但其功能对汉字无效。

◆ "宽度因子"：在其文本框中，设置文字字符的高度与宽度之比。当输入值小于 1 时，会压缩文字，大于 1 时，将会扩大文字。

◆ "倾斜角度"：在其文本框中，设置文字的倾斜的角度。设置为 0 时是不倾斜的，角度大于 0 时向右倾斜，角度小于 0 时向左倾斜。

◆ "置为当前"：将在"样式"列表框中选中的文字样式置为当前使用样式。

◆ "删除"：删除在"样式"列表框中选中的文字样式。

如图 4-49 所示为各种文字效果。

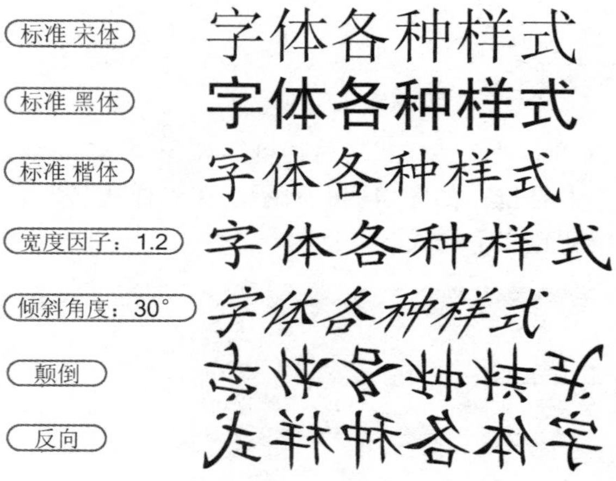

图 4-49　文字的各种效果

⊃ 4.5.2　创建单行文字

单行文字命令可以用来创建一行或多行文字，所创建的每行文字都是独立的、可被单独编辑的对象。

用户可以通过以下几种方式来执行单行文字命令。

◆ 菜单栏：选择"绘图 | 文字 | 单行文字"菜单命令。

◆ 工具栏：在"文字"工具栏中单击"单行文字"按钮 **AI**。

◆ 命令行：输入或动态输入"Dtext"（快捷键"DT"）。

执行单行文字命令后，根据如下提示即可创建单行文字，如图 4-50 所示。

```
命令: DT text                                      \\ 启动"单行文字"命令
当前文字样式:  "Standard"   文字高度:  884.8150 注释性:  否   \\ 当前设置
指定文字的起点或 [对正(J)/样式(S)]:                 \\ 指定文字的起点
指定高度 <>:500                                    \\ 设置文字的字高
```

指定文字的旋转角度 <>: 0 　　　　\\ 在光标闪烁处输入文字
　　　　　　　　　　　　　　　　　　\\ 在另一位置单击并输入文字

图 4-50　单行文字的创建

执行单行文字命令后，各选项的含义如下。

◆ "起点"：选中该项时，用户可使用鼠标来捕捉或指定视视图中单行文字的起点位置。

◆ "对正(J)"：此项用来确定单行文字的排列方向，在选择该项后，命令提示会出现如下内容：

　　　　[对齐(A)/布满(F)/居中(C)/中间(M)/右对齐(R)/左上(TL)/中上(TC)/右上(TR)/左中(ML)/正中(MC)/右中(MR)/左下(BL)/中下(BC)/右下(BR)]:　　　　\\ 输入对正选项

具体位置参考下面的文本对正参考线以及文本对齐方式，如图 4-51、图 4-52 所示。

图 4-51　文本对正参考线

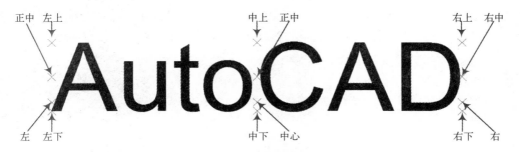

图 4-52　文本对齐方式

◆ "样式(S)"：此项用来选择已被定义的文字样式，选择该项后，命令行出现如下提示：

　　　　输入样式名或 [?] <Standard>:　　\\ 输入已存在文字样式名

 提示　　用户可直接在命令行输入 "?"，再按 "Enter" 键，则在其视图窗口中会弹出当前图形已有文字样式，如图 4-53 所示。

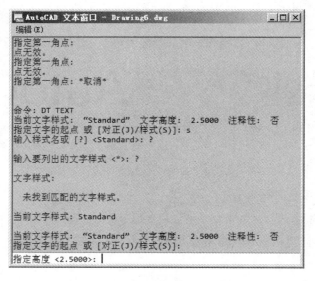

图 4-53　显示当前的文字样式

➔ 4.5.3　创建多行文字

多行文字是一种更加易于管理与操作的文字对象。可以用多行文字命令创建两行或两行以上的文字，而每行文字都是独立的、可被单独编辑的整体。

用户可以通过以下几种方式来执行多行文字命令。

◆ 菜单栏: 选择"绘图丨文字丨多行文字"菜单命令。

◆ 工具栏: 在"文字"工具栏中单击多行文字按钮 **A**。

◆ 命令行: 输入或动态输入"MeText"（其快捷键为"MT"或"T"）。

启动多行文字命令后，根据如下命令行提示确定其多行文字的文字矩形编辑框后，将弹出"文字格式"工具栏，根据要求设置格式及输入文字并单击"确定"按钮即可。

```
命令: T _mtext    \\ 启动"多行文字"命令
当前文字样式: "Standard"  文字高度: 500  注释性: 否    \\ 当前默认设置
指定第一角点:    \\ 指定文字矩形编辑框的第一个角点
指定对角点或 [高度(H)/对正(J)/行距(L)/旋转(R)/样式(S)/宽度(W)/栏(C)]:    \\ 指定第二个角点
```

执行多行文字命令后，各选项的含义如下:

◆ "高度(H)": 指定其文本框的高度值。

◆ "对正(J)": 用于确定所标注文字的对齐方式，是将定文字的某一点与插入点对齐。

◆ "行距(L)": 设置多行文本的行间距，是指相邻两个文本基线之间垂直距离。

◆ "旋转(R)": 设置其文本的倾斜角度。

◆ "样式(S)": 指定当前文本的样式。

◆ "宽度(W)": 指定其文本编辑框的宽度值。

◆ "栏(C)": 用于设置文本编辑框的尺寸。

执行上述操作后将转换到"文字编辑器"选项功能区，如图 4-54 所示。

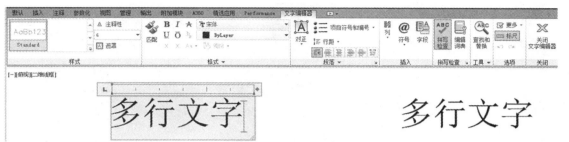

图 4-54 "文字编辑器"功能区

在"文字编辑器"功能区中，有许多设置选项与 Word 文字处理软件的设置相似，下面介绍一些常用的选项。

◆ "堆叠"：是数学中的"分子/分母"形式，其间使用符号"\"和"^"来分隔，然后选择这一部分文字，再单击该按钮即可，其操作步骤如图 4-55 所示。

图 4-55 新建多行文字

 提示 用"堆叠"按钮创建的堆叠样式还有很多，常见的还有上标和下标，如图 4-56 所示。

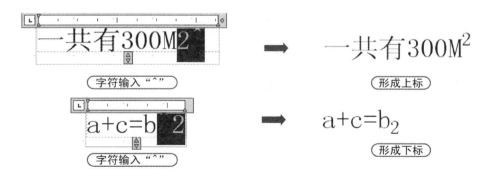

图 4-56 创建下、下标样式

◆ "段落"：单击"行距"按钮，选择"更多"选项，将弹出"段落"对话框，可以设置其制表位、段落、对齐方式等，如图 4-57 所示。

◆ "插入"：单击"字段"按钮，将弹出"字段"对话框，可在当前光标处插入字段域，包括打印域、日期或图纸集域、文档域等，如图 4-58 所示。

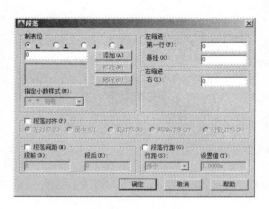

图 4-57 "段落"对话框

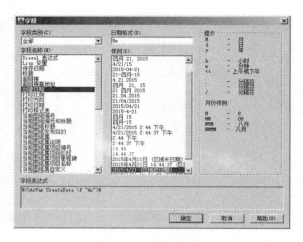

图 4-58 "字段"对话框

 提示

　　在实际绘图时，常常需要像正负号这样的一些特殊字符，这些特殊字符并不能在键盘上直接输入，因此 AutoCAD 2016 提供了相应的控制符，以实现这些标注的要求，表 4-1 所示为 AutoCAD 中常用的标注控制符。

表 4-1　常用的标注控制符

控　制　符	功　　能
%%O	打开或关闭文字的上画线
%%U	打开或关闭文字的下画线
%%D	标注度（°）符号
%%P	标注正负公差（±）符号
%%C	标注直径（φ）字符

↘ 4.6　表格

　　表格作为一种信息的简洁表达方式，常用于像材料清单、零件尺寸一览表等包括许多组件的图形对象中。

　　表格样式同文本样式一样，具有许多性质参数，比如字体、颜色、文本、行距等，系统提供"Standard"为其默认样式。用户可以根据绘图环境的需要定义新的表格样式。

　　用户可以通过以下几种方法来新建表格样式。

◆ 菜单栏：选择"格式 | 表格样式"菜单命令。

◆ 工具栏：在"样式"工具栏中单击"表格样式"按钮 💽，如图 4-59 所示。

◆ 命令行：输入或动态输入"Tablestyle"。

图 4-59　"样式"工具栏

执行上述操作后，将弹出"表格样式"对话框，如图 4-60 所示。在"表格样式"对话框中，单击"新建"按钮，打开"创建新的表格样式"对话框来创建新的表格样式，如图 4-61 所示。

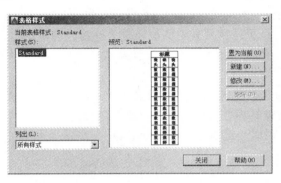

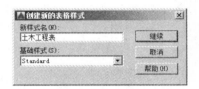

图 4-60 "表格样式"对话框　　　　图 4-61 "创建新的表格样式"对话框

在"新样式名"文本框中输入新建表格样式的名称，并在"基础样式"下拉列表中选择默认的表格样式"Standard"或者其他已被定义的表格样式。单击"确定"按钮，将弹出"新建表格样式"对话框，如图 4-62 所示。用户可以在此对话框中设置表格的各种参数，如方向、格式、对齐等等。

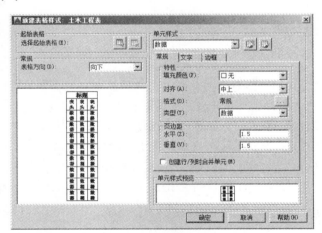

图 4-62 "新建表格样式"对话框

在"新建表格样式"对话框中，各选项的功能与含义如下。

1）"常规"选项卡

◆ "起始表格（E）"：单击 🔲 按钮，将在绘图区选择一个表格作为将新建的表格样式的起始表格。

◆ "表格方向（D）"：表格的方向，选择"向上"，将创建由下而上读取的表格；选择"向下"，将创建由上而下读取的表格。

◆ "单元样式"：其下拉列表中有"标题""表头"和"数据"3 种选项。3 种选项的表格设置内容基本相似，都要对其"常规""文字""边框"3 个选项卡进行设置。

◆ "填充颜色（F）"：在其下拉列表中设置表格的背景颜色。

◆ "对齐（A）"：调整表格单元格中的文字的对齐方式。

◆ "格式（O）"：单击▦，打开"表格单元格式"对话框，如图 4-63 所示。用户可在此对话框中设置单元格的数据格式。

◆ "类型（T）"：在此下拉列表框中，设置是"数据"类型还是"标签"类型。

◆ "页边距"：在"水平"和"垂直"的文本框中，分别设置表格单元内容距连线的水平和垂直距离。

◆ "创建行/列时合并单元（M）"：勾选该复选框，将使用当前表格样式创建的所有新行或新列合并为一个单元。可使用该选项在表格的顶部创建标题栏。

2）"文字"选项卡，如图 4-64 所示，可以设置与文字相关的参数。

图 4-63 "表格单元格式"对话框 　　　　图 4-64 "文字"选项卡

◆ "文字样式（S）"：在其下拉列表框中选择已被定义的文字样式，也可以单击其后的按钮，打开"文字样式"对话框，并设置样式，如图 4-65 所示。

◆ "文字高度（H）"：在其文本框中，可以设置单元格中内容的文字高度。

◆ "文字颜色（C）"：在其下拉列表中设置文字的颜色。

◆ "文字角度（G）"：在其文本框中设置单元格中文字的倾斜角度。

3）选择"边框"选项卡，如图 4-66 所示，可以设置与边框相关的参数。

图 4-65 "文字样式"对话框 　　　　图 4-66 "边框"选项卡

- ◆ "线宽（L）"：在其下拉列表中选择线宽的样式。
- ◆ "线型（N）"：在其下拉列表中选择线型。
- ◆ "颜色（C）"：在其下拉列表中选择线和颜色。
- ◆ "双线（U）"：勾选其复选框，并在"间距"后的文本框中输入偏移的距离。

⊃ 4.6.1 创建表格

在 AutoCAD 2016 中，表格可以从其他软件里复制，再粘贴过来生成或外部导入生成，也可以在 AutoCAD 中直接创建生成表格。

用户可以通过以下几种方法来创建表格。

- ◆ 菜单栏：选择"绘图 | 表格"菜单命令。
- ◆ 工具栏：在"样式"工具栏中单击"表格样式"按钮▦。
- ◆ 命令行：输入或动态输入"Table"。

启动表格命令之后，系统将打开"插入表格"对话框，根据要求设置插入表格的列数、列宽、行数和行高等，然后单击"确定"按钮即可创建一个表格，如图 4-67 所示。

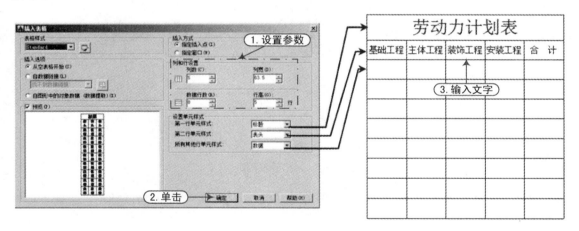

图 4-67　创建表格的方法和效果

"插入表格"对话框中各选项的功能与含义如下。

- ◆ 表格样式：在其下拉列表中选择已创建的表格样式，或者单击其后的按钮，打开"表格样式"对话框，新建需要的表格样式。
- ◆ "从空表格开始（S）"：点选该项，可以插入一个空的表格。
- ◆ "自数据链接（L）"：点选该项，则可从外部导入数据来创建表格。
- ◆ "自图形中的对象数据（数据提取）（X）"：点选该项，则可以从可输出到表格或外部文件的图形中提取数据来创建表格。
- ◆ "预览（P）"：点选该复选框，可在其下的预览框中预览插入的表格样式。
- ◆ "指定插入点（I）"：点选该项，则可以在绘图区中指定的点插入固定大小的表格。
- ◆ "指定窗口（W）"：点选该项，则可以在绘图区中通过移动表格的边框来创建任意大小的表格。

- ◆ "列数（C）"：在其下的文本框中设置表格的列数。
- ◆ "列宽（D）"：在其下的文本框中设置表格的列宽
- ◆ "数据行数（R）"：在其下的文本框中设置行数。
- ◆ "行高（G）"：在其下的文本框中按照行数来设置行高。
- ◆ "第一行单元样式"：设置第一行单元样式为"标题""表头""数据"中的任意一个。
- ◆ "第二行单元样式"：设置第二行单元样式为"标题""表头""数据"中的任意一个。
- ◆ "所有其他行的单元样式"：设置其他行的单元样式为"标题""表头""数据"中的任意一个。

⊃ 4.6.2 编辑表格

创建表格之后，用户可以单击该表格上的任意网格线以选中该表格，然后使用鼠标拖动夹点来修改该表格，如图 4-68 所示。

图 4-68　表格控制的夹点

在表格中单击某单元格，即可选中单个单元格；要选择多个单元格，请单击并在多个单元格上拖动；按住〈Shift〉键并在另外一个单元格内单击，可以同时选中这两个单元格以及它们之间的所有单元格。选中的单元格效果如图 4-69 所示。

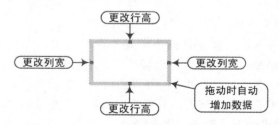

图 4-69　选中的单元格

在选中单元格的同时将显示"表格"工具栏，从而可以借助该工具栏对 AutoCAD 的表格进行多项操作，如图 4-70 所示。

图 4-70 "表格"工具栏

提示

在表格中输入公式的注意事项：

1）用户在选定表格单元后，可以从"表格"工具栏及快捷菜单中插入公式，也可以打开在位文字编辑器，然后在表格单元中手动输入公式。

2）单元格的表示：在公式中，可以通过单元的列字母和行号引用单元。例如，表格中左上角的单元为 A1；合并的单元使用左上角单元的编号；单元的范围由第一个单元和最后一个单元定义，并在它们之间加一个冒号（：），如范围 A2：E10 包括第 2～10 行和 A～E 列中的单元。

3）输入公式：公式必须以等号（=）开始；用于求和、求平均值和计数的公式将忽略空单元以及未解析为数据值的单元；如果在算术表达式中的任何单元为空，或者包括非数据，则其他公式将显示错误（#）。

4）复制单元格：在表格中将一个公式复制到其他单元时，范围会随之更改，以反映新的位置。例如，如果 F6 中公式对 A6～E6 求和，则将其复制到 F7 时，单元格的范围将发生更改，从而该公式将对 A7～E7 求和。

5）绝对引用：如果在复制和粘贴公式时不希望更改单元格地址，应在地址的列或行处添加一个"$"符号。例如，如果输入$E7，则列会保持不变，但行会更改；如果输入E7，则列和行都保持不变。

↘ 4.7 对楼梯对象进行标注

> 素材 视频\04\楼梯对象的标注.avi
> 案例\04 楼梯对象的标注.dwg

通过前面所学尺寸的标注与编辑、文字的创建与编辑等知识内容，用户可以借用已经绘制好的楼梯平面图形来进行尺寸和文字标注。首先打开已经准备好的"楼梯平面图.dwg"文件，将其另存为新的"楼梯对象的标注.dwg"文件；设置文字样式、标注样式，从而对其进行线性和连续标注；再使用多段线命令绘制一条多段线作为楼梯的上下指引线；再进行文字标注，其最终效果如图 4-71 所示。

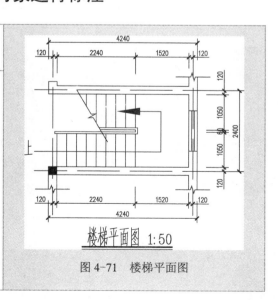

图 4-71 楼梯平面图

1）正常启动 AutoCAD 2016，执行"文件 | 打开"菜单命令，将"案例\04\楼梯平面图.dwg"文件打开，如图 4-72 所示。

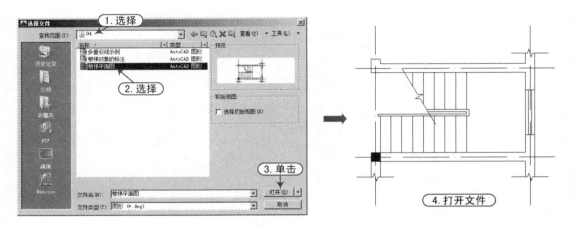

图 4-72　打开的文件

2）执行"文件 | 另存为"菜单命令，将该文件另存为"案例\04\楼梯对象的标注.dwg"。

3）选择"格式 | 文字样式"菜单命令，按照表 4-2 所示的各种文字样式对每一种样式进行字体、高度、宽度因子的设置，如图 4-73 所示。

表 4-2　文字样式

文字样式名	打印到图纸上的文字高度	图形文字高度（文字样式高度）	宽度因子	字体 | 大字体
图内文字	3.5	350		
尺寸文字	3.5	0	0.7	Tssdeng | gbcbig
图　名	7	700		

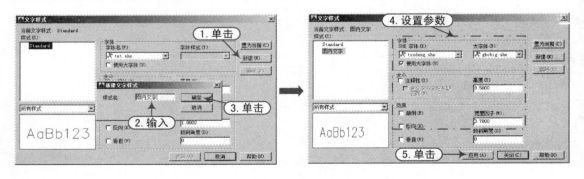

图 4-73　新建"图内文字"样式

4）重复前面的步骤，建立其他的文字样式，如图 4-74 所示。

图 4-74　建立其他的文字样式

5）选择"格式|标注样式"命令，将弹出"标注样式管理器"对话框，单击"新建"按钮，输入新样式名称为"楼梯标注-50"，然后单击"继续"按钮，如图 4-75 所示。

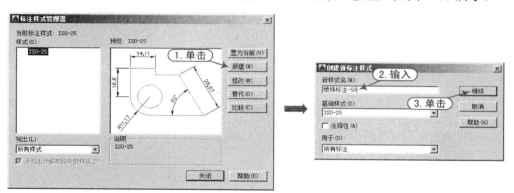

图 4-75　输入标注样式名称

6）弹出"新建标注样式：楼梯标注-50"对话框，用户在"线""符号和箭头""文字"和"调整"选项卡中进行该标注样式的设置，其具体参数如表 4-3 所示。

表 4-3　"楼梯标注-50"标注样式的参数设置

"线"选项卡	"符号和箭头"选项卡	"文字"选项卡	"调整"选项卡
尺寸线 颜色(C): ■ByBlock 线型(L): ——ByBlock 线宽(G): ——ByBlock 超出标记(N): 0 基线间距(A): 3.75 隐藏: □尺寸线1(M) □尺寸线2(D) 超出尺寸线(X): 2.500 起点偏移量(F): 5.000 ☑固定长度的尺寸界线(O) 长度(E): 10.000	箭头 第一个(T): 建筑标记 第二个(D): 建筑标记 引线(L): 小点 箭头大小(I): 1	文字外观 文字样式: 尺寸文字 文字颜色: ■红 填充颜色: □无 文字高度(T): 3.500 分数高度比例(H): 1.000 □绘制文字边框(F) 文字位置 垂直(V): 上 水平(Z): 居中 观察方向: 从左到右 从尺寸线偏移(O): 1.000	标注特征比例 □注释性(A) ○将标注缩放到布局 ●使用全局比例(S): 50 优化(T) □手动放置文字(P) ☑在延伸线之间绘制尺寸线(D)

7）当"楼梯标注-50"标注样式参数设置完成后，依次单击"确定"按钮返回到"标注

样式管理器"对话框中,单击"置为当前"按钮将新建的标注样式置为当前,然后单击"关闭"按钮退出。

8)执行"**格式 | 图层**"命令,在弹出的"**图层特性管理器**"面板中,新建"尺寸标注"图层,设置其颜色为蓝色,并将其置为当前图层,如图 4-76 所示。

✔ 尺寸标注 | ♀   ☼   🔓 ■ 蓝   Contin... —— 默认

图 4-76   新建"尺寸标注"图层

9)在"**标注**"工具栏中单击"**线性标注**"按钮 ┠┨,使用鼠标在视图的左上角处依次捕捉两个交点,再确定文字放置的位置,从而完成第一道线性标注,如图 4-77 所示。

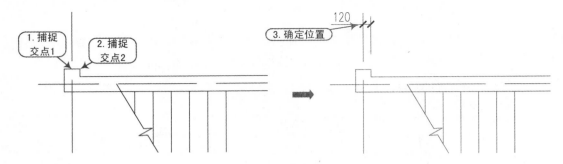

图 4-77   进行线性标注

10)在"**标注**"工具栏中单击"**连续标注**"按钮 ┠┠┨,使用鼠标依次捕捉交点 1~3,从而对其进行连续标注,如图 4-78 所示。

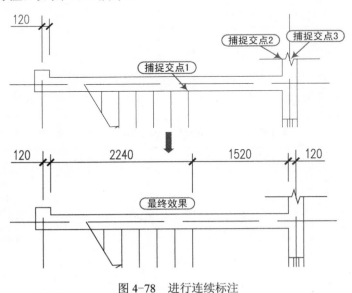

图 4-78   进行连续标注

11)在"**标注**"工具栏中单击"**线性标注**"按钮 ┠┨,捕捉 A、B 两点,完成第二道线性标注,如图 4-79 所示。

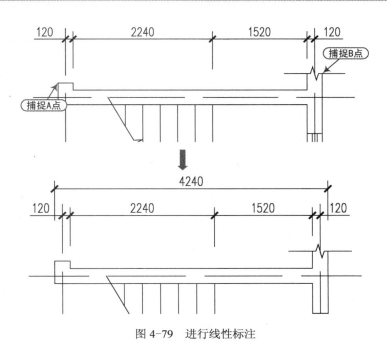

图 4-79　进行线性标注

12）执行"镜像"命令（MI），将前面的线性和连续标注向下进行镜像操作，如图 4-80 所示。

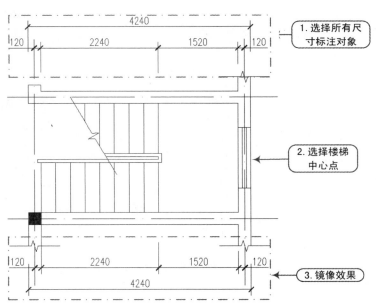

图 4-80　进行镜像标注操作

　提示　由于该图形上、下侧的尺寸标注是一致的，所以此处将上侧的尺寸标注通过楼梯的水平中点向下进行镜像，从而更加快捷地进行尺寸标注。

13）执行"线性标注" ⊢⊣ 和"连续标注" ⊢⊢⊣，参照前面标注的方法，依次捕捉交点，从而完成右侧的尺寸标注，结果如图 4-81 所示。

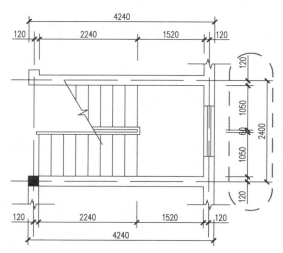

图 4-81　进行右侧的尺寸标注

14）在"图层"工具栏的"图层控制"下拉列表框中，将"楼梯"图层置为当前图层。

15）按〈F8〉键切换到正交模式。执行"多段线"（PL）命令，首先捕捉起点 A，鼠标指向右并输入 3600 确定点 B，再将鼠标指向上并输入 1200 确定点 C，再将鼠标指向左并输入 600 确定点 D，选择"宽度(W)"选项，提示输入起点宽度为 200，终点宽度为 0，再将鼠标指向左并输入 600 确定点 E，从而绘制带有箭头的楼梯方向线，如图 4-82 所示。

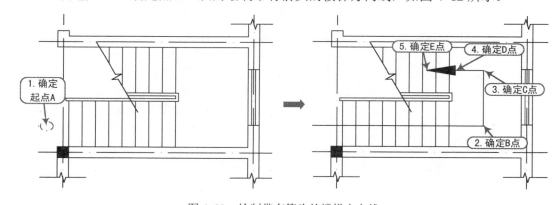

图 4-82　绘制带有箭头的楼梯方向线

16）执行"格式｜图层"命令，在弹出的"图层特性管理器"面板中新建"文字标注"图层，设置其颜色为白色，并将其置为当前图层，如图 4-83 所示。

✓ 文字标注 ｜ ♀ ☆ ⬚ ■白 Contin… ── 默认

图 4-83　新建"文字标注"图层

17）在"文字"工具栏中单击"单行文字"按钮 **AI**，选择"图内文字"文字样式，根据命令行提示在多段线的起点位置处单击确定文字的位置，再输入高度为 500，比例为 0，然后输入文字"上"，从而在楼梯上标注楼梯的上下方向，如图 4-84 所示。

18）在"文字"工具栏中单击"单行文字"按钮 A，选择"图名"文字样式，在整个楼梯图形的底侧处输入图名"楼梯平面图"，文字高度"600"，输入比例"1:50"，其高度为"300"。

19）再执行"多段线"命令（PL），在图名的下侧绘制一条宽度为 30 的水平线段；再执行"直线"命令（L），绘制与水平多段线相等的水平直线，结果如图 4-85 所示。

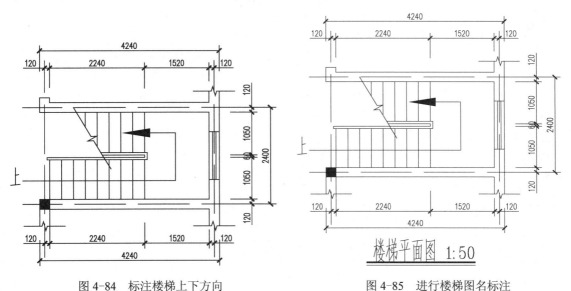

图 4-84　标注楼梯上下方向　　　　　　图 4-85　进行楼梯图名标注

20）至此，该楼梯图形对象的标注已经完成，按〈Ctrl+S〉组合键保存文件。

第5章
使用块、外部参照和设计中心

本章导读

　　用户在绘制图形时，如果图形中有很多相同或相似的图形对象，或者所绘制的图形与已有的图形对象相同，这时可以将重复绘制的图形创建为块，然后在需要时插入即可。若在另一个文件中需要使用已有图形文件中的图层、块、文字样式等，则可以通过"设计中心"来进行复制操作，从而达到快速绘图的目的。

　　在本章中，首先讲解了图块的主要作用和特点、图块的创建和插入方法、属性图块的创建和插入方法，然后讲解了在 AutoCAD 中外部参照的作用和使用方法，以及设计中心的使用方法等，从而能够让用户更加快捷高效地进行图形的设计。

学习目标

📖 了解图块的主要作用和特点
📖 掌握图块的创建和插入方法
📖 掌握图块的存储和编辑
📖 掌握带属性图块的定义、创建和插入
📖 掌握外部参照的含义和使用方法
📖 掌握设计中心的作用和使用方法

预览效果图

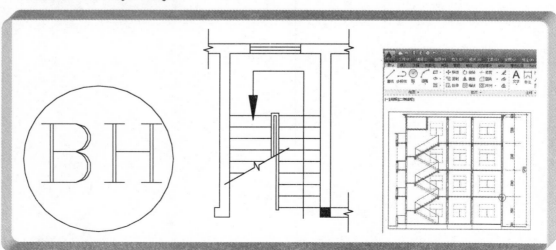

↘ 5.1 创建与编辑图块

在使用 AutoCAD 绘图的过程中，经常会绘制一些形状类似的图形，如图框、标题栏、标高符号、门块。一般情况下，都是事先画好图式后再采用复制、粘贴的方式，这样的确是一个省事的方法。如果用户对 AutoCAD 中块图形的操作十分了解，就会发现插入图块比复制粘贴更加方便快捷。

图块的主要作用，概括起来有四个：一是建立图形库，避免重复工作；二是节省磁盘的存储空间；三是便于图形修改；四是可以为图块增添属性。

> 1）在绘图过程中，要插入的图块若来自当前绘制的图形之内，这种图块为"内部图块"。"内部图块"可用 Wblock 命令以文件的形式保存于计算机磁盘上。
> 2）可以插入到其他图形文件中的图块为"外部图块"。一个已经保存在磁盘上的图形文件也可以当成"外部图块"，用插入命令插入到当前图形中。

⊃ 5.1.1 图块的主要特点

图块是图形中的多个实体组合成的一个整体，它的图形实体可以分布在不同的图层上，可以具有不同的线型和颜色等特征，但是在图形中图块是作为一个整体参与图形编辑和调用的。要在绘图过程中高效率地使用已有建筑图块，首先需要了解 AutoCAD 图块的特点。

1．"随层"块特性

如果由某个层的具有"随层"设置的实体组成一个内部块，这个层的颜色和线型等特性将设置并储存在块中，以后不管在哪一层插入都保持这些特性。如果在当前图形中插入一个具有"随层"设置的外部图块，当外部块图所在层在当前图形中没有定义，则 AutoCAD 自动建立该层来放置块，块的特性与块定义时一致；如果当前图形中存在与之同名而特性不同的层，当前图形中该层的特性将覆盖块原有的特性。

> 在通常情况下，AutoCAD 会自动把绘制图形时的绘图特性设置为"ByLayer（随层）"，除非在前面的绘图操作中修改了这种设置方式。

2．"随块"特性

如果组成块的实体采用"ByBlock（随块）"设置，则块在插入前没有任何层，颜色、线型、线宽设置被视为白色连续线。当块插入当前图形中时，块的特性按当前绘图环境的层（颜色、线型和线宽）进行设置。

3．在"0"层上创建的图块具有浮动特征

在进入 AutoCAD 绘图环境之后，AutoCAD 默认的图层是"0"层。如果组成块的实体是在"0"层上绘制的并且用"随层"设置特性，则该块无论插入哪一层，其特性都采用当前插入层的设置。

> 创建图块之前的图层设置及绘图特性设置是很重要的一个环节，在具体绘图工作中，要根据图块是建筑图块还是标准图块，来考虑图块内图形的线宽、线型、颜色的设置，并创建需要的图层，选择适当的绘图特性。在插入图块之前，还要正确选择要插入的图层及绘图特性。

4．关闭或冻结选定层上的块

当非"0"层块在某一层插入时，插入块实际上仍处于创建该块的层中（"0"层块除外），因此不管它的特性怎样随插入层或绘图环境变化，当关闭该插入层时，图块仍会显示出来，只有将建立该块的层关闭或将插入层冻结，图块才不再显示。

而"0"层上建立的块，无论它的特性怎样随插入层或绘图环境变化，当关闭插入层时，插入的"0"层块随之关闭。即"0"层上建立的块是随各插入层浮动的，插入哪层，"0"层块就置于哪层上。

⊃ 5.1.2 图块的创建

图块的创建就是将图形中选定的一个或几个图形对象组合在一个整体，并为其取名保存，这样它就被视作一个实体对象在图形中随时进行调用和编辑，即所谓的"内部图块"。

创建图块主要有以下 3 种方式。

◆ 菜单栏：选择"绘图｜块｜创建"命令。

◆ 工具栏：在"绘图"工具栏上单击"创建块"按钮 。

◆ 命令行：输入或动态输入"Block"（快捷键"B"）。

启动创建图块命令之后，系统将弹出"块定义"对话框，单击"选择对象"按钮切换到绘图区中选择构成块的对象后返回，单击"拾取点"按钮选择一个点作为特定的基点后返回，再在"名称"文本框中输入块的名称，然后单击"确定"按钮即可，如图 5-1 所示。

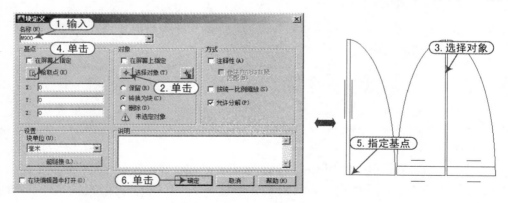

图 5-1 创建图块的方法

在"块定义"对话框中各选项的含义如下。

◆ "名称"文本框：输入块的名称，但最多可使用 255 个字符，可以包括字母、数字、空格以及微软和AutoCAD没有用作其他用途的特殊字符。

 在绘图块命名时，一是图块名要统一；二是图块名要尽量能代表其内容；三是同一个图块插入点要一致，插入点要选插入时最方便的点。

◆ "基点"栏：用于确定插入点位置，默认值为（0,0,0）。用户可以单击"拾取点"按钮，然后用十字光标在绘图区内选择一个点；也可以在X、Y、Z文本框中输入插入点的具体坐标参数值。一般基点选在块的对称中心、左下角或其他有特征的位置。

◆ "对象"栏：设置组成块的对象。单击"选择对象"按钮，可切换到绘图区中选择构成块的对象；单击"快速选择"按钮，在弹出的"快速选择"对话框中进行设置过滤，使其选择组成块的对象；选中"保留"单选项，表示创建块后其原图形仍然在绘图窗口中；选中"转换为块"单选项，表示创建块后将组成块的各对象保留并将其转换为块；选中"删除"单选项，表示创建块后其原图形将在图形窗口中删除。

◆ "方式"栏：设置组成块对象的显示方式。

◆ "设置"栏：用于设置块的单位是否链接。单击"超链接"按钮，将打开"插入超链接"对话框，在此可以插入超链接的文档。

◆ "说明"文本框：在其中输入与所定义块有关的描述性说明文字。

⊃ 5.1.3 图块的插入

当用户在图形文件中定义了块以后，即可在内部文件中进行任意的插入块操作，还可以改变所插入块的比例和旋转角度。

插入图块主要有以下3种方式。

◆ 菜单栏：选择"插入 | 块"命令。

◆ 工具栏：在"绘图"工具栏上单击"插入块"按钮。

◆ 命令行：输入或动态输入"Insert"（快捷键"I"）。

启动插入图块命令之后，系统将弹出"插入"对话框，在"名称"下拉列表框中选择已经定义的图块，或者单击"浏览"按钮选择已经定义的"外部图块"或图形文件，可在该对话框中设置插入块的基点、比例和旋转角度，然后单击"确定"按钮，如图5-2所示。

在"插入"对话框中各选项的含义如下。

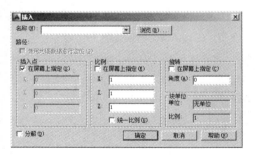

图5-2 "插入"对话框

◆ "名称"下拉列表框：用于选择已经存在的块或图形名称。若单击其后的"浏览"按钮，打开"选择图形文件"对话框，从中选择已经存在的外部图块或图形文件。

◆ "插入点"栏：确定块的插入点位置。若选择"在屏幕上指定"复选框，表示用户将在绘图窗口内确定插入点；若不选中该复选框，用户可在其下的X、Y、Z文本框中输入插入点的坐标值。

◆ "比例"栏：确定块的插入比例系数。用户可直接在 X、Y、Z 文本框中输入块在 3 个坐标方向的不同比例；若选中"统一比例"复选框，表示所插入的比例一致。

◆ "旋转"栏：用于设置块插入时的旋转角度，可直接在"角度"文本框中输入角度值，也可直接在屏幕上指定旋转角度。

◆ "分解"复选框：表示是否将插入的块分解成各基本对象。

 用户在插入图块对象后，也可以单击"修改"工具栏的"分解"按钮🖩对其进行分解操作。

● 5.1.4 图块的保存

前面介绍了图块的创建和插入，读者已基本掌握了图块的应用方法。但是用户创建图块后，只能在当前图形中插入，而其他图形文件无法引用创建的图块，很不方便。为解决这个问题，使实际工程设计绘图时创建的图块实现共享，AutoCAD 为用户提供了图块的存储命令，通过该命令可以将已创建的图块或图形中的任何一部分（或整个图形）作为外部图块进行保存。用图块存储命令保存的图块与其他的图形文件并无区别，同样可以打开和编辑，也可以在其他的图形文件中进行插入。

要进行图块的存储操作，在命令行中输入"Wblock"命令（快捷键"W"），此时将弹出"写块"对话框，利用该对话框可以将图块或图形对象存储为独立的外部图块，如图 5-3 所示。

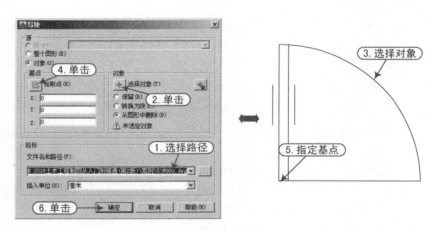

图 5-3　保存图块

 用户可以使用 Save 或 Save as 命令创建并保存整个图形文件，也可以使用 Export 或 Wblock 命令从当前图形中创建选定的对象，然后保存到新图形中。不论使用哪一种方法创建一个普通的图形文件，它都可以作为块插入到任何其他图形文件中。如果需要作为相互独立的图形文件来创建几种版本的符号，或者要在不保留当前图形的情况下创建图形文件，建议使用 Wblock 命令。

⊖ 5.1.5 属性图块的定义

AutoCAD 允许为图块附加一些文本信息，以增强图块的通用性，这些文本信息称为属性。如果某个图块带有属性，那么用户在插入该图块时可根据具体情况，通过属性来为图块设置不同的文本信息。特别对于那些经常要用到的图块来说，利用属性尤为重要。

要创建属性，首先创建包含属性特征的属性定义。特征包括标记（标识属性的名称）、插入块时显示的提示、值的信息、文字格式、块的位置和所有可选模式（不可见、常数、验证、预设、锁定位置和多行）。

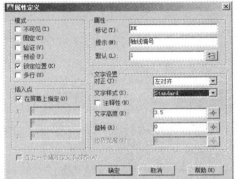

定义图块对象的属性主要有以下两种方式。

◆ 菜单栏：选择"绘图 | 块 | 定义属性"命令。

◆ 命令行：输入或动态输入"Attded"（快捷键"ATT"）。

当启动定义对象属性命令之后，将弹出"属性定义"对话框，如图 5-4 所示。

图 5-4 "属性定义"对话框

下面将"属性定义"对话框中各选项的含义讲解如下。

◆ "不可见"复选框：表示插入块后是否显示其属性值。

◆ "固定"复选框：设置属性是否为固定值。当为固定值时，插入块后该属性值不再发生变化。

◆ "验证"复选框：用于验证所输入属性值是否正确。

◆ "预设"复选框：表示是否将该值预置为默认值。

◆ "锁定位置"复选框：表示固定插入块的坐标位置。

◆ "多行"复选框：表示可以使用多行文字来标注块的属性值。

◆ "标记"文本框：用于输入属性的标记。

◆ "提示"文本框：输入插入块时系统显示的提示信息内容。

◆ "默认"文本框：用于输入属性的默认值。

◆ "文字位置"栏：用于设置属性文字的对正方式、文字样式、高度值、旋转角度等格式。

 提示 在通过"属性定义"对话框定义属性后，还要使用前面的方法来创建或存储图块。

例如，要定义一个带属性的轴号对象，其操作步骤如图 5-5 所示。同样，再使用创建图块（B）和存储图块（W）命令对其进行操作。

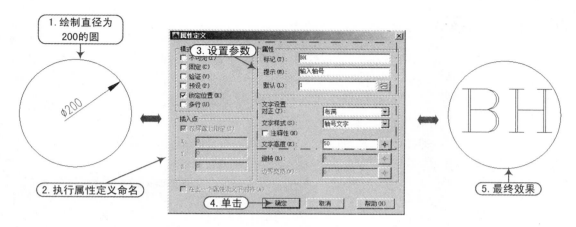

图 5-5 定义属性对象

⊃ 5.1.6 属性图块的插入

属性图块的插入方法与普通块的插入方法基本一致，只是在设定完块的旋转角度后需输入各属性的具体值。

在命令行中输入或动态输入"Insert"（快捷键"I"），同样将弹出"插入"对话框，根据要求选择要插入的带属性的图块，并设置插入点、比例及旋转角度，这时系统将以命令的方式提示所要输入的属性值。

例如，要将前面定义带属性的轴号图块插入到指定的位置，其操作步骤如图 5-6 所示。

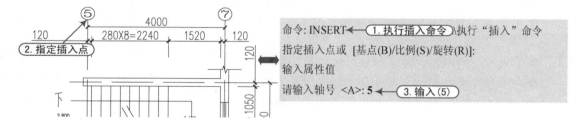

图 5-6 插入带属性图块的方法

⊃ 5.1.7 图块属性的编辑

当用户在插入带属性的对象后，可以对其属性值进行修改操作。

编辑图块的属性主要有以下 3 种方式。

◆ 菜单栏：选择"修改 | 对象 | 属性 | 单个"命令。

◆ 工具栏：在"修改 II"工具栏上单击"编辑属性"按钮 ，如图 5-7 所示。

◆ 命令行：输入或动态输入"Ddatte"（快捷键"ATE"）。

启动编辑块属性命令之后，系统提示"选择对象:"，用户使用鼠标在视图中选择带属性块的对象，系统将弹出"增强属性编辑器"对话框，根据要求编辑属性块的值即可，如图 5-8 所示。

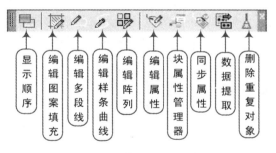

图 5-7 "修改 II"工具栏

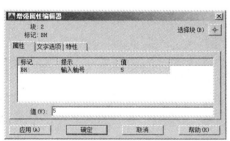

图 5-8 "增强属性编辑器"对话框

提示　用户可直接使用鼠标双击带属性块的对象，也将弹出"增强特性编辑器"对话框。

◆ "属性"选项卡：用户可修改该属性的属性值。
◆ "文字选项"选项卡：用户可修改该属性的文字特性，包括文字样式、对正方式、文字高度、比例因子、旋转角度等，如图 5-9 所示。
◆ "特性"选项卡：用户可修改该属性文字的图层、线宽、线型、颜色等特性，如图 5-10 所示。

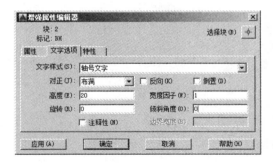

图 5-9 "文字选项"选项卡

图 5-10 "特性"选项卡

↳ 5.2 使用外部参照与设计中心

在 AutoCAD 中将其他图形调入到当前图形中有 3 种方法：一是用块插入的方法插入图形（在前面已经讲解了）；二是用外部参照引用图形；三是通过设计中心将其他图形文件中的图形、块、图案填充、图层等放置在当前文件中。

○ 5.2.1 使用外部参照

当把一个图形文件作为图块来插入时，块的定义及其相关的具体图形信息都保存在当前图形数据库中，当前图形文件与被插入的文件不存在任何关联。而当以外部参照的形式引用文件时，并不在当前图形中记录被引用文件的具体信息，只是在当前图形中记录了外部参照的位置和名字，当一个含有外部参照的文件被打开时，它会按照记录的路径去搜索外部参照文件，此时，含外部参照的文件会随着被引用文件的修改而更新。在土木工程制图中，需要协同工作、相互配合，采用外部参照可以保证项目组的设计人员之间的引用都是最新的，以提高设计效率。

执行外部参照命令主要有以下 3 种方法。

◆ 菜单栏：选择"插入 | 外部参照"命令。

◆ 工具栏：在"参照"工具栏上单击"外部参照"按钮 。

◆ 命令行：在命令行中输入或动态输入"Xref"。

启动外部参照命令之后，系统将弹出"附着外部参照"选项板，在该面板上单击左上角的"附着 DWG"按钮 ，选择参照文件后，将打开"外部参照附着"选项板，利用该选项板可以将图形文件以外部参照的形式插入到当前图形中，如图 5-11 所示。

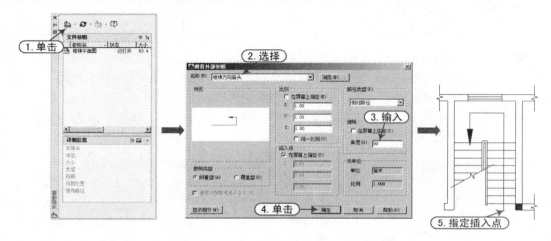

图 5-11　插入带属性图块的方法

 　　如果所插入的外部参照对象已经是当前主文件的图块时，系统将不能正确地插入外部参照对象。

⊃ 5.2.2 插入光栅图像参照

用户除了能够在 AutoCAD 2016 环境中绘制并编辑图形之外，还可以插入所有格式的光栅图像文件（如.jpg），从而能够以此作为参照的底图对象进行描绘。

例如，在"案例\05"文件夹下存放有"光栅文件.jpg"图像文件，为了能够更加准确地绘制该图像中的对象，用户可按照如下操作步骤进行：

1）在 AutoCAD 2016 中选择"插入 | 光栅图像参照"菜单命令，将弹出"选择参照文件"对话框，选择"光栅文件.jpg"图像文件，然后依次单击"打开"和"确定"按钮，如图 5-12 所示。

2）此时在命令行提示"指定插入点 <0,0>:"，使用鼠标在视图空白的指定位置单击，从而确定插入点，而在命令行将显示图片的基本信息"基本图像大小：宽: 5.333333，高: 2.166667，Inches"。

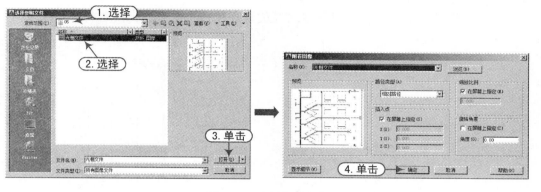

图 5-12　选择参照文件

3）接下来在命令行又提示"指定缩放比例因子或[单位(U)]<1>:"，若此时并不知道缩放的比例因子，用户可按〈Enter〉键以默认的"比例因子 1"进行缩放，这时即可在屏幕的空白位置看到插入的光栅图像（如果当前视图中不能完全看到插入的光栅文件，可使用鼠标对当前视图进行缩放和平移操作），如图 5-13 所示。

4）为了使插入的图像能够作为参照底图来绘制图形，用户可选择该对象并右击鼠标，从弹出的快捷菜单中选择"绘图次序｜置于对象之下"命令，如图 5-14 所示。

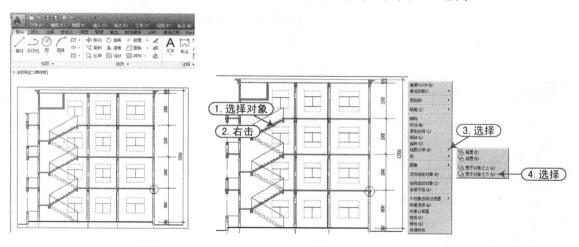

图 5-13　插入的光栅文件　　　　　　　　　图 5-14　将图像置于对象之下

5）为了使插入的图像比例因子合适，这时可在"标注"工具栏中单击"线性标注"按钮，然后对指定的区域（13700 处）"测量"直线距离为 681，如图 5-15 所示。需要注意的是，在测量时应尽量将视图缩小，以便使指定的测量两点距离尽量接近。

6）由于原始的距离为 13700，而现在测量的数值为 681，用户可选择"计算器"来进行计算得：13700÷681=20.12，则表示需要将插入的光栅图像缩放 20.12 倍。

7）在命令行中输入缩放命令"SC"命令，在"选择对象:"提示下选择插入的光栅对象，在"指定基点:"提示下指定光栅对象的任意一个角点，在"指定比例因子或[复制(C)｜参照(R)]:"下输入比例因子 20.12。

8）此时再使用"线性标注"按钮 ▭ 来测量的数值为 13696，基本上接近 13700，如图 5-16 所示。

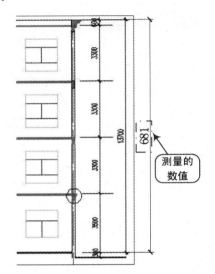

图 5-15　缩放前的测量数值

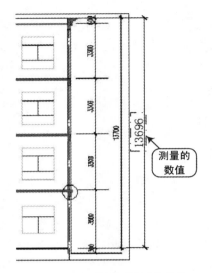

图 5-16　缩放后的测量数值

9）为了使描绘的图形对象与底图的光栅对象置于不同的图层，用户可以新建一个图层"描绘"，颜色为红色；然后使用直线、样条曲线等命令来对照描绘图形对象，待完成之后，将光栅对象的图层关闭显示即可。

⊃ 5.2.3　使用设计中心

AutoCAD 的设计中心为用户提供了一个直观且高效的工具，它与 Windows 资源管理器类似，可以方便地在当前图形中插入块、引用光栅图像及外部参照，在图形之间复制块、图层、线型、文字样式、标注样式以及用户定义的内容等。

打开"设计中心"面板主要有以下 3 种方法。

◆ 菜单栏：选择"工具 | 选项板 | 设计中心"命令。

◆ 工具栏：在"标准"工具栏上单击"设计中心"按钮 ▦。

◆ 命令行：在命令行中输入或动态输入"Adcenter"（快捷键"ADC"）

◆ 组合键：按下"Ctrl+2"键。

执行以上任何一种方法后，系统将打开"设计中心"面板，如图 5-17 所示。

在 AutoCAD 中，使用设计中心可以完成以下的工作：

◆ 创建对频繁访问的图形、文件夹和 Web 站点的快捷方式。

◆ 根据不同的查询条件在本地计算机和网络上查找图形文件，找到后可以将它们直接加载到绘图区或设计中心。

◆ 浏览不同的图形文件，包括当前打开的图形和 Web 站点上的图形库。

◆ 查看块、图层和其他图形文件的定义并将这些图形定义插入到当前图形文件中。

◆ 通过控制显示方式来控制设计中心控制板的显示效果，还可以在控制板中显示与图形文件相关的描述信息和预览图像。

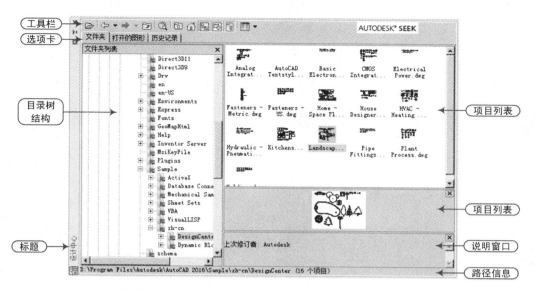

图 5-17　"设计中心"面板

⊃ 5.2.4　通过设计中心添加图层和样式

用户在绘制图形之前，都应先规划好绘图环境，包括设置图层、文字样式、标注样式等，如果已有的图形对象中的图层、文字样式、标注样式等符合当前图形的要求，这时就可以通过设计中心来提示其图层、文字样式、标注样式，从而可以方便、快捷地绘制规格统一图形。

下面通过实例的方式介绍如何以设计中心的方式添加图层、标注样式和文字样式，其操作步骤如下：

1）启动 AutoCAD 2016，选择"文件 | 打开"菜单命令，将"案例\05\别墅平面图.dwg"图形文件打开；再新建"案例\05\建筑样板.dwg"图形文件。

2）在"标准"工具栏中单击"设计中心"按钮，打开"设计中心"面板，在"打开的图形"选项卡下选择"别墅平面图.dwg"文件，可以看出当前已经打开的图形文件的已有图层对象和文字样式，如图 5-18 所示。

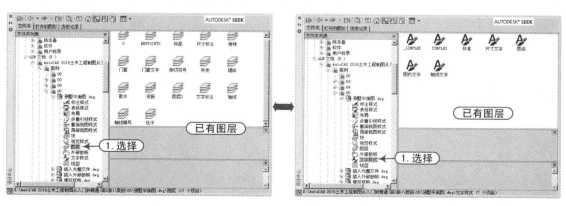

图 5-18　已有的图层和标注样式

3）使用鼠标依次将已有的图层对象全部拖曳到当前视图的空白位置，同样再将文字样式拖曳到视图的空白位置。

4）在"设计中心"面板的"打开的图形"选项卡中，选择"建筑样板.dwg"文件，并分别选择"图层"和"文字样式"项，即可看到拖曳到新图形中的对象，如图 5-19 所示。

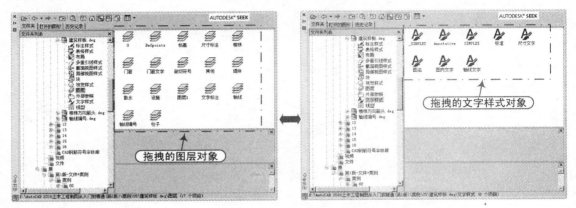

图 5-19　拖曳的图层和标注样式

第6章
房屋建筑与结构制图标准

本章导读

学好前面 AutoCAD 软件基础和绘图技能后，即可进行更加复杂的房屋建筑和结构施工图的绘制了。而要想真正的成为一名专业的建筑和结构绘图人员，就必须熟练地掌握制图标准，这样绘制的图形才能够被更多的人阅读，便于图纸的交换及存档。

在本章中，首先针对房屋建筑制图标准进行讲解，包括图纸幅面规格及编排顺序、图线与字体、比例与符号、定位轴线与常用建筑材料等，接下来讲解结构制图的规范，包括混凝土结构的表示方法、钢结构的表示方法、结构平法施工图的识读、结构与建筑图的关系等。

学习目标

- 掌握工程图的幅面规格与图纸编排顺序
- 掌握图线、字体、比例和符号的规范
- 掌握定位轴线与常用建筑材料
- 掌握混凝土结构的表示方法
- 掌握钢筋结构的表示方法
- 掌握结构平法施工图的识读
- 掌握建筑图与结构图的关系

预览效果图

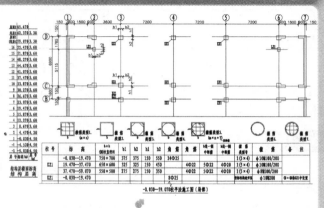

↘ 6.1 图纸幅面规格与图纸编排顺序

在进行建筑工程制图时，图纸的幅面规格、标题栏、签字栏以及图纸的编排顺序，都有一定的规定。

⊃ 6.1.1 图纸幅面

图纸幅面及图框尺寸应符合表 6-1 的规定及图 6-1～图 6-4 的格式。

表 6-1 幅面及图框尺寸 单位：mm

图纸幅面 尺寸代号	A0	A1	A2	A3	A4
$b \times l$	841×1189	594×841	420×594	297×420	210×297
c	10			5	
a	25				

 对于需要微缩复制的图纸，其一个边上应附有一段准确米制尺度，4 个边上均附有对中标志，米制尺度的总长应为 100，分格应为 10。对中标志应画在图纸内框各边长的中点处，线宽 0.35，应伸入内框边，在框外为 5。对中标志的线段于 l1 和 b1 范围取中。

图纸的短边一般不应加长，长边可以加长，但加长的尺寸应符合国标规定，如表 6-2 所示。

表 6-2 图纸长边加长尺寸 单位：mm

幅面尺寸	长边尺寸	长边加长后尺寸
A0	1189	1486 1635 1783 1932 2080 2230 2378
A1	841	1051 1261 1471 1682 1892 2102
A2	594	743 891 1041 1189 1338 1486 1635
A3	420	630 841 1051 1261 1471 1682 1892

注：有特殊需要的图纸，可采用 $b \times l$ 为 841 mm×891 mm 与 1189 mm×1261 mm 的幅面。

图纸以短边作为垂直边应为横式，以短边作为水平边应为立式。A0～A3 图纸宜横式使用；必要时，也可立式使用。在一个工程设计中，每个专业所使用的图纸，不宜多于两种幅面，不含目录及表格所采用的 A4 幅面。

⊃ 6.1.2 标题栏与会签栏

图纸中应有标题栏、图框线、幅面线、装订边线和对中标志。图纸的标题栏及装订边的位置应符合下列规定：

1）横式使用的图纸，应按如图 6-1 和图 6-2 所示的形式进行布置；

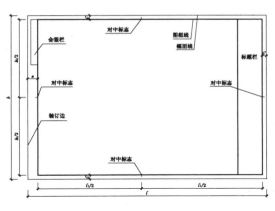

图 6-1　A0～A3 横式幅面 1

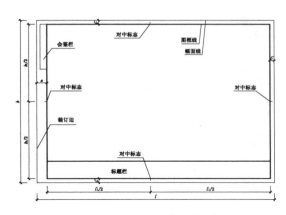

图 6-2　A0～A3 横式幅面 2

2）立式使用的图纸，应按如图 6-3 和图 6-4 所示的形式进行布置。

3）标题栏应按如图 6-5、图 6-6 所示，根据工程的需要选择确定其尺寸、格式及分区。

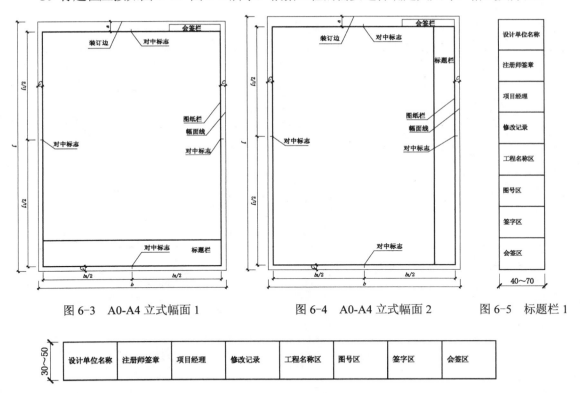

图 6-3　A0-A4 立式幅面 1　　　　图 6-4　A0-A4 立式幅面 2　　　　图 6-5　标题栏 1

设计单位名称	注册师签章	项目经理	修改记录	工程名称区	图号区	签字区	会签区

图 6-6　标题栏 2

提示　　在涉外工程的标题栏内，各项主要内容的中文下方应附有译文，设计单位的上方或左方应加"中华人民共和国"字样。在计算机制图文件中，当使用电子签名与认证时，应符合国家有关电子签名法的规定。

6.1.3 图纸编排顺序

一套简单的房屋施工图就有一二十张图样，一套大型复杂建筑物的图样至少也得有几十张、上百张，甚至会有几百张之多。因此，为了便于看图，易于查找，就应把这些图样按顺序编排。

工程图纸应按专业顺序编排，即为图纸目录、总图、建筑图、结构图、给水排水图、暖通空调图、电气图等。

另外，各专业的图纸应按图纸内容的主次关系、逻辑关系进行分类排序。

6.2 图 线

1）图线的宽度 b，宜从 1.4、1.0、0.7、0.5、0.35、0.25、0.18、0.13 线宽系列中选取，但图线宽度不应小于 0.1。每个图样，应根据复杂程度与比例大小，先选定基本线宽 b，再选用表 6-3 中相应的线宽组。

表 6-3 线宽组   单位：mm

线宽比	线宽组			
b	1.4	1.0	0.7	0.5
0.7b	1.0	0.7	0.5	0.35
0.5b	0.7	0.5	0.35	0.25
0.25b	0.35	0.25	0.18	0.13

注：1 需要微缩的图纸，不宜采用 0.18 mm 及更细的线宽。

2 同一张图纸内，各不同线宽中的细线，可统一采用较细的线宽组的细线。

2）在进行工程建设制图时，应选用如表 6-4 所示的图线。

表 6-4 图线的线型、宽度及用途

名　称		线　型	线宽	一　般　用　途
实线	粗	——————	b	主要可见轮廓线 剖面图中被剖着部分的主要结构构件轮廓线、结构图中的钢筋线、建筑或构筑物的外轮廓线、剖切符号、地面线、详图标志的圆圈、图纸的图框线、新设计的各种给水管线、总平面图及运输中的公路或铁路线等
	中	——————	0.5b	可见轮廓线 剖面图中被剖面部分的次要结构构件轮廓线、未被剖面但仍能看到而需要画出的轮廓线、标注尺寸的尺寸起止 45° 短画线、原有的各种水管线或循环水管线等
	细	——————	0.25b	可见轮廓线、图例线 尺寸界线、尺寸线、材料的图例线、索引标志的圆圈及引出线、标高符号线、重合断面的轮廓线、较小图形中的中心线
虚线	粗	— — — —	b	新设计的各种排水管线、总平面图及运输图中的地下建筑物或构筑物等
	中	— — — —	0.5b	不可见轮廓线 建筑平面图运输装置（例如桥式吊车）的外轮廓线、原有的各种排水管线、拟扩建的建筑工程轮廓线等
	细	— — — —	0.25b	不可见轮廓线、图例线
单点长画线	粗	— · — ·	b	结构图中梁或框架的位置线、建筑图中的吊车轨道线、其他特殊构件的位置指示线
	中	— — —	0.5b	见有关专业制图标准

（续）

名　称		线　型	线宽	一　般　用　途
双点长画线	细	—·· —·· —	0.25b	中心线、对称线、定位轴线 管道纵断面图或管系轴测图中的设计地面线等
	粗	—·· —·· —	b	预应力钢筋线
	中	—·· —·· —	0.5b	见各有关专业制图标准
	细	—·· —·· —	0.25b	假想轮廓线、成型前原始轮廓线
折断线		∿	0.25b	断开界线
波浪线		∿∿∿	0.25b	断开界线
加粗线		▬▬▬	1.4b	地坪线、立面图的外框线等

3）同一张图纸内，相同比例的各图样，应选用相同的线宽组。

4）图纸的图框和标题栏线，可采用如表 6-5 所示的线宽。

表 6-5　图框线、标题栏线的宽度 单位：mm

幅面代号	图框线	标题栏外框线	标题栏分格线、会签栏线
A0、A1	b	0.5b	0.25b
A2、A3、A4	b	0.7b	0.35b

5）相互平行的图线，其间隙不宜小于其中的粗线宽度，且不宜小于 0.7 mm。

6）虚线、单点长画线或双点长画线的线段长度和间隔，宜各自相等。

7）单点长画线或双点长画线，当在较小图形中绘制有困难时，可用实线代替。

8）单点长画线或双点长画线的两端，不应是点。点画线与点画线交接或点画线与其他图线交接时，应是线段交接。

9）虚线与虚线交接或虚线与其他图线交接时，应是线段交接。虚线为实线的延长线时，不得与实线连接。

10）图线不得与文字、数字或符号重叠、混淆，不可避免时，应首先保证文字等的清晰。

↳ 6.3　字　　体

在一幅完整的工程图中，用图线方式表现得不充分和无法用图线表示的地方，就需要进行文字说明，例如材料名称、构配件名称、构造方法、统计表及图名等。

文字说明是图样内容的重要组成部分，制图规范对文字标注中的字体、字号、字体字号搭配等方面作了以下一些具体规定：

1）图纸上所需书写的文字、数字或符号等，均应笔画清晰、字体端正、排列整齐；标点符号应清楚正确。

2）文字的字高以字体的高度 h（单位为 mm）表示，最小高度为 3.5，应从如下系列中选用：3.5、5、7、10、14、20。如需书写更大的字，其高度应按 $\sqrt{2}$ 的比值递增。

3）图样及说明中的汉字，宜采用长仿宋体，宽度与高度的关系应符合如表 6-6 所示的规定。大标题、图册封面、地形图等的汉字，也可书写成其他字体，但应易于辨认。

表 6-6　长仿宋体字高宽关系　　　　　单位：mm

字高	20	14	10	7	5	3.5
字宽	14	10	7	5	3.5	6.5

4）汉字的简化字书写，必须符合国务院公布的《汉字简化方案》和有关规定。

5）拉丁字母、阿拉伯数字与罗马数字的书写与排列，应符合如表 6-7 所示的规定。

表 6-7　拉丁字母、阿拉伯数字与罗马数字书写规则

书写格式	一般字体	窄字体
大写字母高度	h	h
小写字母高度（上下均无延伸）	7/10h	10/14h
小写字母伸出的头部或尾部	3/10h	4/14h
笔画宽度	1/10h	1/14h
字母间距	2/10h	2/14h
上下行基准线最小间距	15/10h	21/14h
词间距	6/10h	6/14h

6）拉丁字母、阿拉伯数字与罗马数字，如需写成斜体字，其斜度应是从字的底线逆时针向上倾斜 75°。斜体字的高度与宽度应与相应的直体字相等。

7）拉丁字母、阿拉伯数字与罗马数字的字高，应不小于 6.5 mm。

8）数量的数值注写，应采用正体阿拉伯数字。各种计量单位凡前面有量值的，均应采用国家颁布的单位符号注写。单位符号应采用正体字母。

9）分数、百分数和比例数的注写，应采用阿拉伯数字和数学符号，例如：四分之三、百分之二十五和一比二十，应分别写成 3/4、25% 和 1:20。

10）当注写的数字小于 1 时，必须写出个位的"0"，小数点应采用圆点，齐基准线书写，例如 0.01。

11）长仿宋汉字、拉丁字母、阿拉伯数字或罗马数字，应符合国家现行标准《技术制图——字体》GB/T 14691 的有关规定，即写成竖笔铅垂的直体字或竖笔与水平线成 75°的斜体字，如图 6-7 所示。

图 6-7　字母和数字示例

↘ 6.4　比　　例

工程图样中图形与实物相对应的线性尺寸之比，称为比例。比例的大小，是指其比值的大小，如1：50大于1：100。

1）比例的符号为"："（半角状态），不是冒号"："（全角状态），比例应以阿拉伯数字表示，如1：1、1：2、1：100等。

2）比例宜注写在图名的右侧，字的基准线应取平；比例的字高宜比图名的字高小一号或二号，如图6-8所示。

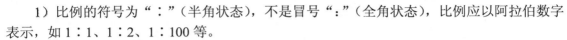

三层平面 1:100

图6-8　比例的注写

3）绘图所用的比例，应根据图样的用途与被绘对象的复杂程度，从表6-8中选用，并优先选用表中常用比例。

表6-8　绘图所用的比例

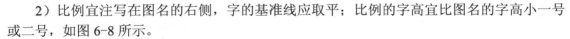

常用比例	1：1、1：2、1：5、1：10、1：20、1：50、1：100、1：150、1：200、1：500、1：1000、1：2000、1：5000、1：10000、1：20000、1：50000、1：100000、1：200000
可用比例	1：3、1：4、1：6、1：15、1：25、1：30、1：40、1：60、1：80、1：250、1：300、1：400、1：600

4）一般情况下，一个图样应选用一种比例。根据专业制图需要，同一图样可选用两种比例。

5）特殊情况下也可自选比例，这时除应注出绘图比例外，还必须在适当位置绘制出相应的比例尺。

↘ 6.5　符　　号

在进行各种建筑和室内装饰设计时，为了更清楚地表明图中的相关信息，将以不同的符合来表示图中的各种信息。

⊃ 6.5.1　剖切符号

剖视的剖切符号应由剖切位置线及剖视方向线组成，均应以粗实线绘制。剖视的剖切符号应符合下列规定：

1）剖切位置线的长度宜为6～10；剖视方向线应垂直于剖切位置线，长度应短于剖切位置线，宜为4～6，如图6-9所示。也可采用国际统一和常用的剖视方法，如图6-10所示。绘制时，剖视剖切符号不应与其他图线接触。

2）剖视剖切符号的编号宜采用阿拉伯数字，按顺序由左至右、由下至上连续编排，并应注写在剖视方向线的端部。

3）需要转折的剖切位置线，应在转角的外侧加注与该符号相同的编号。

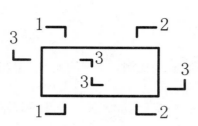

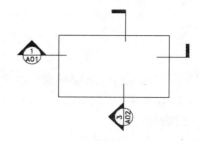

图 6-9　剖视的剖切符号 1　　　　　　　　　图 6-10　剖视的剖切符号 2

4）建（构）筑物剖面图的剖切符号宜注在±0.00 标高的平面图上。

断面的剖切符号应符合下列规定：

1）断面的剖切符号应只用剖切位置线表示，并应以粗实线绘制，长度宜为 6～10。

2）断面剖切符号的编号宜采用阿拉伯数字，按顺序连续编排，并应注写在剖切位置线的一侧；编号所在的一侧应为该断面的剖视方向，如图 6-11 所示。

图 6-11　断面的剖切符号

提示　剖面图或断面图，如与被剖切图样不在同一张图内，可在剖切位置线的另一侧注明其所在图纸的编号，也可以在图上集中说明

⊃ 6.5.2　索引符号与详图符号

图样中的某一局部或构件，如图 6-12a 所示，应以索引符号索引。索引符号是由直径为 8～10 的圆和水平直径组成，圆及水平直径应以细实线绘制。索引符号应按下列规定编写：

1）索引出的详图，如与被索引的详图同在一张图纸内，应在索引符号的上半圆中用阿拉伯数字注明该详图的编号，并在下半圆中间画一段水平细实线，如图 6-12b 所示。

2）索引出的详图，如与被索引的详图不在同一张图纸内，应在索引符号的上半圆中用阿拉伯数字注明该详图的编号，在索引符号的下半圆用阿拉伯数字注明该详图所在图纸的编号，如图 6-12c 所示。数字较多时，可加文字标注。

3）索引出的详图，如采用标准图，应在索引符号水平直径的延长线上加注该标准图册的编号，如图 6-12d 所示。需要标注比例时，文字在索引符号右侧或延长线下方，与符号下对齐。

　　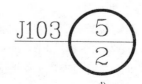

　a)　　　　　　　　b)　　　　　　　　c)　　　　　　　　d)

图 6-12　索引符号

索引符号如用于索引剖视详图，应在被剖切的部位绘制剖切位置线，并以引出线引出索引符号，引出线所在的一侧应为剖视方向，如图 6-13 所示。

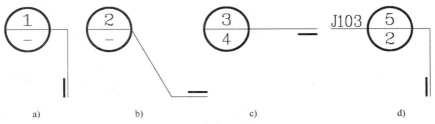

图 6-13　用于索引剖面详图的索引符号

零件、钢筋、杆件、设备等的编号直径宜以 5～6 的细实线圆表示，同一图样应保持一致，其编号应用阿拉伯数字按顺序编写，如图 6-14 所示。消火栓、配电箱、管井等的索引符号，直径宜以 4～6 为宜。

详图的位置和编号，应以详图符号表示。详图符号的圆应以直径为 14 粗实线绘制，详图应按下列规定编号：

1）详图与被索引的图样同在一张图纸内时，应在详图符号内用阿拉伯数字注明详图的编号。

2）详图与被索引的图样不在同一张图纸内时，应用细实线在详图符号内画一水平直径，在上半圆中注明详图编号，在下半圆中注明被索引的图纸的编号，如图 6-15 所示。

图 6-14　零件、钢筋等的编号　　　　　图 6-15　与被索引图样不在同一张图纸内的详图符号

在 AutoCAD 的索引符号中，其圆的直径为 ϕ12（在 A0、A1、A2、图纸）或 ϕ10（在 A3、A4 图纸），其字高 5（在 A0、A1、A2、图纸）或字高为 4（在 A3、A4 图纸），如图 6-16 所示。

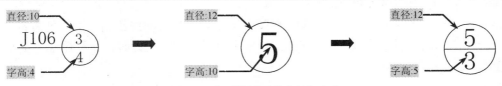

图 6-16　索引符号圆的直径与字高

6.5.3　引出线

引出线应以细实线绘制，宜采用水平方向的直线或与水平方向成 30°、45°、60°、90°的直线，或经上述角度再折为水平线。文字说明宜注写在水平线的上方，也可注写在水平线的端部，索引详图的引出线，应与水平直径线相连，如图 6-17 所示。

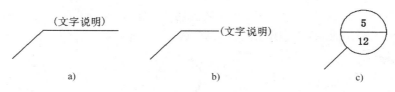

图 6-17 引出线

同时引出几个相同部分的引出线，宜互相平行，也可画成集中于一点的放射线，如图 6-18 所示。

图 6-18 共用引出线

多层构造或多层管道共用引出线，应通过被引出的各层。文字说明宜注写在水平线的上方，或注写在水平线的端部，说明的顺序应由上至下，并应与被说明的层次一致；如层次为横向排序，则由上至下的说明顺序应与左至右的层次一致，如图 6-19 所示。

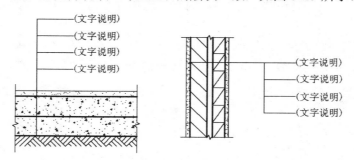

图 6-19 多层构造引出线

⊃ 6.5.4 其他符号

对称符号由对称线和两端的两对平行线组成。对称线用细点画线绘制；平行线用细实线绘制，其长度宜为 6～10，每对的间距宜为 2～3；对称线垂直平分于两对平行线，两端超出平行线宜为 2～3，如图 6-20 所示。

指北针的形状如图 6-21 所示，其圆的直径宜为 24，用细实线绘制；指针尾部的宽度宜为 3，指针头部应注"北"或"N"字。需用较大直径绘制指北针时，指针尾部宽度宜为直径的 1/8。

图 6-20 对称符号

图 6-21 指北针

连接符号应以折断线表示需连接的部位。两部位相距过远时，折断线两端靠图样一侧应标注大写拉丁字母表示连接编号。两个被连接的图样必须用相同的字母编号，如图 6-22 所示。

对图纸中局部变更部分宜采用云线，并宜注明修改版次，如图 6-23 所示。

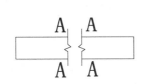

图 6-22 连接符号

图 6-23 变更云线（注:1 为修改次数）

6.5.5 标高符号

标高用来表示建筑物各部位高度的一种尺寸形式。标高符号用细实线画出，短横线是需注高度的界线，长横线之上或之下注出标高数字（如图 6-24a 所示）。总平面图上的标高符号，宜用涂黑的三角形表示（如图 6-24d），标高数字可注明在黑三角形的右上方，也可注写在黑三角形的上方或右面。不论哪种形式的标高符号，均为等腰直角三角形，高 3。如图 6-24b、c 所示用以标注其他部位的标高，短横线为需要标注高度的界限，标高数字注写在长横线的上方或下方。

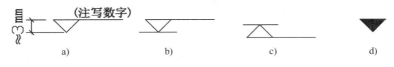

图 6-24 标高符号

标高数字以米为单位，注写到小数点以后第三位（在总平面图中可注写到小数点后第二位）。零点标高应注写成"±0.000"，正数标高不注"+"，负数标高应注"-"，例如 3.000、-0.600。如图 6-25 所示为标高注写的几种格式。

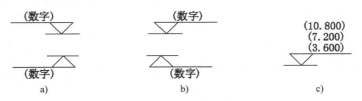

图 6-25 标高数字注写格式

标高有绝对标高和相对标高两种。绝对标高是指把青岛附近黄海的平均海平面定为绝对标高的零点，其他各地标高都以它作为基准。例如，在总平面图中的室外整平标高即为绝对标高。

相对标高是指在建筑物的施工图上要注明许多标高，用相对标高来标注，容易直接得出各部分的高差。因此除总平面图外，一般都采用相对标高，即把底层室内主要的地坪标高定为相对标高的零点，标注为"±0.000"，而在建筑工程图的总说明中说明相对标高和绝对标高的关系，再根据当地附近的水准点（绝对标高）测定拟建工程的底层地面标高。

> **提示** 在 AutoCAD 室内装饰设计标高中，其标高的数字字高为 6.5（在 A0、A1、A2 图纸）或字高 2（在 A3、A4 图纸）。

↳ 6.6 定位轴线

定位轴线是用来确定建筑物主要结构及构件位置的尺寸基准线。在施工时凡承重墙、柱、大梁或屋架等主要承重构件都应画出轴线以确定其位置。对于非承重的隔断墙及其他次要承重构件等，一般不画轴线，只需注明它们与附近轴线的相关尺寸以确定其位置。

1）定位轴线应用细点画线绘制。定位轴线一般应编号，编号应注写在轴线端部的圆内。圆应用细实线绘制，直径为 8～10。定位轴线圆的圆心应在定位轴线的延长线上或延长线的折线上。

2）平面图上定位轴线的编号宜标注在图样的下方与左侧。横向编号应用阿拉伯数字，从左至右顺序编写，竖向编号应用大写拉丁字母，从下至上顺序编写，如图 6-26 所示。

3）拉丁字母的 I、O、Z 不得用做轴线编号。如字母数量不够使用，可增用双字母或单字母加数字注脚，如 AA、BA…YA 或 A1、B1…Y1。

4）组合较复杂的平面图中定位轴线也可采用分区编号，如图 6-27 所示，编号的注写形式应为"分区号-该分区编号"，分区号采用阿拉伯数字或大写拉丁字母表示。

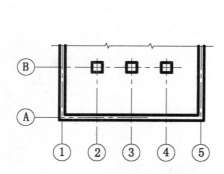

图 6-26 定位轴线及编号

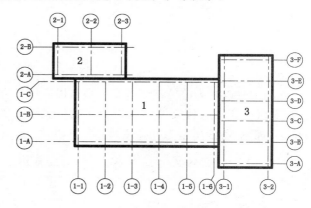

图 6-27 分区定位轴线及编号

5）附加定位轴线的编号应以分数形式表示。两根轴线间的附加轴线应以分母表示前一轴线的编号，分子表示附加轴线的编号，编号宜用阿拉伯数字顺序编写，如图 6-28 所示。1 号轴线或 A 号轴线之前的附加轴线的分母应以 01 或 0A 表示，如图 6-29 所示。

表示2号轴线之后附加的第一根轴线　　表示1号轴线之前附加的第一根轴线

表示C号轴线之后附加的第三根轴线　　表示A号轴线之前附加的第三根轴线

图 6-28 在轴线之后附加的轴线　　图 6-29 在 1 或 A 号轴线之前附加的轴线

6）通用详图中的定位轴线应只画圆，不注写轴线编号。

7）圆形平面图中定位轴线的编号，其径向轴线宜用阿拉伯数字表示，从左下角开始，按逆时针顺序编写；其圆周轴线宜用大写拉丁字母表示，从外向内顺序编写，如图 6-30 所示。折线形平面图中的定位轴线如图 6-31 所示。

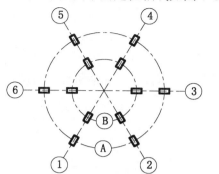

图 6-30 圆形平面图定位轴线及编号

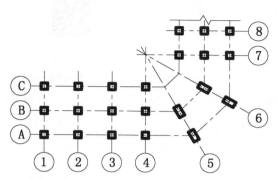

图 6-31 折线形平面图定位轴线及编号

↘ 6.7 常用建筑材料图例

建筑物或构筑物需要按比例绘制在图纸上，对于一些建筑物的细部节点，无法按照真实形状表示，只能用示意性的符号画出。国家标准规定的正规示意性符号，都称为图例。凡是国家批准的图例，均应统一遵守，按照标准画法表示在图形中，如果有个别新型材料还未纳入国家标准，设计人员要在图纸的空白处画出符号并写明代表的意义，方便对照阅读。

1．一般规定

本标准只规定常用建筑材料的图例画法，对其尺度比例不作具体规定。使用时，应根据图样大小而定，并应注意下列事项：

1）图例线应间隔均匀，疏密适度，做到图例正确，表示清楚。

2）不同品种的同类材料使用同一图例时（如某些特定部位的石膏板必须注明是防水石膏板时），应在图上附加必要的说明。

3）两个相同的图例相接时，图例线宜错开或使倾斜方向相反，如图 6-32 所示。

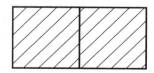 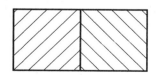

图 6-32 相同图例相接时的画法

4）两个相邻的涂黑图例（如混凝土构件、金属件）间，应留有空隙，其宽度不得小于0.7，如图 6-33 所示。

下列情况可不加图例，但应加文字说明：

1）一张图纸内的图样只用一种图例时。

2）图形较小无法画出建筑材料图例时。

需画出的建筑材料图例面积过大时，可在断面轮廓线内，沿轮廓线作局部表示，如

图 6-34 所示。

图 6-33 相邻涂黑图例的画法

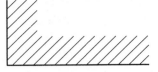

图 6-34 局部表示图例

当选用本标准中未包括的建筑材料时，可自编图例，但不得与本标准所列的图例相同。绘制时，应在适当位置画出该材料图例，并加以说明。

2．常用建筑材料图例

常用建筑材料图例见表 6-9。

表 6-9 常用建筑材料图例

图　例	名　称	图　例	名　称
	自然土壤		素土夯实
	砂、灰土及粉刷		空心砖
	砖砌体		多孔材料
	金属材料		石材
	防水材料		塑料
	石砖、瓷砖		夹板
	钢筋混凝土	12厚玻璃系数5.345 10厚玻璃系数4.45 3厚玻璃系数1.33 5厚玻璃系数2.227	镜面、玻璃
	混凝土		软质吸音层
	砖		硬质吸音层
	钢、金属		硬隔层
	基层龙骨		陶质类
	细木工板、夹芯板		石膏板
	实木		层积塑材

6.8 图样的画法

人或物体被阳光照射后在地面上会出现影子，但是这个影子只反映了物体某一、二面的外形轮廓，而其他几个侧面的轮廓却未反映出来。假设光线透过形体，而将形体的各个点和各条线都投影到平面上，这些点和线的投影就能反映出形体各部分的形状。

6.8.1 剖面图和断面图

剖面图除应画出剖切面切到部分的图形外，还应画出沿投射方向看到的部分，被剖切面切到部分的轮廓线用粗实线绘制，剖切面没有切到、但沿投射方向可以看到的部分，用中实线绘制；断面图则只需（用粗实线）画出剖切面切到部分的图形，如图 6-35 所示。

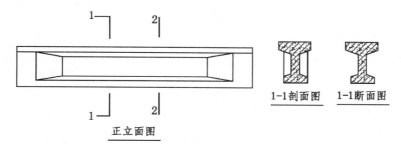

图 6-35 剖面图与断面图的区别

剖面图和断面图应按下列方法剖切后绘制：

1）用 1 个剖切面剖切，如图 6-36 所示。

2）用 2 个或 2 个以上平行的剖切面剖切，如图 6-37 所示。

3）用 2 个相交的剖切面剖切，如图 6-38 所示。用此法剖切时，应在图名后注明"展开"字样。

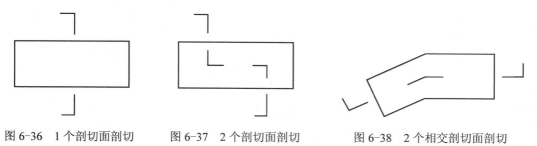

图 6-36 1 个剖切面剖切　　图 6-37 2 个剖切面剖切　　图 6-38 2 个相交剖切面剖切

分层剖切的剖面图应按层次以波浪线将各层隔开，波浪线不应与任何图线重合，如图 6-39 所示。

杆件的断面图可绘制在靠近杆件的一侧或端部处并按顺序依次排列，如图 6-40 所示；也可绘制在杆件的中断处，如图 6-41 所示；结构梁板的断面图可画在结构布置图上，如图 6-42 所示。

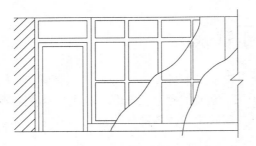

图 6-39　分层剖切的剖面图

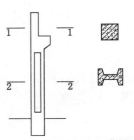

图 6-40　断面图按顺序排列

图 6-41　断面图画在杆件中断处

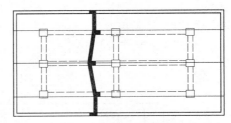

图 6-42　断面图现在布置图上

⊃ 6.8.2　简化画法

构配件的视图有 1 条对称线，可只画该视图的一半；视图有 2 条对称线，可只画该视图的 1/4，并画出对称符号，如图 6-43 所示。图形也可稍超出其对称线，此时可不画对称符号，如图 6-44 所示。

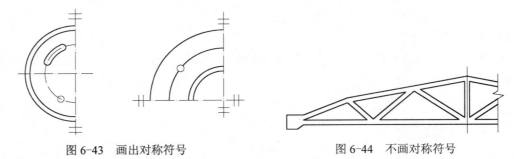

图 6-43　画出对称符号　　　　　　　　图 6-44　不画对称符号

对称的形体需画剖面图或断面图时，可以对称符号为界，一半画视图（外形图），一半画剖面图或断面图，如图 6-45 所示。

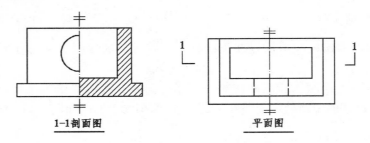

1-1剖面图　　　　　　　　**平面图**

图 6-45　一半画视图一半画剖面图

构配件内多个完全相同而连续排列的构造要素，可仅在两端或适当位置画出其完整形状，其余部分以中心线或中心线交点表示，如图 6-46a 所示。当相同构造要素少于中心线交点，则其余部分应在相同构造要素位置的中心线交点处用小圆点表示，如图 6-46b 所示。

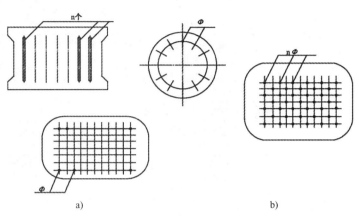

图 6-46　相同要素简化画法

较长的构件，如沿长度方向的形状相同或按一定规律变化，可断开省略绘制，断开处应以折断线表示，如图 6-47 所示。

一个构配件，如绘制位置不够，可分成几个部分绘制，并应以连接符号表示相连。

一个构配件如与另一构配件仅部分不相同，该构配件可只画不同部分，但应在两个构配件的相同部分与不同部分的分界线处分别绘制连接符号，如图 6-48 所示。

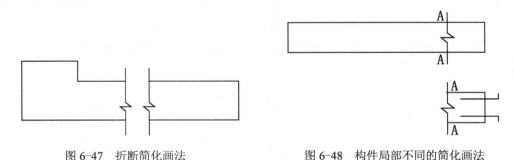

图 6-47　折断简化画法　　　　　　　图 6-48　构件局部不同的简化画法

↳ 6.9　建筑结构的基本规定

为了统一建筑结构专业制图规则，保证制图质量，提高制图效率，做到图面清晰、简明，符合设计、施工、存档的要求，适应工程建设的需要，特制定以下基本规定。

1）图线宽度 b，应按现行国际标准《房屋建筑制图统一标准》（GB/T50001—2010）中的有关规定选用。

2）每个图样应根据复杂程度与比例大小，先选用适当基本线宽度 b，再选用相应的线宽。根据表达内容的层次，基本线宽 b 和线宽比可适当增大或减小。

3）建筑结构专业制图，应选用表 6-10 中的图线。

表 6-10　图线

名称		线型	线宽	一般用途
实线	粗		b	螺栓、钢筋线、结构平面图中的单线结构构件线、钢木支撑及系杆线，图名下横线、剖切线
	中粗		0.7b	结构平面图中及详图中剖切或可见的墙身轮廓线、基础轮廓线、钢、木结构轮廓线、钢筋线
	中		0.5b	结构平面图中及详图中剖切或可见的墙身轮廓线、基础轮廓线、可见的钢筋混凝土构件轮廓线、钢筋线
	细		0.25b	标注引出线、标高符号线、索引符号线、尺寸线
虚线	粗		b	不可见的钢筋线、螺栓线、结构平面图中不可见的单线结构构件线及钢、木支撑线
	中粗		0.7b	结构平面图中的不可见构件、墙身轮廓线及不可见钢、木结构构件线、不可见的钢筋线
	中		0.5b	结构平面图中的不可见构件、墙身轮廓线及不可见钢、木结构构件线、不可见的钢筋线
	细		0.25b	基础平面图中的管沟轮廓线、不可见的钢筋混凝土构件轮廓线
单点长画线	粗		b	柱间支撑、垂直支撑、设备基础轴线图中的中心线
	细		0.25b	定位轴线、对称线、中心线、重心线
双点长画线	粗		b	预应力钢筋线
	细		0.25b	原有结构轮廓线
折断线			0.25b	断开界线
波浪线			0.25b	断开界线

4）在同一张图纸中，相同比例的各图样应选用相同的线宽组。

5）绘图时根据图样的用途以及被绘物体的复杂程度，应选用表 6-11 中的常用比例，特殊情况下也可选用可用比例。

表 6-11　比　例

图　名	常用比例	可用比例
结构平面图 基础平面图	1∶50、1∶100、1∶150	1∶60、1∶200
圈梁平面图、总图中 管沟、地下设施等	1∶200、1∶500	1∶300
详图	1∶10、1∶20、1∶50	1∶5、1∶30、1∶25

6）当构件的纵、横向断面尺寸相差悬殊时，可在同一详图中的纵、横向选用不同的比例绘制。轴线尺寸与构件尺寸也可选用不同的比例绘制。

7）构件的名称应用代号来表示，代号后应用阿拉伯数字标注该构件的型号或编号，也可用构件的顺序号。构件的顺序号采用不带角标的阿拉伯数字连续编排。

8）当采用标准、通用图集中的构件时，应用该图集中的规定代号或型号注写。

9）结构图应采用正投影法绘制（如图 6-49 与图 6-50 所示），特殊情况下也可采用仰视投影绘制。

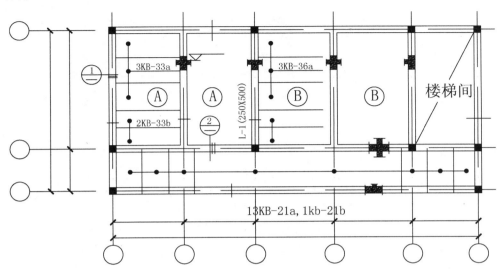

图 6-49 用正投影法绘制预制楼板结构平面图

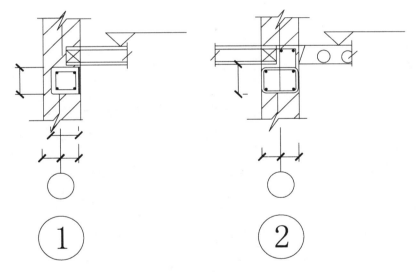

图 6-50 节点详图

10）在结构平面图中，构件应采用轮廓线表示，如能用单线表示清楚时，也可用单线表示。定位轴线应与建筑平面图或总平面图一致，并标注结构标高。

11）在结构平面图中，如若干部分相同时，可只绘制一部分，并用大写的拉丁字母（A、B、C、…）外加细实线圆圈表示相同部分的分类符号。分类符号圆圈直径为 8 或 10，其他相同部分仅标注分类符号。

12）桁架式结构的几何尺寸图可用单线图表示，杆件的轴线长度尺寸应标注在构件的上方，如图 6-51 所示。

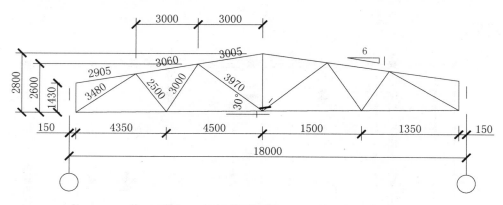

图 6-51　对称桁架几何尺寸标注方法

13）在杆件布置和受力均对称的桁架单线图中，若需要时可在桁架的左半部分标注杆件的几何轴线尺寸，右半部分标注杆件的内力值和反力值；非对称的桁架单线图，可在上方标注杆件的几何轴线尺寸，下方标注杆件的内力值和反力值。竖杆的几何轴线尺寸可标注在左侧，内力值标注在右侧。

14）结构平面图中的剖面图、断面详图的编号顺序宜按下列规定编排，如图 6-52 所示：

● 外墙按顺时针方向从左下角开始编号；

● 内横墙从左至右，从上至下编号；

● 内纵墙从上至下，从左至右编号。

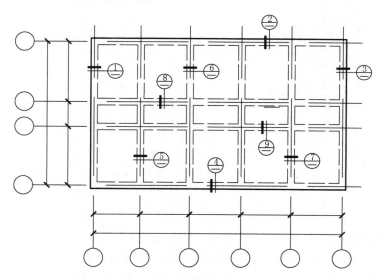

图 6-52　详图编号顺序表示方法

15）在结构平面图中的索引位置处，粗实线表示剖切位置，引出线所在一侧应为投射方向。

16）索引符号应由细实线绘制的直径为 8～10 的圆和水平直径线组成。

17）被索引出的详图应以详图符号表示，详图符号的圆应以直径为 14 的粗实线绘制，圆内的直径线为细实线。

18）被索引的图样与索引位置在同一张图纸内时，应按如图 6-53 所示的规定进行编排。

19）详图与被索引的图样不在同一张图纸内时，应按如图 6-54 所示的规定进行编排，索引符号和详图符号内的上半圆中注明详图编号，在下半圆中注明被索引的图纸编号。

图 6-53　被索引图样同在一张图纸内的表示方法　　　图 6-54　详图与被索引图样不在同一张图纸内的表示方法

20）构件详图的纵向较长，重复较多时，可用折断线断开，适当省略重复部分。

21）图样的图名和标题栏内的图名应能准确表达图样、图纸构成的内容，做到简练、明确。

22）图纸上所有的文字、数字和符号等，应字体端正、排列整齐、清楚正确，避免重叠。

23）图样及说明中的汉字宜采用长仿宋体，图样下的文字高度不宜小于 5，说明中的文字高度不宜小于 3。

24）拉丁字母、阿拉伯数字、罗马数字的高度，不应小于 2.5。

↘ 6.10　混凝土结构的表示

在结构施工图中，经常会碰到一些混凝土结构的各种表示方法，下面就针对其进行讲解。

⊃ 6.10.1　钢筋的一般表示方法

1）普通钢筋的一般表示方法应符合表 6-12 的规定，预应力钢筋的表示方法应符合表 6-13 的规定，钢筋网片的表示方法应符合 6-14 的规定，钢筋的焊接接头的表示方法应符合表 6-15 的规定。

表 6-12　普通钢筋

序号	名　称	图　例	说　明
1	钢筋横断面		
2	无弯钩的钢筋端部		上图表示长、短钢筋投影重叠时，短钢筋的端部用 45° 斜画线表示
3	带半圆形弯钩的钢筋端部		—
4	带直钩的钢筋端部		—
5	带丝扣的钢筋端部		—
6	无弯钩的钢筋搭接		—
7	带半圆弯钩的钢筋搭接		—
8	带直钩的钢筋搭接		—
9	花篮螺丝钢筋接头		—
10	机械连接的钢筋接头		用文字说明机械连接的方式（如冷挤压或直螺纹等）

表 6-13　预应力钢筋

序　号	名　称	图　例
1	预应力钢筋或钢绞线	
2	后张法预应力钢筋断面 无粘结预应力钢筋断面	
3	预应力钢筋断面	
4	张拉端锚具	
5	固定端锚具	
6	锚具的端视图	
7	可动连接件	
8	固定连接件	

表 6-14　钢筋网片

序　号	名　称	图　例
1	一片钢筋网平面图	W-1
2	一行相同的钢筋网平面图	3W-1

注：用文字注明焊接或绑扎网片。

表 6-15　钢筋的焊接接头

序号	名　称	接 头 形 式	标 注 方 法
1	单面焊接的钢筋接头		
2	双面焊接的钢筋接头		
3	用帮条单面焊接的钢筋接头		
4	用帮条双面焊接的钢筋接头		
5	接触对焊的钢筋接头 （闪光焊、压力焊）		
6	坡口平焊的钢筋接头	60°	60°
7	坡口立焊的钢筋接头	45°	45°
8	用角钢或扁钢做连接板 焊接的钢筋接头		
9	钢筋或螺（锚）栓与钢板 穿孔塞焊的接头		

2）钢筋的画法应符合表6-16的规定。

表6-16 钢筋画法

序号	名 称	图 例
1	在结构楼板中配置双层钢筋时，底层钢筋的弯钩应向上或向左，顶层钢筋的弯钩则向下或向右	底层 顶层
2	钢筋混凝土墙体配双层钢筋时，在配筋立面图中，远面钢筋的弯钩应向上或向左面；近面钢筋的弯钩向下或向右（JM近面，YM远面）	JM YM
3	若在断面图中不能表达清楚的钢筋布置，应在断面图外增加钢筋大样图（如：钢筋混凝土墙、楼梯等）	
4	图中所表示的箍筋、环筋等，若布置复杂时，可加画钢筋大样及说明	或
5	每组相同的钢筋、箍筋或环筋，可用一根粗实线表示，同时用一端带斜短画线的横穿细线，表示其钢筋及起止范围	

3）钢筋、钢丝束及钢筋网片应按下列规定标注：

① 钢筋、钢丝束的说明应给出钢筋的代号、直径、数量、间距、编号及所在位置，其说明应沿钢筋的长度标注或标注在相关钢筋的引出线上。

② 钢筋网片的编号应标注在对角线上，网片的数量应与网片的编号标注在一起。

③ 钢筋、杆件等编号的直径宜采用5~6的细实线圆表示，其编号应采用阿拉伯数字按顺序编写。

4）钢筋在平面、立面、剖（断）面中的表示方法应符合下列规定：

① 钢筋在平面图中的配置应如图6-55所示的方法表示。当钢筋标注的位置不够时，可采用引出线标注。引出线标注钢筋的斜短画线应为中实线或细实线。

② 当构件布置较简单时，结构平面布置图可与板配筋平面图合并绘制。

③ 平面图中的钢筋配置较复杂时，可按表6-9中序号5的方法绘制，如图6-56所示。

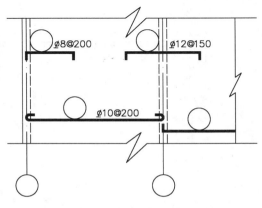

图6-55 钢筋在楼板配筋图中的表示方法

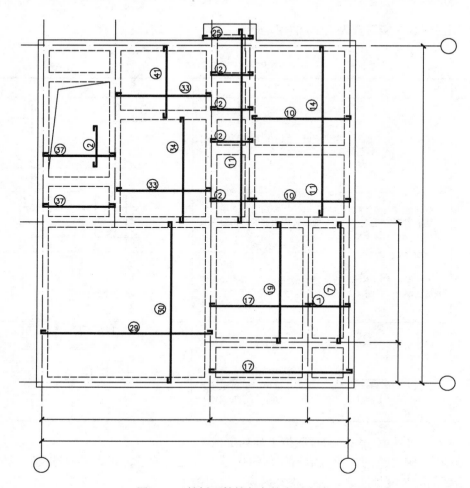

图 6-56　楼板配筋较复杂的表示方法

④ 钢筋在立面、断面图中的配置，应按如图 6-57 所示的方法表示。

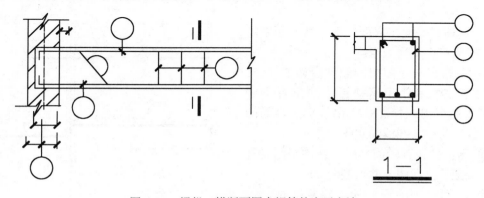

图 6-57　梁纵、横断面图中钢筋的表示方法

5）构件配筋图中箍筋的长度尺寸应指箍筋的里皮尺寸，弯起钢筋的高度尺寸应指钢筋的外皮尺寸，如图 6-58 所示。

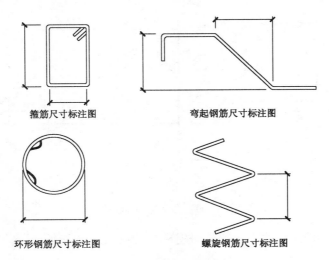

箍筋尺寸标注图　　弯起钢筋尺寸标注图

环形钢筋尺寸标注图　　螺旋钢筋尺寸标注图

图 6-58　钢箍尺寸标注法

6.10.2　钢筋的简化表示方法

1）当构件对称时，采用详图绘制构件中的钢筋网片，用 1/2 或 1/4 表示，如图 6-59 所示。

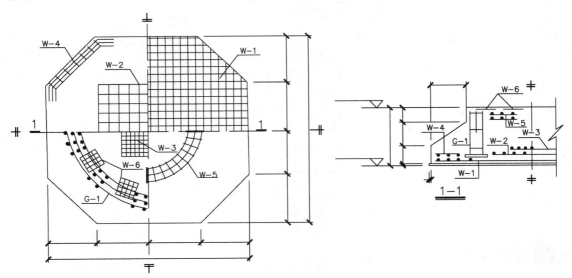

图 6-59　构件中钢筋简化表示方法

2）钢筋混凝土构件配筋较简单时，宜按下列规定绘制配筋平面图：

① 独立基础在平面模板图左下角，绘出波浪线，绘出钢筋并标注钢筋的直径、间距等（如图 6-60a 所示）。

② 其他构件可在某一部位绘出波浪线，绘出钢筋并标注钢筋的直径、间距等（如图 6-60b 所示）。

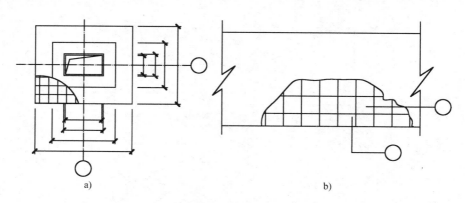

图 6-60　钢箍尺寸标注法

　　3）对称的钢筋混凝土构件，可在同一图样中一半表示模板，另一半表示配筋（如图 6-61 所示）。

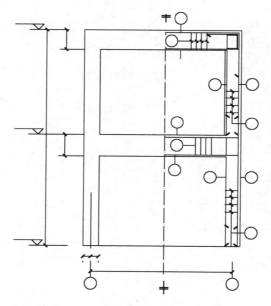

图 6-61　构件配筋简化表示方法

⊃ 6.10.3　文字注写构件的表示方法

　　1）在再浇混凝土结构中，构件的截面和配筋等数值可采用文字注写方式表达。

　　2）按结构层绘制的平面布置图中，直接用文字表达各类构件的编号（编号中含有构件的类型代号和顺序号）、断面尺寸、配筋及有关数值。

　　3）混凝土柱可采用列表注写和在平面布置图中截面注写方式，并应符合下列规定：

　　① 列表注写应包括柱的编号、各段的起止标高、断面尺寸、配筋、断面形状和箍筋的类型等有关内容。

　　② 截面注写可在平面布置图中，选择同一编号的柱截面，直接在截面中引出断面尺寸、配筋的具体数值等，并应绘制柱的起止高度表。

4）混凝土剪力墙可采用列表和截面注写方式，并应符合下列规定：

① 列表注写分别在剪力墙柱表、剪力墙身表及剪力墙梁表中，按编号绘制截面配筋图并注写断面尺寸和配筋等。

② 截面注写可在平面布置中按编号，直接在墙柱、墙身和墙梁上注写断面尺寸、配筋等具体数值的内容。

5）混凝土梁可采用在平面布置图的平面注写和截面注写方式，并应符合下列规定：

① 平面注写可在梁平面布置图中，分别在不同编号的梁中选择一个，直接注写编号、断面尺寸、跨数、配筋的具体数值和相对高差（无高差可不注写）等内容。

② 截面注写可在平面布置图中，分别在不同编号的梁中选择一个，用剖面号引出截面图形并在其上注写断面尺寸、配筋的具体数值等。

6）重要构件或较复杂的构件，不宜采用文字注写方式表达构件的截面尺寸和配筋等有关数值，宜采用绘制构件详图的表示方法。

7）基础、楼梯、地下室结构等其他构件，当采用文字注写方式绘制图纸时，可在平面布置图上直接注写有关具体数值，也可采用列表注写的方式。

8）采用文字注写构件的尺寸、配筋等数值的图样，应绘制相应的节点做法及标准构造详图。

⊃ 6.10.4 预埋件、预留孔洞的表示方法

1）在混凝土构件上设置预埋件时，可在平面图或立面图上表示。引出线指向预埋件，并标注预埋件的代号，如图6-62所示。

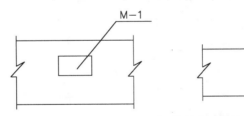

图6-62 预埋件的表示方法

2）在混凝土构件的正、反面同一位置均设置相同的预埋件时，引出线为一条实线和一条虚线并指向预埋件，同时在引出横线上标注预埋件的数量及代号，如图6-63所示。

3）在混凝土构件的正、反面同一位置设置编号不同的预埋件时，引出线为一条实线和一条虚线并指向预埋件。引出横线上标注正面预埋件代号，引出横线下标注反面预埋件代号，如图6-64所示。

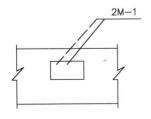

图6-63 同一位置正、反面（相同）

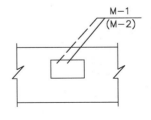

图6-64 同一位置正、反面（不相同）

4）在构件上设置预留孔、洞或预埋套管时，可在平面或断面图中表示。引出线指向预留（埋）位置，引出横线上方标注预留孔、洞的尺寸、预埋套管的外径。横线下方标注孔、洞（套管）的中心标高或底标高，如图 6-65 所示。

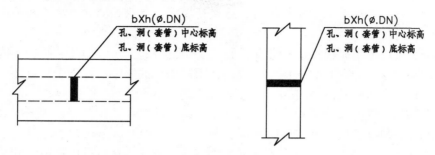

图 6-65　预留孔、洞及预埋套管的表示方法

↘ 6.11　钢结构的表示方法

⊃ 6.11.1　常用型钢的标注方法

常用型钢的标注方法应符合表 6-17 中的规定。

表 6-17　常用型钢的标注方法

序号	名　称	截　面	标　注	说　明
1	等边角钢	∟	∟ b×t	b 为肢宽 t 为肢厚
2	不等边角钢	∟ B	∟ B×b×t	B 为长肢宽 b 为短肢宽 t 为肢厚
3	工字钢	I	N　Q N	轻型工字钢加注 Q 字
4	槽钢	[	[N　Q[N	轻型槽钢加注 Q 字
5	方钢	▨ b	□ b	
6	扁钢	b	−b×t / L	
7	钢板	▬	−b×t / L	宽*厚 板长
8	圆钢	⊘	Ø d	
9	钢管	○	DNXX d×t	d 为外径 t 为壁厚
10	薄壁方钢管	□	B □ b×t	薄壁型钢 加注 B 字 t 为壁厚
11	薄壁等肢角钢	∟	B ∟ b×t	
12	薄壁等肢卷边角钢	∟ a	B ∟ b×a×t	

（续）

序号	名 称	截 面	标 注	说 明
13	薄壁槽钢		B [b×h×t	
14	薄壁卷边槽钢		B [a×b×h×t	
15	薄壁卷边 Z 型钢		B a×b×h×t	
16	T 型钢		TW XX TM XX TN XX	TW 为宽翼 T 型钢 TM 为中翼 T 型钢 TN 为窄翼 T 型钢
17	H 型钢		HW XX HM XX HN XX	HW 为宽翼 H 型钢 HM 为中翼 H 型钢 HN 为窄翼 H 型钢
18	超重机钢轨		QUXX	详细说明产品规格型号
19	轻轨及钢轨		XXkg/m 钢轨	

⊃ 6.11.2 螺栓、孔、电焊铆钉的表示方法

螺栓、孔、电焊铆钉的表示方法应符合如表 6-18 所示中的规定。

表 6-18 螺栓、孔、电焊铆钉的表示方法

序号	名 称	图 例	说 明
1	永久螺栓		
2	高强螺栓		
3	安装螺栓		1. 细"+"线表示定位线 2. M 表示螺栓型号 3. Ø表示螺栓孔直径 4. d 表示膨胀螺栓、电焊铆钉直径 5. 采用引出线标注螺栓时，横线上标注螺栓规格，横线下标注螺栓直径
4	胀锚螺栓		
5	圆形螺栓孔		
6	长圆形螺栓孔		
7	电焊铆钉		

⊃ 6.11.3 常用焊缝的表示方法

1）焊接钢构件的焊缝除应按现行的国家标准《焊缝符号表示法》（GBT324—2008）中的规定外，还应符合本节的各项规定。

2）单面焊缝的标注方法应符合下列规定：

① 当箭头指向焊缝所在的一面时，应将图形符号和尺寸标注在横线的上方，如图 6-66a 所示；当箭头指向焊缝所在另一面（相对的那面）时，应将图形符号和尺寸标注在横线的下方，如图 6-66b 所示。

② 表示环绕工作件周围的焊缝时，其围焊焊缝符号为圆圈，绘在引出线的转折处，并标注焊角尺寸 K，如图 6-66c 所示。

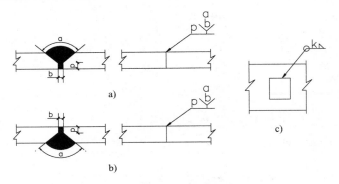

图 6-66　单面焊缝的标注方法

3）双面焊缝的标注，应在横线的上、下都标注符号和尺寸。上方表示箭头一面的符号和尺寸，下方表示另一面的符号和尺寸，如图 6-67a 所示；当两面的焊缝尺寸相同时，只需在横线上方标注焊缝的符号和尺寸，如图 6-67b、c、d 所示。

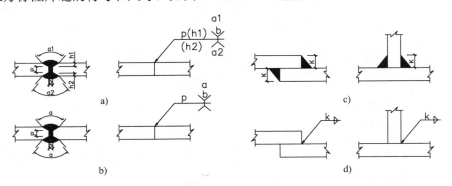

图 6-67　双面焊缝的标注方法

4）3 个和 3 个以上的焊件相互焊接的焊缝，不得作为双面焊缝标注。其焊缝符号和尺寸应分别标注，如图 6-68 所示。

5）相互焊接的两个焊件中，当只有 1 个焊件带坡口时（如单面 V 形），引出线箭头必须指向带坡口的焊件，如图 6-69 所示。

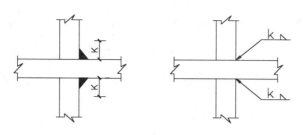

图 6-68　3 个及以上焊件的焊缝标注方法

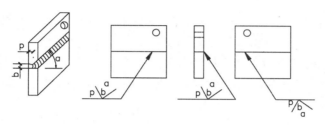

图 6-69　1 个焊件带坡口的焊缝标注方法

6）相互焊接的两个焊件，当为单面带双边不对称坡口焊缝时，引出线箭头必须指向较大坡口的焊件，如图 6-70 所示。

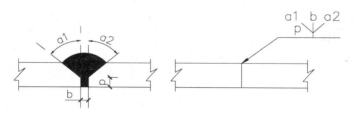

图 6-70　不对称坡口的焊缝标注方法

7）当焊缝分布不规则时，在标注焊缝符号的同时，宜在焊缝处加中实线（表示可见焊缝）或加细栅线（表示不可见焊缝），如图 6-71 所示。

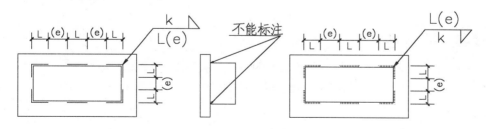

图 6-71　不对称坡口的焊缝标注方法

8）相同焊缝符号应按下列方法表示：

① 在同一图形上，当焊缝型式、断面尺寸和辅助要求均相同时，可只选择一处标注焊缝的符号和尺寸，并加注"相同焊缝符号"，相同焊缝符号为 3/4 圆弧，绘在引出线的转折处，如图 6-72a 所示。

② 在同一图形上，当有数种相同的焊缝时，可将焊缝分类编号标注。在同一类焊缝中

可选择一处标注焊缝符号和尺寸。分类编号采用大写的拉丁字母 A、B、C……，如图 6-72b 所示）。

图 6-72　相同焊缝的表示方法

9）需要在施工现场进行焊接的焊件焊缝，应标注"现场焊缝"符号。现场焊缝符号为涂黑的三角形旗号，绘在引出线的转折处，如图 6-73 所示。

10）图样中较长的角焊缝（如焊接实腹钢梁的翼缘焊缝），可不用引出线标注，而直接在角焊缝旁标注焊缝尺寸值 K，如图 6-74 所示。

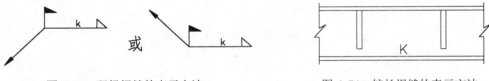

图 6-73　现场焊缝的表示方法　　　　　图 6-74　较长焊缝的表示方法

11）熔透角焊缝的符号应按如图 6-75 所示方式进行标注。熔透角焊缝的符号为涂黑的圆圈，绘在引出线的转折处。

12）局部焊缝应按如图 6-76 所示方式进行标注。

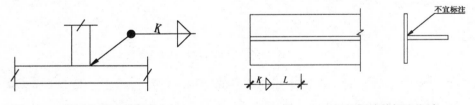

图 6-75　熔透角焊缝的标注方法　　　　　图 6-76　局部焊缝的标注方法

➲ 6.11.4　尺寸标注

1）两构件的两条很近的重心线应在交汇处各自向外错开，如图 6-77 所示。

2）弯曲构件的尺寸应沿其弧度的曲线标注弧的轴线长度，如图 6-78 所示。

图 6-77　两构件重心线不重合的表示方法

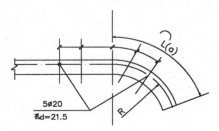

图 6-78　弯曲构件尺寸的标注方法

3）切割的板材应标注各线段的长度及位置，如图 6-79 所示。

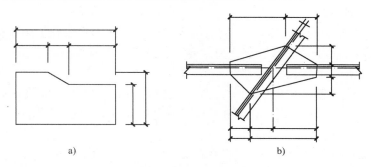

图 6-79　切割板材尺寸的标注方法

4）不等边角钢的构件必须标注出角钢一肢的尺寸，如图 6-80 所示。

5）节点尺寸应注明节点板的尺寸和各杆件螺栓孔中心或中心距，以及杆件端部至几何中心线交点的距离，如图 6-81 所示。

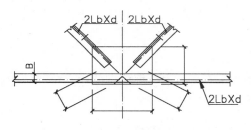

图 6-80　不等边角钢的标注方法

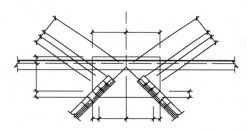

图 6-81　节点尺寸的标注方法

6）双型钢组合截面的构件，应注明缀板的数量及尺寸，如图 6-82 所示。引出横线上方标注缀板的数量及缀板的宽度、厚度，引出横线下方标注缀板的长度尺寸。

7）非焊接的节点板应注明节点板的尺寸和螺栓孔中心与几何中心线交点的距离，如图 6-83 所示。

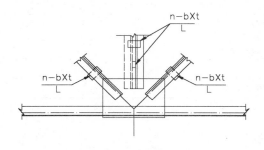

图 6-82　缀板的标注方法

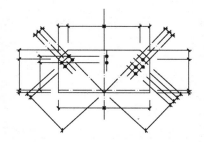

图 6-83　非焊接节点板尺寸的标注方法

6.12　结构平法施工图的识读

房屋的结构施工图是按照结构设计要求绘制的指导施工的图样，是表达建筑承重构件的布置、形状、大小、材料、构造及其相互关系的图纸。

平法制图的一般规定如下：

1）按平法设计绘制的施工图，一般是由各类结构构件的平法施工图和标准构造详图两大部分构成。但对于复杂的房屋建筑，尚需要增加模板、开洞和预埋等平面图。只有在特殊情况下，才需要增加剖面配筋图。

2）按平法设计绘制结构施工图时，必须根据具体工程设计，按照各类构件的平法制图规则，在按结构层绘制的平面布置图上直接表示各构件的尺寸、配筋和所选用的标准构造详图。

3）在平法施工图上表示各构件尺寸和配筋的方式，分为平面注写方式、列表注写方式和截面注写方式等 3 种。

4）在平法施工图上，应将所有构件进行编号，编号中含有类型代号和序号等。其中，类型代号应与标准构造详图上所注类型代号一致，使两者结合构成完成的结构设计图。

5）在平法施工图上，应注明各结构层楼地面标高、结构层高及相应的结构层号等。

6）为了确保施工人员准确无误地按平法施工图进行施工，在具体工程的结构设计总说明中必须注明所选用平法标准图的图集号，以免图集升版后在施工中用错版本。

6.12.1 柱平法施工图的识读

柱平法施工图是在结构柱平面布置图上，采用列表注写方式或截面注写方式对柱的信息进行表达。

1. 柱的编号规定

在柱平法施工图中，各种柱均按照如表 6-19 所示的规定编号，同时，对应的标准构造详图也标注了编号中的相同代号。

表 6-19　柱编号

柱 类 型	代 号	序 号	特　征
框架柱	KZ	XX	柱根部嵌固在基础或地下结构上，并与框架梁刚性连接构成框架
框支柱	KZZ	XX	柱根部嵌固在基础或地下结构上，并与框支梁刚性连接构成框支结构。框支结构以上转换为剪力墙结构
芯柱	XZ	XX	设置在框架柱、框支柱、剪力墙柱核心部位的暗柱
梁上柱	LZ	XX	支承在梁上的柱
剪力墙上柱	QZ	XX	支承剪力墙顶部的柱

2. 列表注写方式

列表注写方式是在柱平面布置图上（一般只需要采用适当比例绘制一张柱平面布置图，包括框架柱、框支柱、梁上柱和剪力墙上柱），分别在同一编号的柱中选择一个（有时需要选择几个）截面标注几何参数代号；在柱表中注写柱号、柱段起止标高、几何尺寸（含柱截面对轴线的偏心情况）与配筋的具体数值，并配以各种柱截面形状及其箍筋类型的方式来表达柱平法施工图，如图 6-84 所示。

例如，φ10@100/250，表示箍筋为Ⅰ级钢筋，直径φ10，加密区间距为 100，非加密区间距为 250。

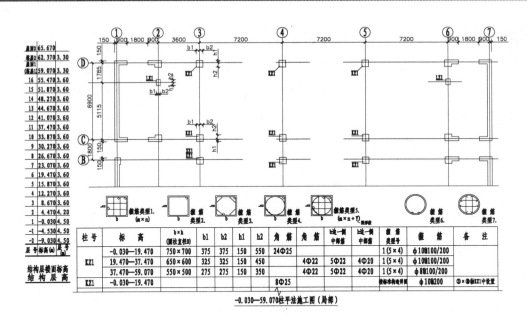

图 6-84　柱平法施工图

例如，φ10@100，表示箍筋为Ⅰ级钢筋，直径φ10，间距为 100，沿柱全高加密。

例如，Lφ10@100/200，表示采用螺旋箍筋，Ⅰ级钢筋，直径φ10，加密区间距为 100，非加密区间距为 200。

3．截面注写方式

截面注写方式是在柱平面布置图上，分别在不同编号的柱中各选一截面，在其原位上以一定比例放大绘制柱截面配筋图，注写柱编号、截面尺寸 bxh、角筋或全部纵筋、箍筋的级别、直径及加密区与非加密区的间距。同时，在柱截面配筋图上尚应标注柱截面与轴线关系，如图 6-85 所示。

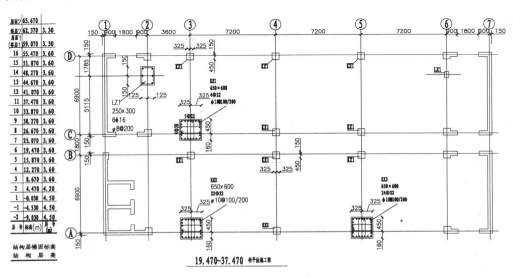

图 6-85　截面图注写方式

⊃ 6.12.2　剪力墙平法施工图的识读

剪力墙平法施工图是在结构剪力墙平面布置图上，采用列表注写方式或截面注写方式对剪力墙的信息进行表达。剪力墙分为剪力墙柱、剪力墙身、剪力墙梁分别表达。

1．剪力墙的编号规定

在平法剪力墙施工图中，剪力墙分为以剪力墙柱编号如表 6-20、剪力墙身编号如表 6-21、剪力墙梁编号如表 6-22 分别表达。

表 6-20　墙柱编号

墙柱类型	代　号	序　号
约束边缘暗柱	YAZ	XX
约束边缘端柱	YDZ	XX
约束边缘翼墙（柱）	YYZ	XX
约束边缘转角墙（柱）	YJZ	XX
构造边缘端柱	GDZ	XX
构造边缘暗柱	GAZ	XX
构造边缘翼墙（柱）	GYZ	XX
构造边缘转角墙（柱）	GJZ	XX
非边缘暗柱	AZ	XX
扶壁柱	FBZ	XX

表 6-21　墙梁编号

墙梁类型	代　号	序　号
连梁	LL	XX
连梁（有交叉暗撑）	LL(JC)	XX
连梁（有交叉钢筋）	LL(JG)	XX
暗梁	AL	XX
边框梁	BKL	XX

表 6-22　墙身编号

墙身编号	代　号	序　号
剪力墙身	Q(X)	XX

2．列表注写方式

列表注写方式是分别在剪力墙柱表、剪力墙身表和剪力墙梁表中，对应于剪力墙平面布置图上的编号，用绘制截配筋图并注写几何尺寸与配筋具体数值的方式来表达剪力墙平法施工图。如图 6-86 所示为剪力墙平法施工图，如图 6-87 所示为剪力墙梁表，如图 6-88 所示为剪力墙身表，如图 6-89 所示为剪力墙柱。

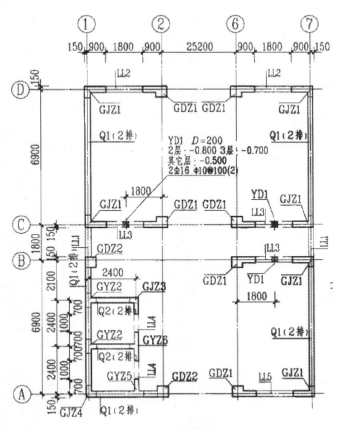

图 6-86 剪力墙平法施工图

剪 力 墙 梁 表							
编号	所在楼层号	梁顶相对标高高差	梁截面 $b×h$	上部纵筋	下部纵筋	侧面纵筋	箍 筋
LL1	2-9	0.800	300×2000	4Φ22	4Φ22	同 Q1 水平分布筋	Φ10@100(2)
	10-16	0.800	250×2000	4Φ20	4Φ20		Φ10@100(2)
	屋面		250×1200	4Φ20	4Φ20		Φ10@100(2)
LL2	3	-1.200	300×2520	4Φ22	4Φ22	同 Q1 水平分布筋	Φ10@150(2)
	4	-0.900	300×2070	4Φ22	4Φ22		Φ10@150(2)
	5-9	-0.900	300×1770	4Φ22	4Φ22		Φ10@150(2)
	10-屋面1	-0.900	250×1770	3Φ22	3Φ22		Φ10@150(2)
LL3	2		300×2070	4Φ22	4Φ22	同 Q1 水平分布筋	Φ10@100(2)
	3		300×1770	4Φ22	4Φ22		Φ10@100(2)
	4-9		300×1170	4Φ22	4Φ22		Φ10@100(2)
	10-屋面1		250×1170	3Φ22	3Φ22		Φ10@100(2)
LL4	2		250×2070	3Φ20	3Φ20	同 Q2 水平分布筋	Φ10@120(2)
	3		250×1770	3Φ20	3Φ20		Φ10@120(2)
	4-屋面1		250×1170	3Φ20	3Φ20		Φ10@120(2)

图 6-87 剪力墙梁表

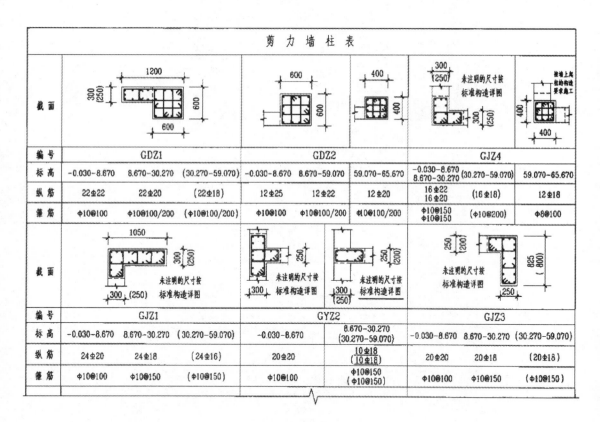

剪力墙身表

编 号	标　　高	墙厚	水平分布筋	垂直分布筋	拉　筋
Q1(2排)	-0.030—30.270	300	Φ12@250	Φ12@250	Φ6@500
	30.270—59.070	250	Φ10@250	Φ10@250	Φ6@500
Q2(2排)	-0.030—30.270	250	Φ10@250	Φ10@250	Φ6@500
	30.270—59.070	200	Φ10@250	Φ10@250	Φ6@500

图 6-88　剪力墙身表

剪力墙柱表

编号	GDZ1			GDZ2			GJZ4		
标高	-0.030-8.670	8.670-30.270	(30.270-59.070)	-0.030-8.670	8.670-59.070	59.070-65.670	-0.030-8.670 8.670-30.270	(30.270-59.070)	59.070-65.670
纵筋	22Φ22	22Φ20	(22Φ18)	12Φ25	12Φ22	12Φ20	16Φ22 16Φ20	(16Φ18)	12Φ18
箍筋	Φ10@100	Φ10@100/200	(Φ10@100/200)	Φ10@100	Φ10@100/200	Φ10@100/200	Φ10@150 Φ10@150	(Φ10@200)	Φ8@100

编号	GJZ1			GYZ2			GJZ3		
标高	-0.030-8.670	8.670-30.270	(30.270-59.070)	-0.030-8.670	8.670-30.270 (30.270-59.070)		-0.030-8.670	8.670-30.270	(30.270-59.070)
纵筋	24Φ20	24Φ18	(24Φ16)	20Φ20	10Φ18 (10Φ18)		20Φ20	20Φ18	(20Φ18)
箍筋	Φ10@100	Φ10@150	(Φ10@150)	Φ10@100	Φ10@150 (Φ10@150)		Φ10@100	Φ10@150	(Φ10@150)

图 6-89　剪力墙柱图

3. 截面注写方式

采用原位注写方式是在分标准层绘制的剪力墙平面布置图上以直接在墙柱、墙身、墙梁上注写截面时和配筋具体数值的方式来表达剪力墙平法施工图，如图 6-90 所示为剪力墙平法施工图。

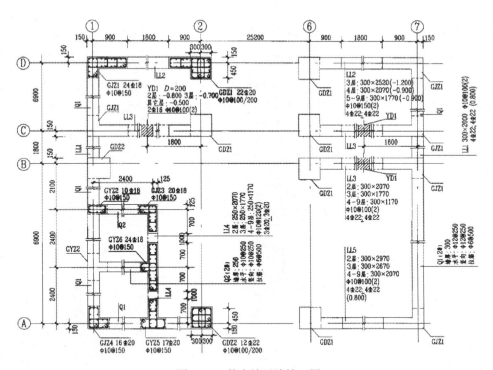

图 6-90 剪力墙平法施工图

6.12.3 梁平法施工图的识读

梁平法施工图可以在梁平面布置图上，分别在不同编号的梁中各选一根梁，在其上注写截面尺寸和配筋具体数值的方式来表达梁平法施工图。

1. 梁编号的规定

在平法施工图中，各类型的梁应按如表 6-23 所示进行编号。同时，梁编号由梁类型代号、序号、跨数及有无悬挑代号几项组成。

表 6-23 梁编号

梁 类 型	代 号	序 号	跨数及是否带有悬挑
楼层框架梁	KL	XX	(XX)、(XXA)或（XXB）
屋面框架梁	WKL	XX	(XX)、(XXA)或（XXB）
框支梁	KZL	XX	(XX)、(XXA)或（XXB）
非框架梁	L	XX	(XX)、(XXA)或（XXB）
悬挑梁	XL	XX	
井字梁	JZL	XX	(XX)、(XXA)或（XXB）

注：（XXA）为一端有悬挑，（XXB）为两端有悬挑，悬挑不计入跨数。

例：KL7(5A)，表示第 7 号框架梁，5 跨，一端有悬挑；

L9(7B)，表示第 9 号非框架梁，7 跨，两端有悬挑；

JZL1(8)，表示第 1 号井字梁，8 跨，无悬挑。

2．平面注写方式集中标注的具体内容

梁集中标注内容为 6 项，其中前 5 项为必注值：即，①梁编号；②截面尺寸；③箍筋；④上部跨中通长筋或架立筋；⑤侧面构造纵筋。第六项为选注值，即：⑥梁顶面相对标高高差，如图 6-91 所示。

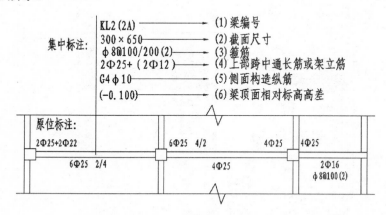

图 6-91 框架梁集中标注的 6 项内容

例如，在图 6-91 中，集中标注处标注含义为：编号为 2 号的框架梁，2 跨，有一端悬挑；梁截面尺寸 b×h 为 300×650；梁两端箍筋直径为 8，加密区间距 100，非加密区间距为 200，箍筋为双肢箍；上部跨中布置 2 根直径 25 的通长筋，2 根直径 12 的架立筋；侧面按构造要求布置 4 跟直径为 10 的纵筋；梁顶面相对于结构层楼面标高低 0.1 m。

再以图中间跨为例，原位标注处标注含义：梁左支座上部布置 6 根直径 25 的纵筋，分两排布置，第一排 4 根，第二排 2 根；梁右支座上部布置 4 根直径 25 的纵筋；梁下部布置 4 根直径 25 的纵筋。

3．梁平面注写方式原标注的具体内容

梁原位标注内容为 4 项：①梁支座上部纵筋，②梁下部纵筋，③附加箍筋或吊筋，④修正集中标注中某项或某几项不适用于本跨的内容。

➡ 6.13 结构图与建筑图

在实际施工中，通常是要同时看建筑图和结构图的，只有把两者结合起来识读，才能形成一栋完整的建筑物。

建筑施工图就是建筑工程上所用的，一种能够十分准确地表达出建筑物的外形轮廓、大小尺寸、结构构造和材料做法的图样，它是房屋建筑施工的依据。

建筑施工图是表示房屋的总体布局、外部形状、内部布置、内部构造及室内、外装修等情况的工程图样，是房屋施工放线、安装门窗、编制工程概算、编制施工组织设计的依据。

结构施工图是说明一栋房屋的骨架构造的类型、尺寸、使用材料要求和构件的详细构造的图纸，它是房屋施工的依据。

结构施工图是关于承重构件的布置。使用的材料、形状、大小及内部构造的工程图样，是承重构件以及其他受力构件施工的依据。

结构图与建筑图两者缺一不可，只有两者结合起来，才能完整地构造出一幢建筑物。

➲ 6.13.1 建筑图和施工图的关系

建筑图和结构图有相似的地方、不同的地方以及相关联的地方。

➤ 相同的地方：轴线位置及编号都相同；墙体厚度应相同；过梁位置与门窗洞口位置应相符合。

在识图时注意应该符合的地方，如果有不符合的地方，即建筑图与结构图有了矛盾，应先记录下来，在会审图纸时提出，大家商议解决。

➤ 不同的地方：有的时候建筑标高和结构标高值是不一样的，结构尺寸和建筑尺寸是不同的；承重结构墙在结构平面图上有，而非承重墙仅在建筑图上才绘出来；结构图上表达的是房屋骨架，比如梁、柱、洞口等，建筑图上表达的是房屋造型，如墙、门窗等。

➤ 相关联的地方：结构图和建筑图相关联的地方，必须同时看两种图。比如，阳台、雨篷等的结构应和其建筑装饰图结合看；再比如，圈梁的结构布置图中，圈梁通过门窗洞口处对门窗高度有无影响等，也是需要两种图结合来看的；还有楼梯结构常常与建筑图结合在一起绘制。

➲ 6.13.2 综合看图应注意的事项

1）查看建筑尺寸与结构尺寸有无矛盾之处。

2）建筑标高与结构标高之差，是否符合应增加的装饰高度。

3）建筑图上一些构造，在做结构时，是否需要预先做上预埋件或木砖之类。

4）结构施工时，应考虑建筑安装时尺寸上的放大或缩小。这在图上是没有具体标注的，只有在积累了一定的施工经验后，结合两种图纸查看，应该预先考虑带尺寸的放大或缩小。

➲ 6.13.3 识读结构施工图的基本要领

结构施工图是施工定位、放线、基槽开挖、支模板、绑扎钢筋、设置预埋件、浇筑混凝土以及安装梁、板、柱，编制预算和施工进度计划的重要依据。读懂结构施工图是房屋施工的前提。

1）由小到大，由粗到细：在识读结构施工图时，首先应识读结构平面布置图，再识读构件图，最后才能够识读构件详图及断面图。

2）牢记常用的图例和符号：在建筑施工图中，为了使表达变简洁，常用符号或图例表示很多内容的绘制。因此，在识读施工图之前，应首先牢记常用的图例和符号，这样才能够顺利地识读图纸，避免识读过程中出现"语言"障碍。

3）仔细识读设计说明或附注：结构设计说明主要介绍新建建筑的结构类型、耐久年限、地震设防烈度、地基状况、材料强度等级、选用的标准图集、新结构与新工艺及特殊部位的施工顺序、方法及质量验收标准。在建筑施工中，对于拟建建筑中一些无法直接用图形表示出来的内容，而又直接关系到工程的做法及工程质量，经常以文字要求的形式在施工图适当的页面或在某一张图纸中适当的位置表达出来，这些说明不但要看，还要仔细、认真地看，达到看懂、记牢的目的。比如，结构施工图中建筑物抗震等级、混凝土的强度等级，还有楼板图纸中的分布钢筋，同样无法在图中绘出，只能以附注的形式表达在同一张施工图中。

4）注意尺寸单位：图纸中的图形和图例均有其尺寸，尺寸单位为 m 和 mm 两种，除了图纸中的标高和总平面图中尺寸用 m 表示，其余尺寸均用 mm 表示。

5）不得随意改动图纸：在施工图识读过程中，若发现图纸设计表达不全甚至有错误时，应首先记下来，不得随意变更；在合适的时间、地点对设计图纸中的问题向相关人员提出，与设计人员协商解决。

第7章
建筑总平面图的绘制方法

本章导读

　　建筑总平面图是表明一项建设工程总体布置情况的图样，主要表明新建建筑物的平面形状、层数、室内外地面标高，新建道路、绿化带、场地排水和管线的布置情况等，且建筑总平面图必须详细、准确、清楚地表达出设计思想。

　　本章节通过对建筑总平面图的绘制，包括绘图环境、辅助定位轴线、主要道路轮廓线、建筑平面轮廓以及布置绿化区域，绘制图例、指北针，最后进行尺寸、文字、图名的标注。在章节最后的"拓展学习"中，读者自行演练另一建筑总平面图的绘制，从而牢固地掌握建筑总平面图的绘制方法和技巧。

学习目标

　　📖 掌握建筑总平面图的基础知识
　　📖 绘制建筑总平面图的整体轮廓
　　📖 绘制建筑物平面轮廓和布置绿化带
　　📖 绘制总平面图的图例、指北针及标注

预览效果图

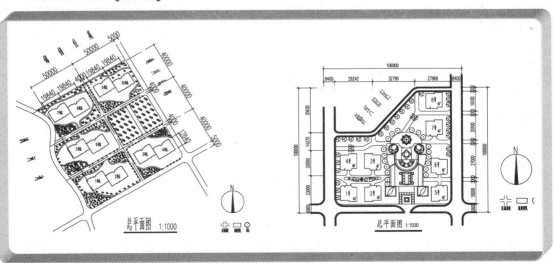

↘ 7.1 建筑总平面图基础知识

将新建建筑物四周一定范围内原有的和拆除的建筑物、构筑物连同其周围的地形地物状况，用水平投影的方法和相应的图例所画出的图样，称为建筑总平面图。

⊃ 7.1.1 建筑总平面图的形成和作用

总平面图是新建建筑及一定范围内的原有建筑总体布局的水平投影，反映新建、拟建、原有和拆除的房屋、构筑物等的位置和朝向，室外场地、道路、绿化等的布置，地形、地貌、标高等与原有环境的关系和邻接情况等。

同时，建筑总平面图也是房屋及其他设施施工的定位、土方施工以及绘制水、暖、电等管线总平面图和施工总平面图的依据。其作用如下：

1）是城市规划行政主管部门确定建设用地范围和面积的科学依据。
2）是城市规划行政主管部门核发建设用地规划许可证的依据。
3）是建设项目是否珍惜用地、合理用地、节约用地的依据。
4）是建设项目开展设计的前提和依据。
5）是房产、土地管理部门审批动迁、征用、划拨土地手续的前提。
6）是建设工程进行建设审查的必要条件。
7）是建设工程设计方案的依据。
8）是城市规划行政主管部门核发建设工程规划许可证的依据。

⊃ 7.1.2 建筑总平面图的图示方法

总平面图是用正投影的原理绘制的，图形主要是以图例的形式表示，总平面图的图例采用《总图制图标准》（GB/T 50103-2010）规定的图例，如表 7-1 所示中给出了部分常用的总平面图图例符号，画图时应严格执行该图例符号，如图中采用的图例不是标准中的图例，应在总平面图下面说明。图线的宽度 b 应根据图样的复杂程度和比例，按《房屋建筑制图统一标准》（GB/T 50001-2010）中图线的有关规定执行。总平面图的坐标、标高、距离以米（m）为单位，并应至少取至小数点后两位。

表 7-1 总平面图的图例符号

图 例	名 称	图 例	名 称
8F	新建建筑物 右上角以点数或数字表示层数		原有建筑物
	计划扩建的建筑物	××××	拆除的建筑物
151.00	室内地坪标高	143.00	室外整坪标高
	散状材料露天堆场		原有的道路
	公路桥		计划扩建道路

（续）

图　例	名　称	图　例	名　称
	铁路桥		护坡
	草坪		指北针

⊃ 7.1.3 建筑总平面图的图示内容

用户在绘制建筑总平面图时，大致包括以下一些基本内容。

◆ 新建建筑：拟建房屋，用粗实线框表示，并在线框内的右上角用数字表示建筑的层数。

◆ 新建建筑物的定位：总平面图的主要任务是确定新建建筑物的位置，通常是利用原有建筑物、道路等来定位的。

◆ 新建建筑物的室内外标高：我国把青岛市外的黄海海平面作为零点所测定的高度尺寸，称为绝对标高。在总平面图中，用绝对标高表示高度数值，单位为 m。

◆ 相邻有关建筑、拆除建筑的位置或范围：原有建筑用细实线框表示，并在线框内，也用数字表示建筑层数；拟建建筑物用虚线表示；拆除建筑物用细实线表示，并在其细实线上打叉。

◆ 附近的地形地物，如等高线、道路、水沟、河流、池塘、土坡等。

◆ 指北针和风向频率玫瑰图：在总平面图中应画出指北针或风向频率玫瑰图来表示建筑物的朝向。指北针如表 7-1 所示，风向频率玫瑰图一般画出 8～16 个方向来表示该地区常年的风向频率，有箭头的方向为北向，其中实线为全年风向玫瑰图，虚线为夏季风向玫瑰图，如图 7-1、7-2 所示。

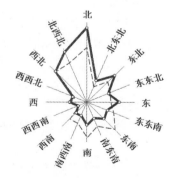

图 7-1 风向玫瑰图（1）

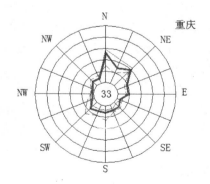

图 7-2 风向玫瑰图（2）

提示　　从风向玫瑰图中能了解到房屋和地物的朝向信息，所以在已经绘制了风向玫瑰图的图样上不必再绘制指北针。在建筑总平面图上，通常应绘制当地的风向玫瑰图。没有风向玫瑰图的城市和地区，则在建筑总平面图上画上指北针。风向频率图最大的方位为该地区的主导风向。

◆ 绿化规划、管道布置。

◆ 道路（或铁路）和明沟等的起点、变坡点、转折点、终点的标高与坡向箭头。

以上内容并非在所有总平面图上都是必需的，可根据具体情况加以选择。

> 在阅读总平面图时应首先阅读标题栏，以了解新建建筑工程的名称；再看指北针和风向频率玫瑰图，了解新建建筑的地理位置、朝向和常年风向；最后了解新建建筑物的形状、层数、室内外标高及其定位，以及道路、绿化和原有建筑物等周边环境。

◆ 图示特点

① 绘图比例较小：总平面图所要表示的地区范围较大，除新建房物外，还要包括原有房屋和道路、绿化等总体布局。因此，在《建筑制图》中规定，总平面图的绘图比例应选用1∶500、1∶1000、1∶2000，在具体工程中，由于国土局及有关单位提供的地形图比例常为1∶500，故总平面图的常用绘图比例是1∶500。

② 用图例表示其内容：由于总平面图绘图比例较小，图中的原有房屋、道路、绿化、桥梁边坡、围墙及新建房屋等均是用图例表示，书中列出了建筑总平面图的常用图例。在较复杂的总平面图中，如用了国标中没有的图例，应在图样中的适当位置绘出新增加的图例。

③ 总平面图中的尺寸单位为 m，注写到小数点后两位。

7.1.4 建筑总平面图的识读

1. 识读重点

1）熟悉和了解总平面图图例。

2）先看图名、比例以及有关文字说明，了解工程性质和概况。

3）了解总体布局和新建建筑物的位置。根据规划红线了解拨地范围，各建筑物及构筑物的位置、道路、管网的布置等。大型复杂建筑物或新开发的建筑群用坐标系统定位，中小型建筑物根据原有建筑物定位。

4）识读新建建筑物的平面轮廓形状、层数和室内外地坪标高。一般以粗实线表示新建建筑物的平面轮廓；平面图形内右上角的数字或小黑点数，表示其层数；平面图形内的标高为首层地面的标高，而平面图形外的黑三角形表示室外地坪的标高，两者都为绝对标高。

5）看风向玫瑰图（指北针）判断当地风向和建筑朝向，中小型建筑也可用指北针表示朝向。

6）了解周围环境，包括周围建筑物、地形（坡、坎、坑），地物（树木、线干、井、坟等）等；通过等高线了解土方填挖情况；通过设计标高了解新建建筑物竖向高程位置关系。

2. 识读示例

如图 7-3 所示为某办公楼的总平面图，用户可以按以下步骤来识读此图。

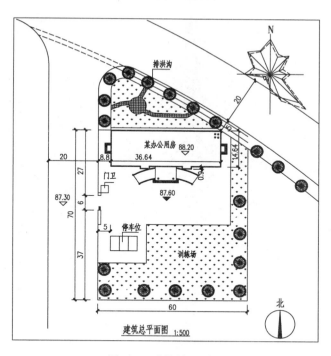

图 7-3 建筑总平面图

1）首先看图样的比例、图例以及文字说明。图中绘制了指北针、风向频率玫瑰图。该楼房坐北朝南，建筑总平面图的比例为 1：500。西侧大门为该区主要出入口，并设有门卫传达。

2）了解新建筑物的基本情况、用地范围、地形地貌以及周围的环境等。该楼房紧邻西侧马路，楼前为停车场与训练场。楼房东侧为绿化带，紧邻东墙外侧的排洪沟。总平面图中的新建筑物用粗实线画出外形轮廓。从图中可以看出，新建筑物的总长为36.64 m，总宽为 14.64 m。建筑物层数为 4 层。本例中，新建筑物位置根据原有的建筑物及围墙定位，从图中可以看出新建筑物的西墙与西侧围墙距离 8.8 m，新建筑物北墙体与门卫房距离 27 m。

3）了解新建筑物的标高。总平面图标注的尺寸一律以米（m）为单位。图中新建筑物的室内地坪标高为绝对标高 88.20 m，室外整坪标高为 87.60 m，图中还标注出西侧马路的标高 87.30 m。

4）了解新建筑物的周围绿化等情况。在总平面图中还可以反映出道路围墙及绿化的情况。

↘ 7.2 建筑总平面图的绘制

在绘制该建筑总平面图时，首先根据要求设置绘图环境，包括设置图形界限、图层规划、文字和标注样式的设置等；再根据要求绘制辅助线和主要道路对象，接着使用多段线绘制建筑平面的轮廓；再将绘制的建筑物对象复制、旋转到总平面图的相应位置，然后规划绿化带；再绘制总平面图的图例、指北针；再进行尺寸、文字的标注。绘制的建筑总平面图效果如图 7-4 所示。

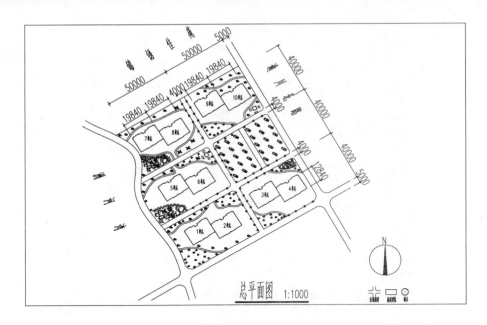

图 7-4　建筑总平面图效果

⊃ 7.2.1　设置绘图环境

素材 视频\07\设置绘图环境.avi
案例\07\建筑总平面图.dwg

在正式绘制建筑总平面图之前，首先要设置与所绘图形匹配的绘图环境。建筑总平面图的绘图环境主要包括绘图区的设置、图层规划、文字样式与标注样式的设置等。

1．绘图区的设置

绘图区设置包括绘图单位和图形界限的设定。根据建筑制图标准的规定，建筑总平面图使用的长度单位为"米"，角度单位是度/分/秒。图形界限是指所绘制图形对象的范围，AutoCAD 中默认的图形界限为 A3 图纸大小，如果不修正该默认值，可能会导致按实际尺寸绘制的图形不能全部显示在窗口之内。

1）启动 AutoCAD 2016，单击工具栏上的"新建"按钮，打开"选择样板"对话框，然后选择"acadiso.dwt"样板文件；再选择"文件｜另存为"菜单命令，打开"图形另存为"对话框，将文件另存为"案例\07\建筑总平面图.dwg"图形文件。

2）选择"格式｜单位"菜单命令，打开"图形单位"对话框。把长度单位类型设定为"小数"，精度为"0"，角度单位类型设定为"十进制度数"，精度为"0"，如图 7-5 所示。

图 7-5　图形单位设置

在图层线宽设置过程中，大部分图层的线宽可以设置为"默认线宽"，通常 AutoCAD 默认线宽为 0.25 mm。为了方便线宽的定义，默认线宽的大小可以根据需要进行设定，其设定方法为单击"格式 | 线宽"，打开"线宽设置"对话框，在"默认"线宽列表框中选择相应的线宽数值，然后单击"确定"按钮，如图 7-7 所示。

　　2）选择"格式" | "线型"菜单命令，打开"线型管理器"对话框，单击"显示细节"按钮，打开细节选项组，输入"全局比例因子"为 1000，然后单击"确定"按钮，如图 7-8 所示。

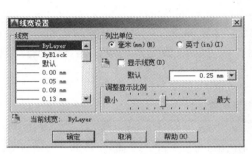

图 7-7　默认线宽设置

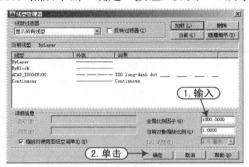

图 7-8　线型比例设置

　　　　用户在绘图时，通常全局比例因子和打印比例的设置一致。该建筑总平面图的打印比例是 1:1000，则全局比例因子设为 1000。

3. 文字样式的设定

　　绘图之前，应对图形的文字进行统一规划，并依据制图标准中的有关规定创建符合的文字样式，主要包括字体的选择和字高及其显示效果的设定。

　　已知建筑总平面图上的文字有尺寸文字、图内文字、图名，打印比例为 1:500，文字样式中的高度为打印到图纸上的文字高度与打印比例倒数的乘积。根据建筑制图标准，该总平面图文字样式的规划如表 7-3 所示。

表 7-3　文字样式

文字样式名	打印到图纸上的文字高度	图形文字高度（文字样式高度）	字体文件
图内文字	7	7000	tssdeng, gbcbig
图名	10	10000	tssdeng, gbcbig
尺寸文字	3.5	0	tssdeng

　　1）选择"格式 | 文字样式"菜单命令，打开"文字样式"对话框，单击"新建"按钮打开"新建文字样式"对话框，样式名定义为"尺寸文字"，单击"确定"按钮，然后在"字体"下拉列表框中选择字体"tssdeng.shx"，勾选"使用大字体"选择项，并在"大字体"下拉列表框中选择字体"gbcbig.shx"，在"高度"文本框中输入"7000"，"宽度因子"文本框中输入"0.7"，然后单击"应用"按钮，从而完成"尺寸文字"文字样式的设置，如图 7-9 所示。

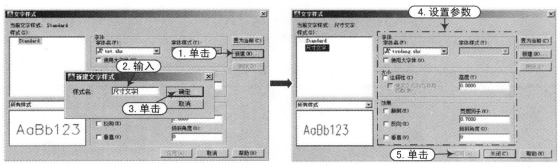

图 7-9 新建"尺寸文字"文字样式

2）使用相同的方法，建立如表 7-3 所示其他文字样式，如图 7-10 所示。

图 7-10 建立其他文字样式

4. 尺寸标注样式的设定

1）尺寸标注样式的设置是依据建筑制图标准的有关规定，对尺寸标注各组成部分的尺寸进行设置，主要包括尺寸线、尺寸界线参数的设定，尺寸文字的设定，全局比例因子、测量单位比例因子的设定。

2）选择"格式 | 标注样式"菜单命令，打开"标注样式管理器"对话框，单击"新建"按钮，打开"创建新标注样式"对话框，新样式名定义为"建筑总平面-1000"，单击"继续"按钮，进入"新建标注样式"对话框，如图 7-11 所示。

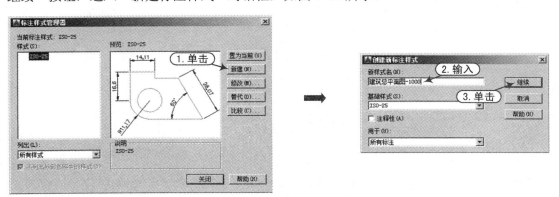

图 7-11 尺寸标注样式名称的建立

3）当单击"继续"按钮后，进入"新建标注样式"对话框，然后分别在各选项卡中设置相应的参数，设置后的效果如表 7-4 所示。

表 7-4 "建筑总平面标注-1000"标注样式的设置

"线"选项卡	"符号和箭头"选项卡	"文字"选项卡	"调整"选项卡
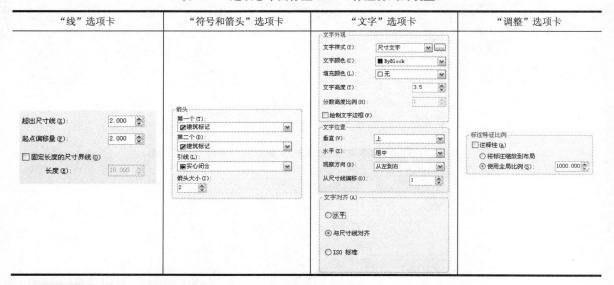			

➲ 7.2.2 绘制辅助定位轴线

视频\07\绘制辅助定位轴线.avi
案例\07\建筑总平面图.dwg

前面已经设置了绘图环境，接下来使用辅助线绘制辅助定位线。

1）单击"图层"工具栏的"图层控制"下拉列表框，将"辅助线"图层置为当前图层。

2）按〈F8〉键切换到"正交"模式。执行"直线"命令（L），绘制长度为 119000 的垂直轴线和 120000 的水平轴线，如图 7-12 所示。

3）执行"旋转"命令（RO），将上一步绘制的线段旋转-30°，如图 7-13 所示。

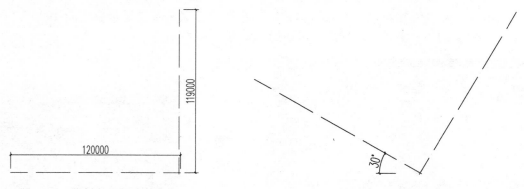

图 7-12 绘制水平和垂直线段   图 7-13 旋转的轴线

4）执行"偏移"命令（O），将左侧的斜线段向右偏移 100000 和 5000，将右侧的斜线段向下偏移 5000，向上各偏移 40000、40000 和 40000，如图 7-14 所示。

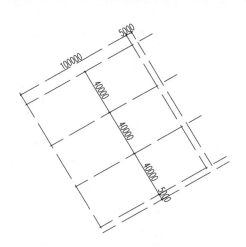

图 7-14　偏移的轴线

⊃ 7.2.3　绘制主要道路轮廓线

素材　视频\07\绘制主要道路轮廓线.avi
案例\07\建筑总平面图.dwg

前面绘制了平面图形的初始轮廓，接下来使用直线、偏移、多段线等命令，进行主要道路轮廓线的绘制。

1）单击"图层"工具栏的"图层控制"下拉列表框，将"主道路"图层置为当前图层。

2）执行"样条曲线"（SPL）、"偏移"（O）命令，绘制一样条曲线，并向左偏移 5000，如图 7-15 所示。

3）执行"修剪"（TR）、"拉伸"（S）命令，将图形的线段向外拉伸，再修剪掉多余的线段，并将部分线段转换为"主道路"图层，如图 7-16 所示。

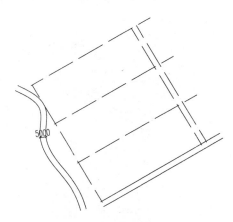

图 7-15　绘制及偏移样条曲线

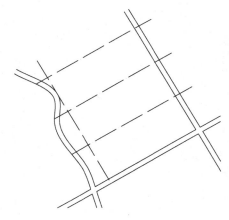

图 7-16　整理图形

提示　　此时用户为了更方便观察、编辑图形，可暂时关闭"辅助线"图层。

4）执行"圆角"（F）、"拉伸"（S）命令，进行半径为 5000 的圆角操作，结果如图 7-17 所示。

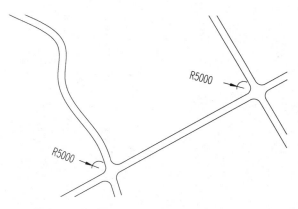

图 7-17　对道路角点进行圆角操作后的效果

⊃ 7.2.4　绘制次要道路轮廓线

> 素材
> 视频\07\绘制次要道路轮廓线.avi
> 案例\07\建筑总平面图.dwg

接着对轴线进行偏移、修剪、圆角等操作，从而绘制次要道路的轮廓线并形成路口。

1）将前面隐藏的"辅助线"图层打开。执行"偏移"命令（O），将左侧的轴线向右各偏移 48000、2000 和 2000，如图 7-18 所示。

2）执行"偏移"命令（O），将轴线向上、下各偏移 2000，如图 7-19 所示。

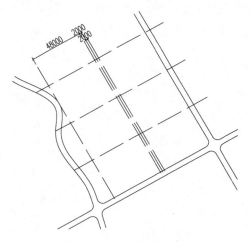

图 7-18　偏移线段 1

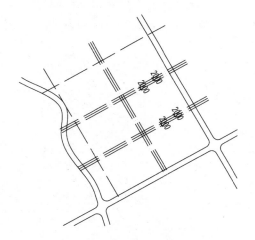

图 7-19　偏移线段 2

3）再使用"修剪"命令（TR），修剪掉多余的线段，形成次要道路路口；将偏移的轴线转换为"次道路"图层，如图 7-20 所示。

4）执行"圆角"命令（F），对修剪后的次道路的路口进行半径为 2000 的圆角操作，如图 7-21 所示。

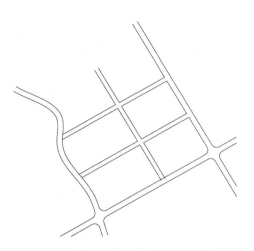

图 7-20　形成次要道路路口　　　　　　　　图 7-21　进行圆角操作

 　此处为了更方便观察道路修剪后的效果，暂时将"辅助线"图层进行关闭。

5）执行"偏移"命令（O），将轴线向上、下分别偏移 23000，如图 7-22 所示。

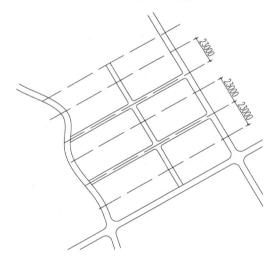

图 7-22　偏移线段

➲ 7.2.5　绘制建筑物的平面轮廓

 视频\07\绘制建筑物的平面轮廓.avi
案例\07\建筑总平面图.dwg

接下来使用"多段线"命令，绘制建筑的平面轮廓。

1）单击"图层"工具栏的"图层控制"下拉列表框，将"新建建筑"图层置为当前图层。

2）执行"多段线"（PL）命令，绘制如图 7-23 所示的多段线对象。

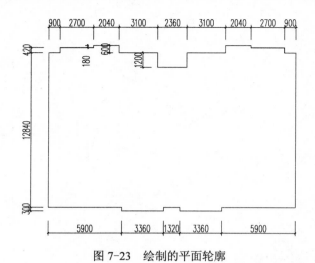

图 7-23 绘制的平面轮廓

⇒ 7.2.6 将建筑物插入到总平面图中

 素材　视频\07\将建筑物插入到总平面图中.avi
案例\07\建筑总平面图.dwg

　　将上一步绘制好的建筑平面轮廓，借助辅助定位轴线将平面轮廓对象插入到相应的位置。

　　1）执行"旋转"（RO）命令，将平面轮廓对象旋转 30°，如图 7-24 所示。

　　2）执行"复制"命令（CO），以平面轮廓对象的右侧垂直中点为基点，将建筑物复制到相应的位置，如图 7-25 所示。

　　3）重复上面的命令，以平面轮廓对象的右侧底端点为基点，将建筑物复制到前一对象左侧的垂直中点处，如图 7-26 所示。

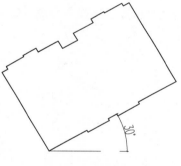

图 7-24 旋转操作

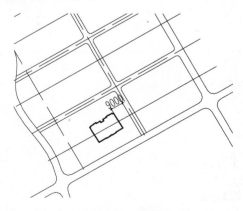

图 7-25 插入建筑轮廓 1

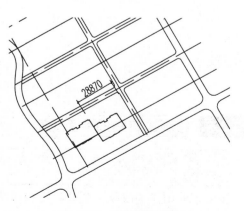

图 7-26 插入建筑轮廓 2

4）重复上面的命令，将前面复制的对象向右进行复制，如图 7-27 所示。

5）重复上面的命令，复制另外的建筑物对象，结果如图 7-28 所示。

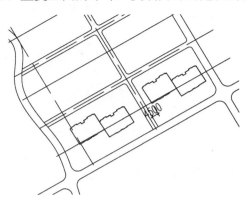

图 7-27　插入建筑轮廓 3

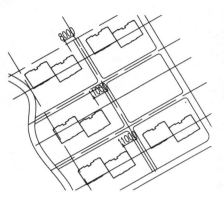

图 7-28　插入建筑轮廓 4

7.2.7　布置停车场

视频\07\布置停车场.avi
案例\07\建筑总平面图.dwg

前面已经将建筑物布置好了，下面将留有的空白区域作为单元住宅小区的停车场，从而进行规划与布置。

1）单击"图层"工具栏的"图层控制"下拉列表框，将"其他"图层置为当前图层。

2）执行"偏移"命令（O），将右侧的主要道路线向左偏移 21000 和 4000，再将偏移的线段转换为"其他"图层，以此作为停车场的车辆进出通道，如图 7-29 所示。

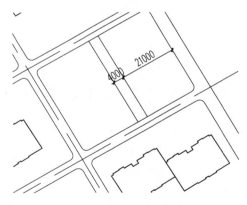

图 7-29　绘制的车辆通道

3）执行"插入块"命令（I），将"案例\07\小轿车.dwg"文件插入到图形右侧上相应的位置；再执行"旋转"命令（RO），将插入的小轿车图块旋转 30°，如图 7-30 所示。

 提示 用户可以先将小轿车的轮廓绘制好，这里直接插入图块即可。

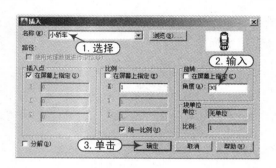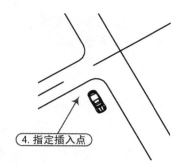

图 7-30 插入"小轿车"图块

4）执行"阵列"命令（AR），选择"矩形（R）"阵列，进行 9 列 5 行的阵列操作，结果如图 7-31 所示。

5）执行"分解"（X）、"删除"（E）命令，对阵列后的对象进行分解操作，将多余的图块删掉，如图 7-32 所示。

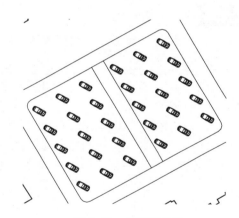

图 7-31 阵列操作   图 7-32 布置停车场

    阵列后的对象是一个整体，要想删除部分图块，则需要进行"分解"操作，即使分解操作后，轿车图块仍然是一个独立的对象。

➲ 7.2.8   布置绿化带

   素   视频\07\布置绿化带.avi
      材   案例\07\建筑总平面图.dwg

根据建筑总平面图的要求，还需要绘制绿化带边界。

1）单击"图层"工具栏的"图层控制"下拉列表框，将"绿化"图层置为当前图层。

2）执行"样条曲线"命令（SPL），在相应的位置随意绘制一些样条曲线，如图 7-33 所示。

3）执行"偏移"命令（O），将绘制的样条曲线向外偏移 1000，从而形成绿化带，如图 7-34 所示。

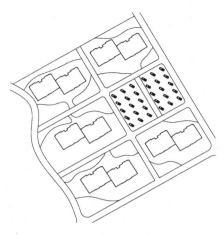

图 7-33　绘制样条曲线

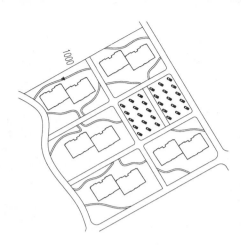

图 7-34　偏移样条曲线

4）执行"插入"命令（I），将"案例\07"文件夹下的"花卉 1""花卉 2""树木 1"
"树木 2""假山""石凳"等图块插入到相应的位置，如图 7-35 所示。

图 7-35　插入绿化的图块

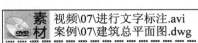

7.2.9　进行文字标注

> 素材　视频\07\进行文字标注.avi
> 　　　案例\07\建筑总平面图.dwg

前面对总平面图绘制完成后，接下来进行文字内容的标注。

1）在"图层"工具栏的"图层控制"组合框中选择"文字标注"图层，并置为当前图层。

2）执行"单行文字"命令（DT），对图形进行文字说明，其中，建筑上的文字大小为
"4000"，另外的文字大小为"10000"，如图 7-36 所示。

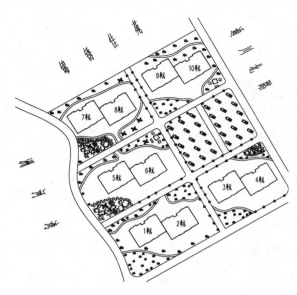

图 7-36　进行文字标注

⊃ **7.2.10**　进行尺寸标注

素材	视频\07\进行尺寸标注.avi
	案例\07\建筑总平面图.dwg

前面进行了文字的标注，接下来对总平面图进行尺寸的标注。

1）在"图层"工具栏的"图层控制"组合框中选择"尺寸标注"图层，使之成为当前图层。

2）在"标注"工具栏中单击"线性标注"按钮┠和"连续标注"按钮╫╫，对图形进行第一、二道尺寸的标注，如图 7-37 所示。

图 7-37　进行尺寸标注

⊃ 7.2.11　绘制总平面图的图例

素材　视频\07\绘制总平面图的图例.avi
案例\07\建筑总平面图.dwg

在绘制建筑总平面图时，需要绘制相应的图例对象。本住宅小区有区域通道、新建建筑、停车场、树木等图例，接下来分别进行绘制。

1）在"图层"工具栏的"图层控制"下拉列表框中，将"次道路"图层置为当前层。

2）使用"直线"命令（L），在视图的空白区域绘制一条水平长 9000 和垂直长 8000 的线段，再将它们分别向上和向右偏移 2000，再使用"修剪"命令（TR）对其进行修剪，然后使用"圆角"命令（F）按照半径为 1000 进行圆角处理，从而完成"区域通道"图例的绘制，如图 7-38 所示。

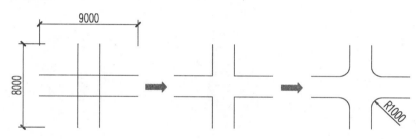

图 7-38　"区域通道"图例的绘制

3）在"图层"工具栏的"图层控制"下拉列表框中，将"新建建筑"图层置为当前层。

4）使用"矩形"命令（REC），在"区域通道"图例的右侧绘制 8000×4000 的矩形，再按〈Ctrl+1〉组合键打开"特性"面板，设置其全局宽度为 100，从而完成"新建建筑"图例的绘制，如图 7-39 所示。

5）在"图层"工具栏的"图层控制"下拉列表框中，将"绿化"图层置为当前层。

6）使用多段线、云线、曲线、圆、圆弧等命令，绘制"树木"图例，其尺寸没有严格的限制，如图 7-40 所示。

7）在"图层"工具栏的"图层控制"下拉列表框中，将"文字标注"图层置为当前层。

8）将"图样说明"文字样式置为当前，使用"单行文字"（DT）命令书写各图例的名称，如图 7-41 所示。

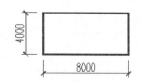

图 7-39　"新建建筑"图例　　　图 7-40　"树木"图例　　　图 7-41　文字标注

⊃ 7.2.12 绘制指北针及图名标注

> 素 视频\07\绘制指北针及图名标注.avi
> 材 案例\07\建筑总平面图.dwg

通过前面的绘制与布置，最后需要绘制指北针并对总平面图进行图名的标注。

1）在"图层"工具栏的"图层控制"下拉列表框中，将"0"图层置为当前层。

2）执行"圆"命令（C），在相应的位置绘制半径为 2400 mm 的圆；再执行"多段线"命令（PL），圆的上侧"象限点".作为起始点至下侧"象限点"作为端点，多段线起始点宽度"0"，下侧宽度为"300"。

3）在"图层"工具栏的"图层控制"下拉列表框中，将"文字标注"图层置为当前层。

4）再执行"单行文字"命令（DT），在圆上侧输入"N"，从而完成指北针的绘制，如图 7-42 所示。

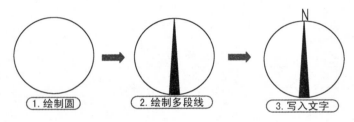

图 7-42　绘制指北针

5）单击工具栏中"单行文字"按钮 AI，设置其对正方式为"居中"，在相应的位置输入"总平面图"和比例"1：1000"；然后分别选择相应的文字对象，按〈Ctrl+1〉组合键打开"特性"面板，并修改相应文字大小为"10000"和"5000"，如图 7-43 所示。

6）使用"多段线"命令（PL），在图名的底侧绘制一条宽度为 1000 的水平多段线，效果如图 7-44 所示。

图 7-43　编辑文字　　　　　　　　　图 7-44　多线的绘制

7）至此，建筑总平面图绘制完毕，用户可按〈Ctrl+S〉组合键对文件进行保存。

 拓展学习：

　　通过本章对建筑总平面图的绘制思路的学习和绘制方法的掌握，读者可以更加牢固地掌握建筑总平面图的绘制技巧，并能达到熟能生巧的目的。可以参照前面的步骤和方法对如图 7-45 所示进行绘制（对应光盘"案例\07"文件中"建筑总平面图-拓展.dwg"文件）。

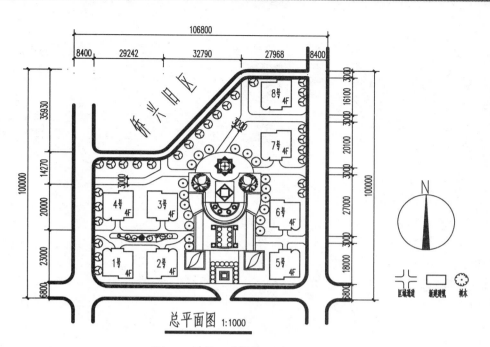

图 7-45 另一建筑总平面图的效果

第8章
建筑平面图的绘制方法

本章导读

建筑平面图能较全面且直观地反映建筑物的平面形状大小、内部布置、内外交通联系、采光通风处理、构造做法等基本情况，是概预算、备料及施工中放线、砌墙、设备安装等的重要依据，是建施图的主要图纸之一。

本章通过对某小区住宅标准层平面图的绘制，讲解绘图环境、定位轴线、墙体、门窗、布置设施、绘制图例、指北针，尺寸、文字、图名的标注等内容。在本章最后的"拓展学习"中，读者自行演练该单元式住宅的其他层平面图，从而牢固掌握建筑平面图的绘制方法和技巧。

学习目标

- 掌握建筑平面图的基础知识
- 设置建筑平面图的绘图环境
- 绘制辅助定位轴线和墙体
- 布置设施和绘制楼梯、散水、剖切符号、指北针

预览效果图

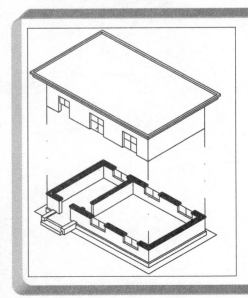
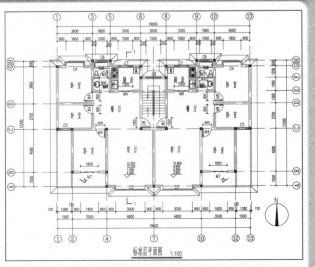

标准层平面图 1:100

↘ **8.1** 建筑平面图概述

在进行建筑平面图的设计和绘制过程中，首先应掌握建筑平面图的形成、内容与作用，再掌握通过 AutoCAD 进行建筑平面图绘制时的内容、要求、方法和绘制过程。

⊃ **8.1.1** 建筑平面图的形成、内容和作用

建筑平面图是假想用一水平剖切平面，沿门窗洞口的位置将建筑物切后，对剖切面以下部分所做出的水平剖面图，称为建筑平面图，简称平面图。它反映出房屋的平面形状、大小和房间的布置，墙（或柱）的位置、厚度和材料，门窗的类型和位置等情况，如图 8-1 所示。

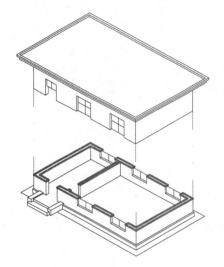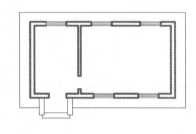

图 8-1 平面图的形成

从图 8-2 可以看出，建筑平面图包括以下主要内容。

◆ 定位轴线：横向和纵向定位轴线的位置及编号，轴线之间的间距（表示出房间的开间和进深）。定位轴线用细单点画线表示。

◆ 墙体、柱：表示出各承重构件的位置。剖到的墙、柱断面轮廓用粗实线，并画图例，如钢筋混凝土用涂黑表示，未剖到的墙用中实线。

◆ 内外门窗：门的代号用 M 表示，即：木门——MM，钢门——GM，塑钢门——SGM，铝合金门——LM，卷帘门——JM，防盗门——FDM，防火门——FM；窗的代号用 C 表示，即：木窗——MC，钢窗——GC，铝合金窗——LC，木百叶窗——MBC。在门窗的代号后面写上编号，如 M1、M2 和 C1、C2 等，同一编号表示同一类型的门窗，它们的构造与尺寸都一样，从图中可表示门窗洞的位置及尺寸。剖到的门扇用中实线（单线）或用细实线（双线），剖到的窗扇用细实用（双线）。

◆ 标注的三道尺寸：第一道为总体尺寸，表示房屋的总长、总宽；第二道为轴线尺寸，表示定位轴线之间的距离；第三道为细部尺寸，表示外部门窗洞口的宽度和定位尺寸。建筑平面图的内部尺寸表示内墙上门窗洞口和某些构配件的尺寸和定位。

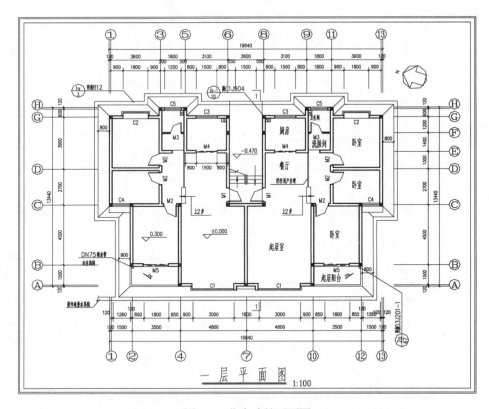

图 8-2 住宅建筑平面图

◆ 标注：建筑平面图常以标准层主要房间的室内地坪为零点（标记为 ±0.000），分别
  标注出各房间离地面的标高。

◆ 其他设备位置及尺寸：表示楼梯位置及楼梯上下方向、踏步数及主要尺寸；表示阳
  台、雨篷、窗台、通风道、烟道、管道井、雨水管、坡道、散水、排水沟、花池等
  位置及尺寸。

◆ 画出相关符号：剖面图的剖切符号位置及指北针、标注详图的索引符号。

◆ 文字标注说明：注写施工图说明、图名和比例。

建筑平面图一般主要反映建筑物的平面布置，外墙和内墙面的位置，房间的分布及相互
关系，入口、走廊、楼梯的布置等。一般来讲，建筑平面图主要包括以下几种：

1. 底层平面图

主要表示建筑物底层（首层，标准层）平面的形状，各房间的平面布置情况，出入口、
走廊、楼梯的位置，各种门、窗的位置，室外的台阶、花池、散水（或明沟）、雨水管的位
置以及指北针、剖切符号、室外标高等。在厨房、卫生间内还可看到固定设备及其布置情
况，如图 8-2 所示。

2. 楼层平面图

楼层平面图的图示内容与底层平面图相同，因为室外的台阶、花坛、明沟、散水和雨水
管的形状和位置已经在底层平面图中表达清楚，所以中间各层平面图除要表达本层室内情况

外，只需画出本层的室外阳台和下标准层室外的雨篷、遮阳板等。此外，因为剖切情况不同，楼层平面图中楼梯间部分表达梯段的情况与底层平面图也不同，如图8-3所示。

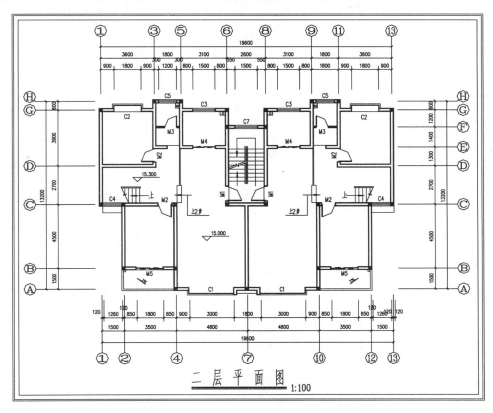

图8-3 住宅建筑楼层平面图

3．局部平面图

当某些楼层的平面布置图基本相同，仅局部不同时，则这些不同部分可用局部平面图表示。当某些局部布置由于比例较小而固定设备较多或者内部组合比较复杂时，也可另画较大比例的局部平面图。常见的局部平面图有厕所间、盥洗室、楼梯间平面图等，如图8-4所示。

4．屋顶平面图

屋顶平面图是房屋顶面的水平投影，主要表示屋顶的形状，屋面排水的方向及坡度、天沟或檐口的位置，另外还要表示出女儿墙、屋脊线、雨水管、水箱、上人孔、避雷针的位置。屋顶平面图比较简单，故可用较小的比例来绘制，如图8-5所示。

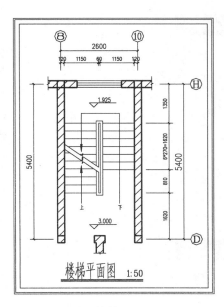

图8-4 楼梯局部平面图

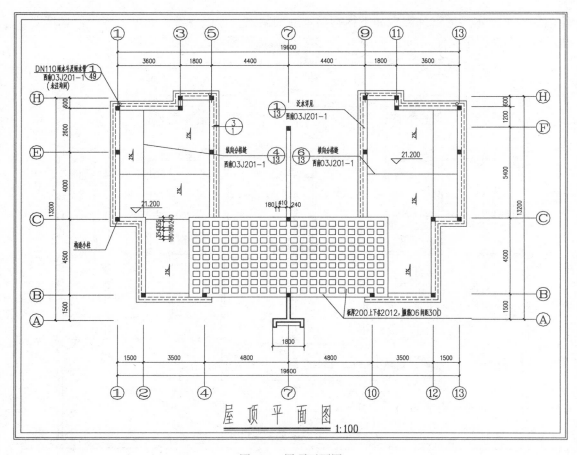

图 8-5　屋顶平面图

⊃ 8.1.2　建筑平面图的绘制方法

用户在绘制建筑平面图时，可遵循以下步骤来进行绘制：

1）选择比例，确定图纸幅面。

2）绘制定位轴线。

3）绘制墙体和柱的轮廓线。

4）绘制细部，如门窗、阳台、台阶、卫生间等。

5）尺寸标注、轴线圆圈及编号、索引符号、高程、门窗编号等。

6）文字说明。

7）整理视图。

8）打印出图。

⊃ 8.1.3　常用建筑构配件图例

在绘制建筑平面图时，在表 8-1 中为常用建筑构配件图例。

表 8-1　常用建筑构配件图例

名　　称	图　　例	名　　称	图　　例
单扇门		单层外开平开窗	
双扇门		单层中悬窗	
双扇双面弹簧门		单层固定窗	
推拉门		推拉窗	
通风道		烟道	
高窗		底层楼梯	
墙上预留洞或槽			

↘ 8.2　单元式住宅标准层平面图的绘制

在绘制某单元式住宅标准层平面图时，首先根据要求设置绘图环境，包括设置绘图环境、规划图层、设置尺寸、文字的样式等，再根据要求绘制轴网线、墙体线、柱子、楼梯、散水，然后绘制门、窗、阳台，接着进行尺寸标注、文字标注、剖切符号的标注、标高标注、指北针标注、图名及比例的标注，从而完成单元式住宅标准层平面图的绘制，其最终的效果如图 8-6 所示。

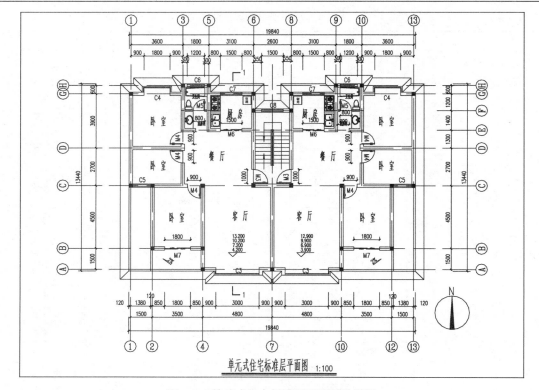

图 8-6　单元式住宅标准层平面图的效果

⊃ 8.2.1　设置绘图环境

> 素材　视频\08\设置绘图环境.avi
> 案例\08\单元式住宅标准层平面图.dwg

在绘制建筑平面图之前，首先要设置好绘图环境，从而使用户在绘制建筑平面图时更加方便、灵活、快捷。设置绘图环境，包括绘图区域界限及单位的设置、图层的设置、文字和标注样式的设置等。

1. 绘图区的设置

1）启动 AutoCAD 2016，选择"文件 | 保存"菜单命令，将该文件保存为"案例\08\单元式住宅标准层平面图.dwg"文件。

2）选择"格式 | 单位"菜单命令，打开"图形单位"对话框，将长度单位类型设定为"小数"，精度为"0"，角度单位类型设定为"十进制度数"，精度精确到"0"，如图 8-7所示。

> 　提示　此处的单位精度是绘图时确定坐标的精度，不是尺寸标注的单位精度，通常长度精度取小数点后的三位，角度单位精度取小数点后两位。

图 8-7　图形单位的设置

3）选择"格式 | 图形界限"菜单命令，依照提示，设定图形界限的左下角为(0，0)，右上角为(59400，42000)。

4）再在命令行输入<Z>→<空格>→<A>，使输入的图形界限区域全部显示在图形窗口内。

2．规划图层

由如图 8-6 所示可知，该住宅标准层平面图主要由轴线、门窗、墙体、楼梯、设施、文本标注、尺寸标注等元素组成，因此绘制平面图形时，应建立如表 8-2 中所列的图层。

表 8-2　图层设置

序号	图 层 名	描 述 内 容	线 宽	线 型	颜 色	打印属性
1	轴线	定位轴线	默认	点画线 （ACAD_ISOO4W100）	红色	不打印
2	墙体	墙体	0.30 mm	实线（CONTINUOUS）	黑色	打印
3	墙柱	墙柱	默认	实线（CONTINUOUS）	8 色	打印
4	轴线编号	轴线圆	默认	实线（CONTINUOUS）	绿色	打印
5	散水	散水	0.30 mm	实线（CONTINUOUS）	洋红色	打印
6	门窗	门窗	默认	实线（CONTINUOUS）	绿色	打印
7	尺寸标注	尺寸标注	默认	实线（CONTINUOUS）	蓝色	打印
8	文字标注	图内文字、图名、比例	默认	实线（CONTINUOUS）	黑色	打印
9	标高	标高文字及符号	默认	实线（CONTINUOUS）	黑色	打印
10	设施	布置的设施	默认	实线（CONTINUOUS）	44 色	打印
11	楼梯	楼梯间	默认	实线（CONTINUOUS）	134 色	打印
12	剖切符号	剖切符号	默认	实线（CONTINUOUS）	青色	打印
13	其他	附属构件	默认	实线（CONTINUOUS）	黑色	打印

1）选择"格式 | 图层"菜单命令，将打开"图层特性管理器"面板，根据前面表 8-2 中

所列设置图层的名称、线宽、线型和颜色等，如图8-8所示。

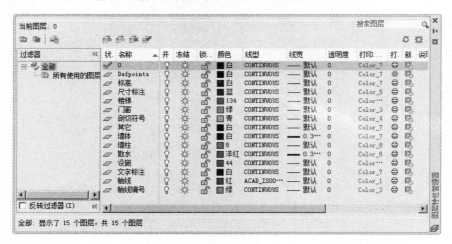

图8-8 规划的图层

2）选择"格式|线型"菜单命令，打开"线型管理器"对话框，单击"显示细节"按钮，打开"细节"选项组，输入"全局比例因子"为100，然后单击"确定"按钮，如图8-9所示。

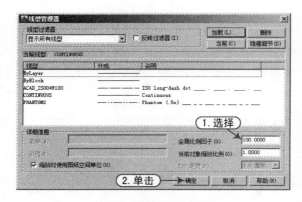

图8-9 设置线型比例

提示 在设置轴线线型时，为了保证图形的整体效果，必须进行轴线线型的设定。AutoCAD默认的全局线型缩放比例为1.0，通常线型比例应和打印相协调，如打印比例为1：100，则线型比例大约设为100。

3. 设置文字样式

由如图8-6所示可知，该建筑平面图上的文字有尺寸文字、标高文字、图内文字说明、剖切符号文字、图名文字、轴线符号等，打印比例为1：100，文字样式中的高度为打印到图纸上的文字高度与打印比例倒数的乘积。根据建筑制图标准，该平面图文字样式的规划如表8-3所示。

表 8-3　文字样式

文字样式名	打印到图纸上的文字高度	图形文字高度（文字样式高度）	宽 度 因 子	字体｜大字体
图内文字	3.5	350		Tssdeng｜gbcbig
图名	5	500		Tssdeng｜gbcbig
尺寸文字	3.5	0	0.7	tssdeng
轴号文字	5	500		Comples

1）选择"格式｜文字样式"菜单命令，打开"文字样式"对话框，单击"新建"按钮将打开"新建文字样式"对话框，样式名定义为"图内文字"，如图8-10所示。

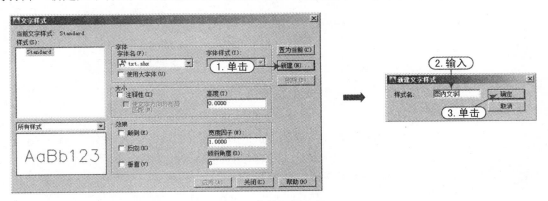

图 8-10　文字样式名称的定义

2）在"字体"下拉列表框中选择字体"tssdeng.shx"，勾选"使用大字体"选择项，并在"大字体"下拉列表框中选择字体"gbcbig.shx"，在"高度"文本框中输入"350"，"宽度因子"文本框中输入"0.7"，单击"应用"按钮，从而完成该文字样式的设置，如图 8-11 所示。

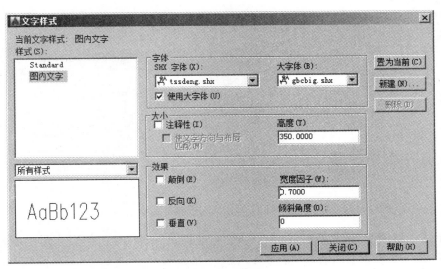

图 8-11　设置"图内文字"文字样式

3）重复前面的步骤，建立如表 8-3 所示中其他各种文字样式，如图 8-12 所示。

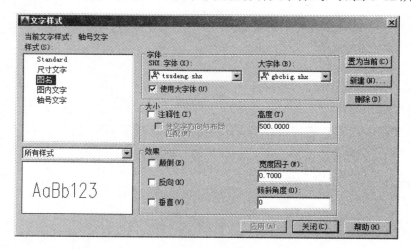

图 8-12　其他文字样式

用户在设置文字样式的"SHX 字体"和"大字体"时，由于 AutoCAD 2016 系统本身并没有带有"Tssdeng｜Tssdchn"字体，用户可将"案例\CAD 钢筋符号字体库"文件夹中"Tssdeng.shx"和"Tssdchn.shx"字体复制到 AutoCAD 2016 所安装的位置，即"*:\Program Files\Autodesk\AutoCAD 2016\Fonts"文件夹中。

4）选择"格式｜标注样式"菜单命令，打开"标注样式管理器"对话框，单击"新建"按钮，打开"创建新标注样式"对话框，新建样式名定义为"建筑平面-100"，如图 8-13 所示。

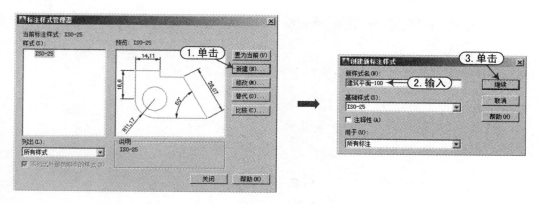

图 8-13　标注样式名称的定义

5）单击"继续"按钮后，则进入"新建标注样式"对话框，然后分别在各选项卡中设置相应的参数，其设置后的效果如表 8-4 所示。

表 8-4 “建筑平面-100”标注样式的参数设置

“线”选项卡	“符号和箭头”选项卡	“文字”选项卡	“调整”选项卡
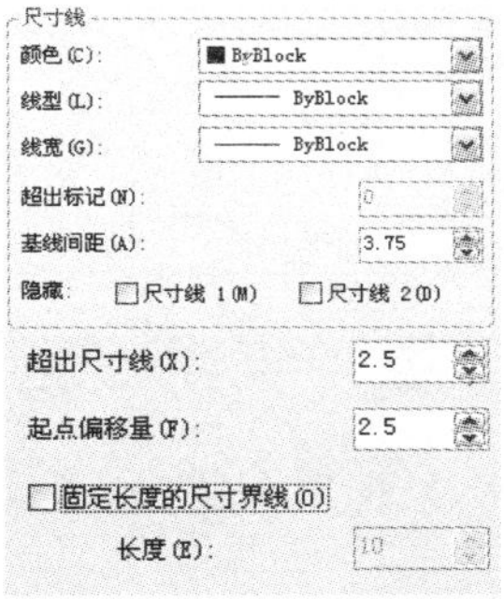	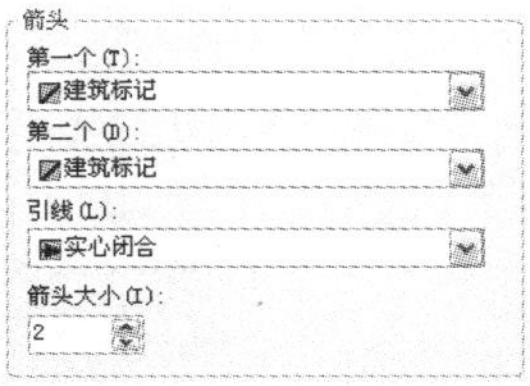	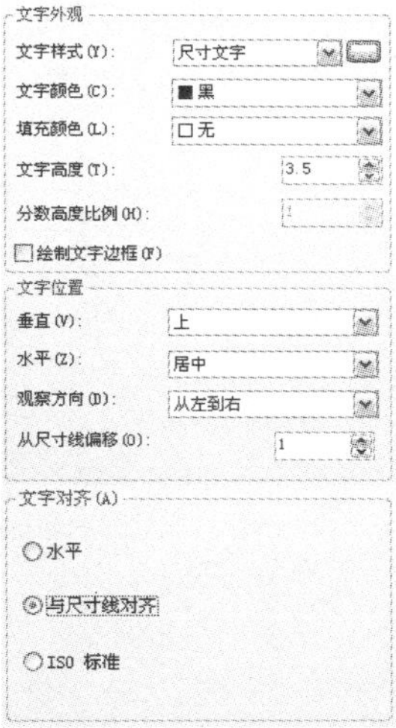	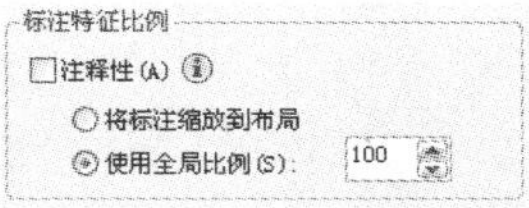

6）选择“文件｜另存为”菜单命令，打开“图形另存为”对话框，保存为“案例\08\建筑施工图样板.dwt”文件，如图 8-14 所示。

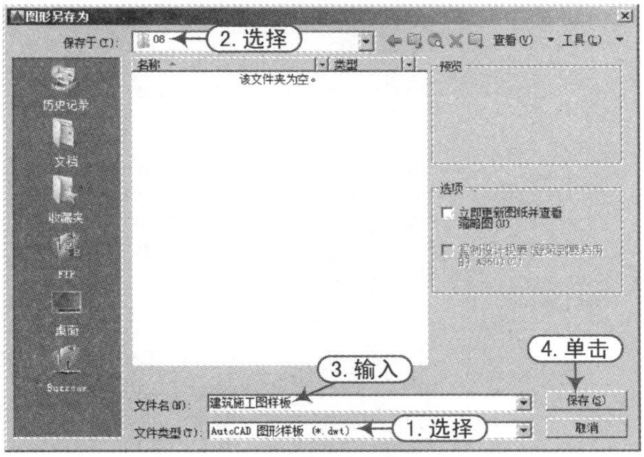

图 8-14 保存样板文件

8.2.2 绘制定位轴线

素材
视频\08\绘制定位轴线.avi
案例\08\单元式住宅标准层平面图.dwg

在前面已经设置好了绘图比例、绘图环境，接下来应进行轴线网结构的绘制。

1）单击“图层”工具栏的“图层控制”下拉列表框，将“轴线”图层置为当前图层。

2）按“F8”键切换到“正交”模式。执行“直线”命令（L），在图形窗口中指定一点作为起始点，绘制长度为 11800 的水平轴线和 15200 的垂直轴线，如图 8-15 所示。

3）使用“偏移”命令（O），将水平轴线向上依次偏移 1500、4500、2700、1300、

1400、1200 和 600，再将垂直轴线依次向右偏移 1500、2100、1400、400、3100 和 1300，如图 8-16 所示。

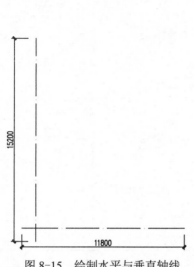

图 8-15　绘制水平与垂直轴线

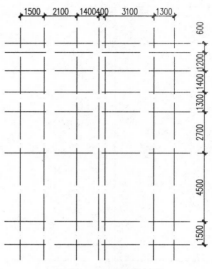

图 8-16　偏移轴线

4）使用"修剪"命令（TR），修剪掉多余的线段，结果如图 8-17 所示。

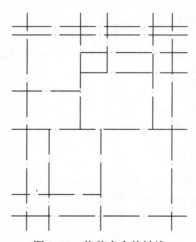

图 8-17　修剪多余的轴线

⊃ 8.2.3　绘制墙体和柱子

由于该住宅楼采用的是混凝土结构，外墙的厚度为 240，部分内墙、结构厚度为 120，为了能够快速地绘制墙体结构，应采用多线方式来绘制墙体，再绘制墙柱。

1）单击"图层"工具栏的"图层控制"下拉列表框，选择"墙体"图层为当前层。

2）选择"格式 | 多线样式"菜单命令，打开"多线样式"对话框，单击"新建"按

钮，打开"创建新的多线样式"对话框，在名称栏输入多线名称"Q240"，单击"继续"按钮，打开"新建多线样式"对话框，然后设置图元的偏移量分别为 120 和-120，再单击"确定"按钮，如图 8-18 所示。

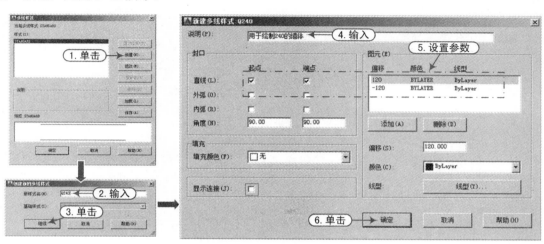

图 8-18 新建"Q 240"多线样式

3）使用上面同样的方法，新建多线名称"Q 120"，设置图元的偏移量分别为 60 和-60。

4）使用"多线"命令（ML），根据提示选择"样式（ST）"选项，在"输入多线样式名："提示下输入"Q240"并按〈Enter〉键；再选择"对正（J）"选项，在"输入对正类型："提示下选择"无（Z）"；再选择"比例（S）"选项，在"输入多线比例："提示下输入 1，然后在"指定起点："和"指定下一点："提示下，分别捕捉相应的轴线交点来绘制多条多线对象，如图 8-19 所示。

5）使用"多线"命令（ML），选择多线样式"Q120"选项，"对正为"无"；再选择"比例"为 1，绘制卫生间的墙体对象，如图 8-20 所示。

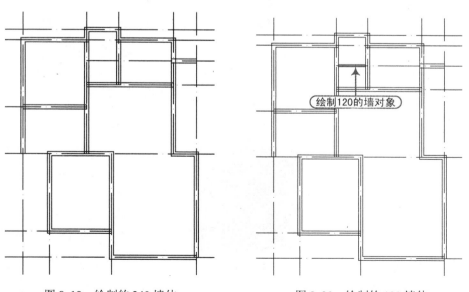

图 8-19 绘制的 240 墙体　　　　　图 8-20 绘制的 120 墙体

6）执行"修改 | 对象 | 多线"菜单命令，打开"多线编辑工具"对话框，如图 8-21 所示；单击"T 形合并"按钮 对其指定的交点进行合并操作；再单击"角点结合"按钮 对其指定的拐角点进行角点结合操作，如图 8-22 所示。

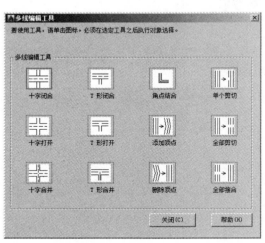

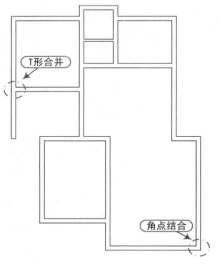

图 8-21 "多线编辑工具"对话框   图 8-22 编辑后的墙体

7）单击"图层"工具栏的"图层控制"下拉列表框，选择"墙柱"图层为当前层。

8）执行"矩形"命令（REC），绘制 240 的正方形；再执行"图案填充"命令（H），将 240 的正方形填充"SOLID"图案，如图 8-23 所示。

9）执行"复制"命令（CO），将上一绘制填充的图案复制到相应的位置，结果如图 8-24 所示。

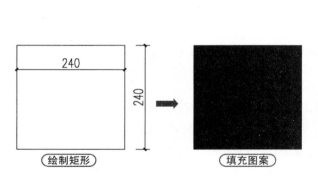

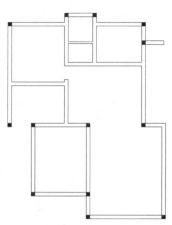

图 8-23 绘制及填充矩形   图 8-24 复制的柱子

➲ 8.2.4　绘制门窗

视频\08\绘制门窗.avi
案例\08\单元式住宅标准层平面图.dwg

在绘制门窗的时候，首先要考虑开启门窗洞口，再根据需要绘制相应的门窗平面图块，然后将绘制好的门窗图块插在相应的门窗洞口位置。

1）执行"偏移"命令（O），将左侧的轴线向右进行偏移操作；再执行"修剪"命令（TR），修剪掉多余的线段，从而形成窗洞口，如图 8-25 所示。

2）使用上述同样的方法，再对其图形的中间部分线段进行修剪，从而形成门洞口，如图 8-26 所示。

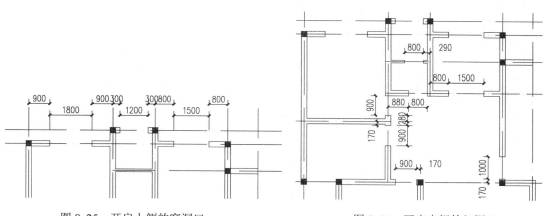

图 8-25　开启上侧的窗洞口　　　　　图 8-26　开启中间的门洞口

3）使用上述同样的方法，再对其图形的下侧部分进行修剪线段，从而形成窗洞口，如图 8-27 所示。

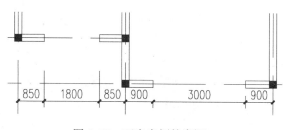

图 8-27　开启底侧的窗洞口

提示　　将前面开启门窗洞口时，修剪的线段全部转换为"墙体"图层。

4）在"图层"工具栏的"图层控制"组合框中选择"门窗"图层，并置为当前图层。

5）使用"直线""圆弧""修剪"等命令，绘制一扇门的平面效果图，如图 8-28 所示。

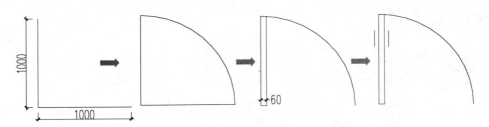

图 8-28　绘制平面门

6）执行"写块"命令（W），将弹出"写块"对话框，然后将绘制的平面门保存为"案例\08\平面门.dwg"图块，如图 8-29 所示。

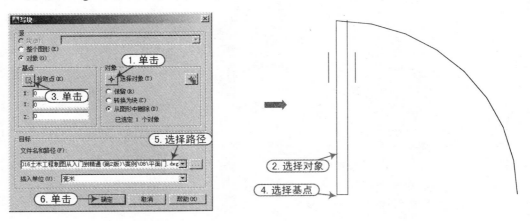

图 8-29　创建"平面门"图块

7）执行"插入块"命令（I），比例为 0.9，将刚创建的图块（平面门）插入到相应的位置；再执行"镜像"（MI）、"旋转"（RO）等命令，对图块进行镜像、旋转操作，如图 8-30 所示。

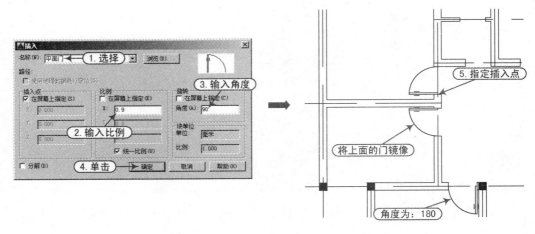

图 8-30　插入的门块（M4）

用户在插入块时，可将同一比例的图块全插入到相应位置，进行相应的旋转、镜像操作，这样省去重复改变比例的操作。图纸上门宽为900，而图块的门1000，所以应该把图块的缩放比例设置为（900÷1000=0.9）。

8）执行"插入块"命令（I），将前面创建的图块（平面门）插入到相应的位置，并适当地进行图块旋转缩放操作，如图8-31所示。

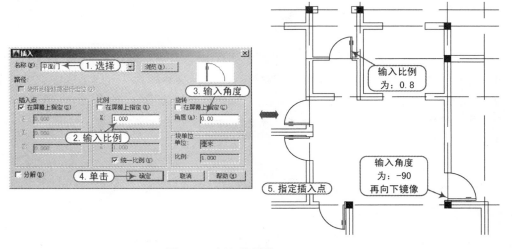

图8-31 插入的图块（M3、M5）

9）使用"矩形"（REC）、"直线"（L）、"图案填充"（H）等命令，绘制推拉门，如图8-32所示。

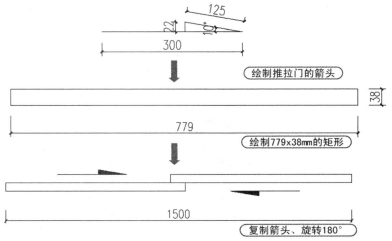

图8-32 绘制推拉门

10）使用"移动"（M）、"复制"（CO）、"拉伸"（S）等命令，将上一步绘制的推拉门移动到M6的位置；再复制一份，分别对左、右侧的矩形各拉伸150，再移动到图形下侧的M7位置，结果如图8-33所示。

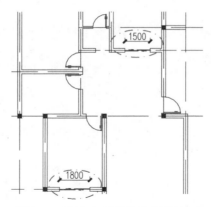

图 8-33 插入门图块和绘制推拉门

11）执行"格式｜多线样式"菜单命令，新建"C"多线样式，并设置其图元的偏移量分别为 120、60、-60、-120，然后单击"确定"按钮，并置为当前，如图 8-34 所示。

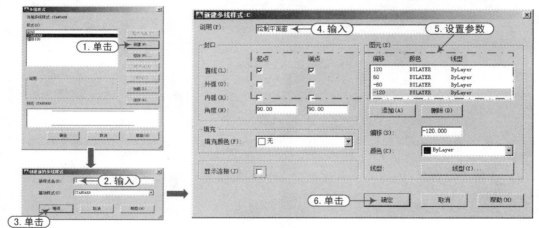

图 8-34 新建"C"多线样式

12）执行"多线"命令（ML），比例为"1"，对正方式为"无"，在图形的相应位置绘制平面窗子，如图 8-35 所示。

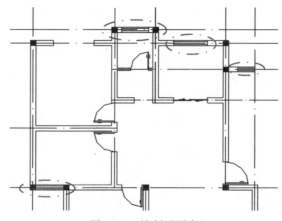

图 8-35 绘制平面窗

13）执行"格式|多线样式"菜单命令，新建"CC"多线样式，并设置其图元的偏移量分别为120、40、0，如图8-36所示。

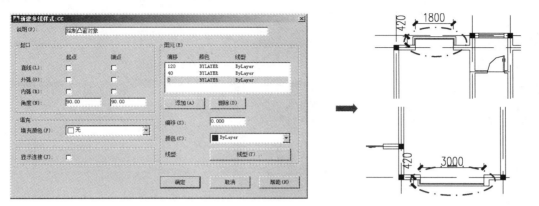

图8-36 绘制的凸窗

14）再执行"多线"命令（ML），设置其对正方式为"下"，在图形左上侧绘制多线对象。

8.2.5 水平镜像单元住宅

视频\08\水平镜像单元住宅.avi
案例\08\单元式住宅标准层平面图.dwg

前面已经绘制了墙体、柱子、门窗，将其中的一套住宅标准层平面图绘制完成。根据要求，整个住宅平面图由两个单元组成，所以将其左侧的住宅平面图向右进行水平镜像，即可完成一整套住宅标准层平面图的绘制。

1）在"图层"工具栏的"图层控制"组合框中选择"其他"图层，并置为当前图层。

2）执行"直线"（L）、"偏移"（O）、"修剪"（TR）等命令，在图形的左下角处绘制及偏移线段，表示露台，结果如图8-37所示。

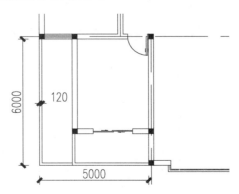

图8-37 绘制及偏移线段

3）执行"镜像"命令（MI），框选视图中所有的图形对象，选择最右侧的垂直轴线作为镜像的轴线，从而向右侧进行住宅平面图的水平镜像，如图8-38所示。

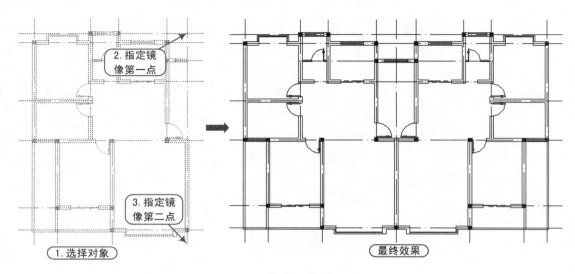

图 8-38　水平镜像住宅

4）使用"合并"（J）、"夹点编辑"、"删除"（E）等命令，将镜像后的重复墙体删除掉，再将所有相应的水平轴线合并为一条线段，再使用夹点编辑图形中部分的墙体，如图 8-39 所示。

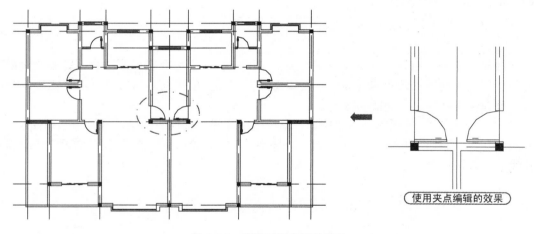

图 8-39　编辑图形中间的墙体

⊃ 8.2.6　绘制楼梯

> 素材
> 视频\08\绘制楼梯.avi
> 案例\08\单元式住宅标准层平面图.dwg

接下来绘制单元式住宅标准层平面图的楼梯。

1）单击"图层"工具栏的"图层控制"下拉列表框，将"楼梯"图层置为当前图层。

2）使用"矩形""直线""偏移"和"修剪"等命令绘制楼梯的轮廓；再使用"多段线"（PL）命令绘制方向箭头，其箭头起点宽度为 80，末端宽度为 0；然后使用"编组"（G）命令，在视图中选择绘制好的楼梯进行编组操作，如图 8-40 所示。

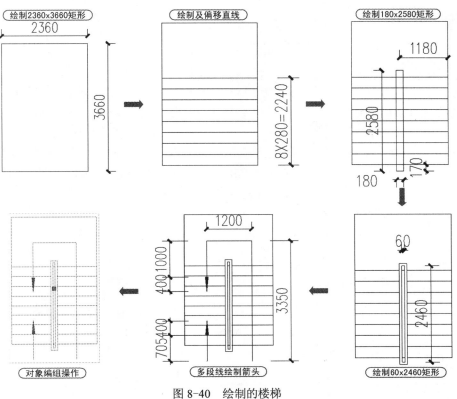

图 8-40　绘制的楼梯

提示　　对楼梯对象绘制完毕后，可以使用"编组"（G）命令，将需要组合在一起的楼梯对象组合为一个整体，从而方便移动操作。

3）执行"移动"命令（M），将编组好的楼梯对象移动到相应的位置，如图 8-41 所示。

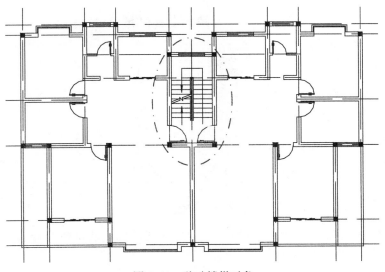

图 8-41　移动楼梯对象

⊃ 8.2.7   绘制厨房和卫生间设施

素材
视频\08\绘制厨房和卫生间设施.avi
案例\08\单元式住宅标准层平面图.dwg

厨房、卫生间的主要设施有案台、燃气灶、洗碗槽、电冰箱、洗脸盆、马桶等，用户可以根据需要进行临时的绘制。这里为了快捷制图，将事先准备好的"案例\08"文件夹下的图块插入到相应的位置即可。

1）单击"图层"工具栏的"图层控制"下拉列表框，将"设施"图层置为当前图层。

2）执行"直线"命令（L），在图形右侧厨房的位置绘制宽度为 680 的水平线段，高度为 2360 的垂直线段，作为布置厨房案台的辅助线段；再执行"插入块"命令（I），将"案例\08"文件夹下的燃气灶、洗碗槽、电冰箱等图块插入到厨房相应的位置，并适当地进行图块旋转操作，如图 8-42 所示。

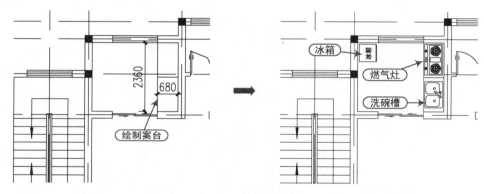

图 8-42   布置厨房

3）同样，执行"插入块"命令（I），将"案例\08"文件夹里的洗脸盆、马桶、浴缸等图块插入到相应的位置，并适当地进行图块旋转操作，如图 8-43 所示。

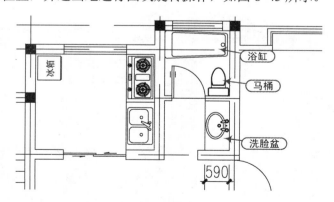

图 8-43   布置卫生间

4）执行"镜像"命令（MI），将厨房、卫生间的设施，通过楼梯处的垂直轴线向左进行镜像操作，结果如图 8-44 所示。

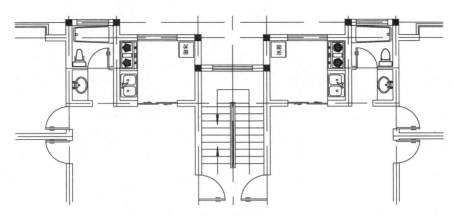

图 8-44　镜像操作

⊃ 8.2.8　绘制散水和剖切符号

> 素材　视频\08\绘制散水和剖切符号.avi
> 　　　案例\08\单元式住宅标准层平面图.dwg

前面对平面图进行墙体、门窗、楼梯、设施的绘制后，接下来绘制散水、剖切符号。

1）单击"图层"工具栏的"图层控制"下拉列表框，将"散水"图层置为当前图层。

2）使用"多段线"命令（PL），围绕该住宅平面图的外墙绘制一条封闭的多段线；再执行"偏移"命令（O），将多段线向外偏移 600；再执行"删除"命令（E），将之前绘制的多段线删掉，如图 8-45 所示。

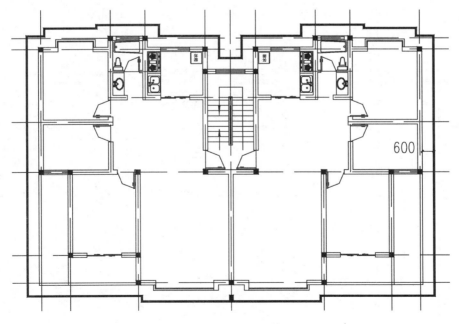

图 8-45　绘制及偏移散水

3）使用"直线"命令（L），在多段线的转角处分别绘制相应的斜线段，从而完成散水的绘制，如图 8-46 所示。

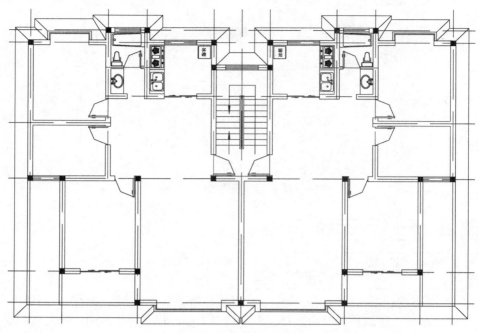

图 8-46　绘制好的散水

4）单击"图层"工具栏的"图层控制"下拉列表框，将"剖切符号"图层置为当前图层。

5）使用"多段线"命令（PL），在平面图楼梯处绘制一条转角宽度为 30 的多段线；再使用"打断"命令（BR）将该多段线打断，从而形成剖切符号；再执行"单行文字"命令（DT），在剖切符号的两端输入剖切编号文字"1"，如图 8-47 所示。

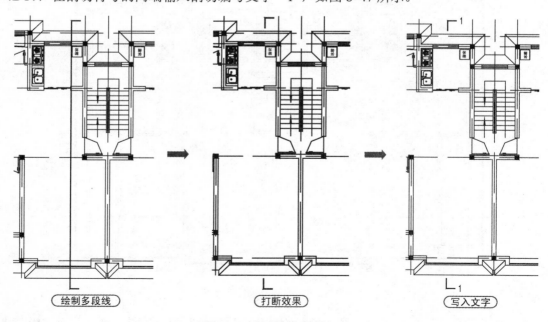

绘制多段线　　　　　打断效果　　　　　写入文字

图 8-47　绘制剖切符号 1-1

⊃ 8.2.9　进行尺寸标注

视频\08\进行尺寸标注.avi
案例\08\单元式住宅标准层平面图.dwg

通过前面的绘制，已经将该住宅标准层平面图绘制完毕，接下来进行尺寸的标注。

1）执行"拉伸"命令（S），分别将其水平、垂直轴线向外各拉伸 500，从而使该图形的主轴线"凸"出显示出来，如图 8-48 所示。

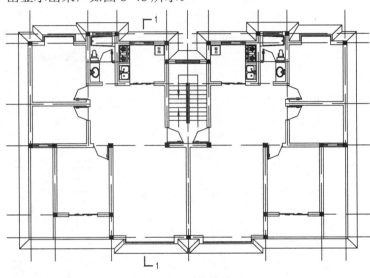

图 8-48　延伸的轴线

2）单击"图层"工具栏的"图层控制"下拉列表框，将"尺寸标注"图层置为当前图层。

3）在"标注"工具栏中单击"线性标注"按钮 ⊢ 和"连续标注"按钮 ⊞，对图形的底侧进行第一道尺寸线的标注，如图 8-49 所示。

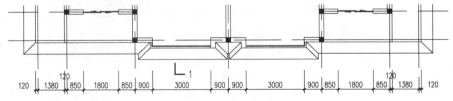

图 8-49　进行底侧第一道尺寸的标注

4）在"标注"工具栏中单击"线性标注"按钮 ⊢ 和"连续标注"按钮 ⊞，对图形的底侧进行第二、三道尺寸线的标注，如图 8-50 所示。

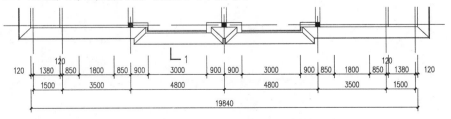

图 8-50　进行底侧第二、三道尺寸的标注

5）使用上面同样的方法，单击"标注"工具栏中"线性标注"按钮┤┤和"连续标注"按钮├┤，对图形的顶、左、右侧进行尺寸的标注，如图 8-51 所示。

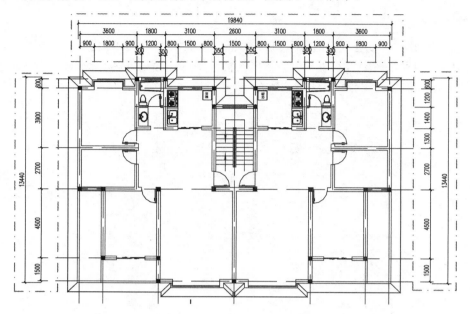

图 8-51　进行另外的尺寸标注

6）同样，在"标注"工具栏中单击"线性标注"按钮┤┤和"连续标注"按钮├┤，对图形内部进行尺寸标注，如图 8-52 所示。

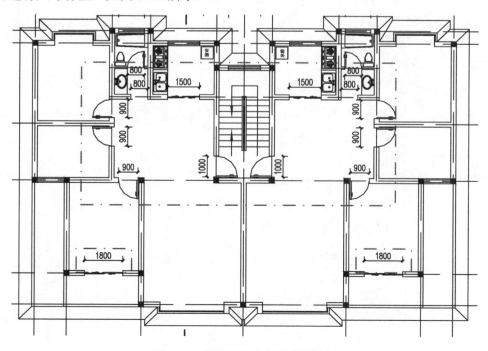

图 8-52　进行图形内部尺寸的标注

8.2.10 定位轴线标注

视频\08\定位轴线标注.avi
案例\08\单元式住宅标准层平面图.dwg

对图形尺寸标注完成后，接下来进行定位轴号的标注。

1）单击"图层"工具栏的"图层控制"下拉列表框，将"0"图层置为当前图层。

2）执行"圆"（C）和"直线"（L）命令，绘制直径为 800 的圆，在圆的上侧象限点绘制高 1700 的垂直线段；再使用"绘图 | 块 | 定义属性"命令，打开"属性定义"对话框，选择"轴号文字"文字样式，定义相应的属性，如图 8-53 所示。

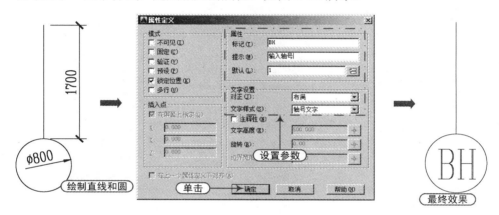

图 8-53　绘制轴线编号

3）执行"写块"命令（W），将上一步绘制的对象保存为"案例\08\轴线编号.dwg"文件，如图 8-54 所示。

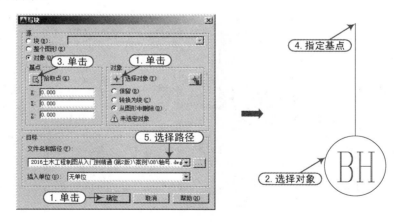

图 8-54　保存"轴号"图块

4）单击"图层"工具栏的"图层控制"下拉列表框，将"轴线编号"图层置为当前图层。

5）执行"插入"命令（I），将"案例\08\轴号.dwg"插入到图形底侧相应的位置，并分别修改编号值，如图 8-55 所示。

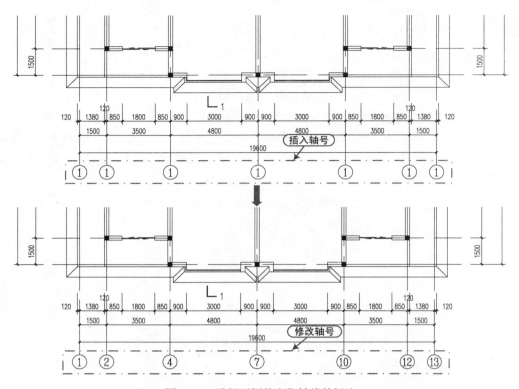

图 8-55 进行下侧的定位轴线的标注

6）同上，执行"镜像"（MI）、"插入块"（I）、"复制"（CO）等命令，对图形的左、右、顶三侧进行轴线标注，结果如图 8-56 所示。

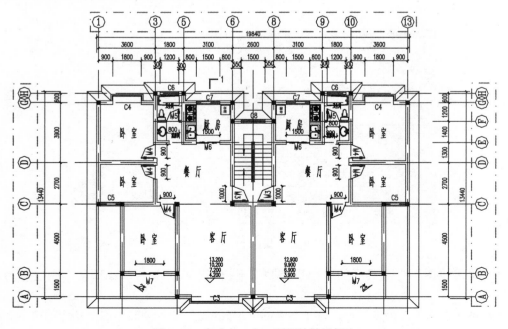

图 8-56 完成左、右、顶侧的轴号标注

⊃ 8.2.11 绘制标高和指北针

视频\08\绘制标高和指北针.avi
案例\08\单元式住宅标准层平面图.dwg

1）单击"图层"工具栏的"图层控制"下拉列表框，将"0"图层置为当前图层。

2）执行"直线"命令（L），绘制如图8-57所示的标高符号。

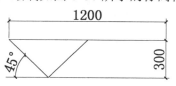

图 8-57 绘制的标高符号

3）执行"绘制｜块｜定义属性"菜单命令，将弹出"属性定义"对话框，进行属性设置及文字设置，指定标高符号的右侧作为基点，如图8-58所示。

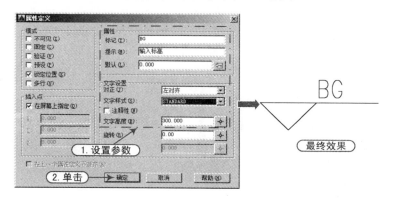

图 8-58 定义标高属性

4）执行"写块"命令（W），将绘制的标高符号和定义属性保存为"案例\08\标高.dwg"图块文件，如图8-59所示。

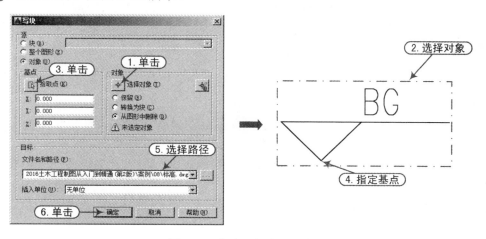

图 8-59 保存"标高"图块

5）单击"图层"工具栏的"图层控制"下拉列表，选择"标高"图层作为当前图层。

6）执行"插入"命令（I），将"案例\08\标高.dwg"插入到相应的位置，并分别修改标高值，如图 8-60 所示。

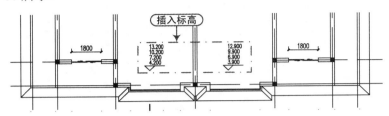

图 8-60　进行标高标注

7）单击"图层"工具栏的"图层控制"下拉列表框，将"0"图层置为当前图层。

8）执行"圆"命令（C），在相应的位置绘制半径为"2400"的圆；再执行"多段线"命令（PL），圆的上侧"象限点"作为起始点至下侧"象限点"作为端点，多段线起始点宽度"0"，下侧宽度为"300"；再执行"单行文字"命令（MT），圆上侧输入"N"，从而完成指北针的绘制，如图 8-61 所示。

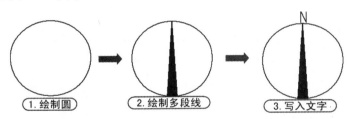

图 8-61　绘制的指北针

　　　　在建筑平面图中，应画出指北针，一般圆的直径为 24，用细实线绘制。指针尾部的宽度宜为 3，指针头部应注"北"或"N"字。如果需要绘制较大直径的指北针时，则指针宽度为直径的 1/8。

⊃ 8.2.12　进行文字说明和图名标注

　视频\08\进行文字说明和图名标注.avi
案例\08\单元式住宅标准层平面图.dwg

通过前面的标注，已经将住宅标准层平面图标注完毕，接下来开始对图形文字进行标注。

1）单击"图层"工具栏的"图层控制"下拉列表框，将"文字标注"图层置为当前图层。

2）执行"单行文字"命令（DT），选择"图内文字"文字样式，在相应的位置输入门窗文字，如图 8-62 所示。

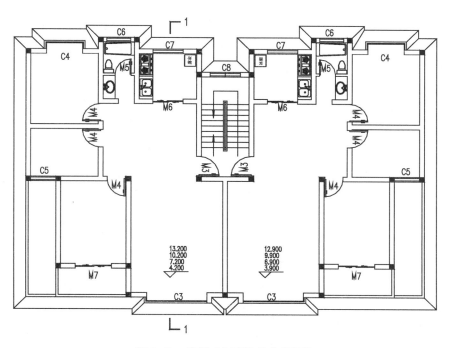

图 8-62　进行"门窗"的文字标注

3）执行"单行文字"命令（DT），在相应的位置输入厨房、餐厅、卫生间、洗脸间、客厅、卧室等，结果如图 8-63 所示。

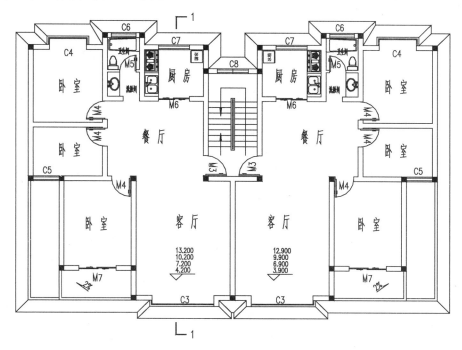

图 8-63　进行图内文字的标注

4）在"样式"工具栏中选择"图名"文字样式，单击工具栏中"单行文字"按钮 ，设置其对正方式为"居中"，然后在相应的位置输入"单元式住宅标准层平面图"和比例"1:100"，然后分别选择相应的文字对象，按〈Ctrl+1〉键打开"特性"面板，并修改相应文字大小为"1000"和"500"，如图 8-64 所示。

5）使用"多段线"命令（PL），在图名的底侧绘制一条宽度为 60 的水平多段线；再使用"直线"命令（L），绘制与多段线等长的水平线段，效果如图 8-65 所示。

单元式住宅标准层平面图　1:100　　　单元式住宅标准层平面图　1:100

图 8-64　进行图名标注　　　　　　　　图 8-65　多段线的绘制

6）至此，单元式住宅标准层平面图绘制完毕，用户可按〈Ctrl+S〉组合键进行保存。

> **提示**　通过本章对住宅平面图的绘制思路的学习和绘制方法的掌握，读者会更加牢固地掌握建筑平面图的绘制技巧，并能达到熟能生巧的目的。可以按照前面的步骤和方法对光盘中"案例\08\住宅平面图-拓展.dwg"文件的一层平面图、六层平面图和七层平面图进行绘制，如图 8-66～图 8-68 所示。

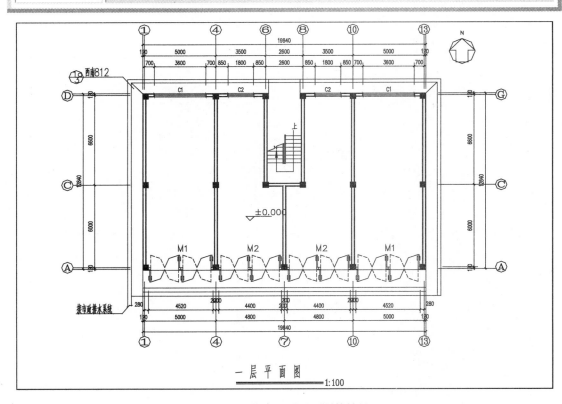

图 8-66　住宅一层平面图的效果

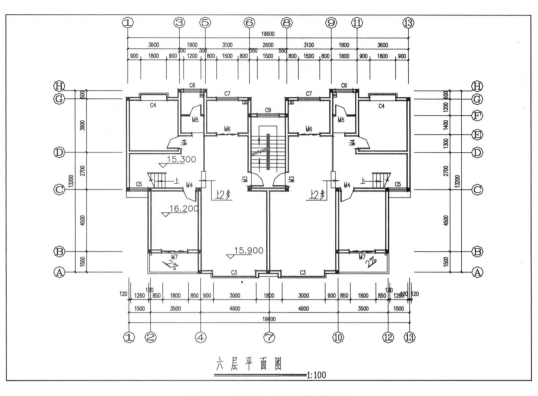

图 8-67　住宅六层平面图的效果

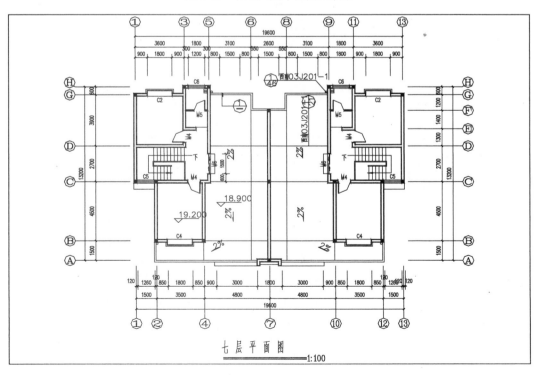

图 8-68　住宅七层平面图的效果

第9章
建筑立面图的绘制方法

本 章 导 读

建筑立面图主要用来表示建筑物的体型和外貌、外墙装修、门窗的位置与形式，以及遮阳板、窗台、窗套、屋顶水箱、檐口、阳台、雨篷等构配件各部位的标高和必要尺寸，是建筑物施工中进行高度控制的技术依据。

本章完成对某小区住宅正立面图的绘制，包括调用绘图环境、立面墙体、立面门窗、镜像、阵列操作，最后进行尺寸、轴号、标高、文字、图名的标注。在本章的最后"拓展学习"中，读者自行演练该住宅的其他层立面图，从而牢固掌握建筑立面图的绘制方法和技巧。

学 习 目 标

- 掌握建筑立面图的基础知识
- 绘制建筑的立面墙体、立面窗、屋顶等
- 进行尺寸、轴号、标高、文字标注

预 览 效 果 图

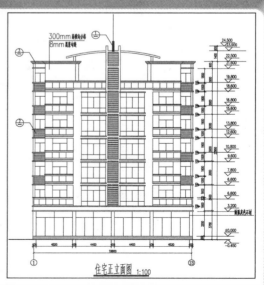

↳ 9.1　建筑立面图概述

在进行建筑立面图的设计和绘制过程中，首先应掌握建筑立面图的形成、内容与命名，再掌握通过 AutoCAD 进行建筑立面图绘制时的要求、方法和绘制过程。

➲ 9.1.1　建筑立面图的形成、内容和命名

建筑立面图是建筑物各个方向的外墙面以及可见的构配件的正投影图，简称立面图。如图 9-1 所示就是一栋建筑的两个立面图。

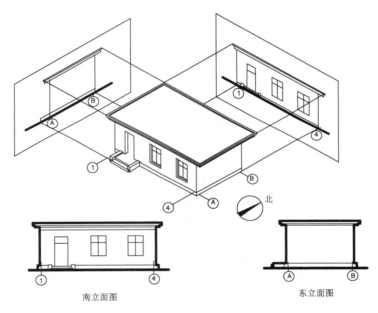

图 9-1　建筑立面图的形成

 提示　某些形状曲折的建筑物，可绘制展开立面图；圆形或多边形平面的建筑物，可分段展开绘制立面图，但均应在图名后加注"展开"二字。

由于建筑立面图是建筑施工中控制高度和外墙装饰效果的重要技术依据，因此在绘制前应清楚需绘制的内容。建筑立面图的主要内容如下：

1）图名、比例。

2）两端的定位轴线和编号。

3）建筑物的体形和外貌特征。

4）门窗的大小、样式、位置及数量。

5）各种墙面、台阶、阳台等建筑构造与构件的具体位置、大小、形状、做法。

6）立面高程及局部需要说明的尺寸。

7）详图的索引符号及施工说明等。

建筑立面图的名称有以下 3 种命名方式。

- 按主要出入口或外貌特征命名：主要出入口或外貌特征显著的一面称为正立面图，其余的立面图相应地称为背立面图、左立面图、右立面图。
- 按建筑物朝向来命名：建筑物的某个立面面向哪个方向，就是该方向的立面，如南立面图、北立面图、东立面图、西立面图。
- 按建筑首尾轴线编号来命名：按照观察者面向建筑物从左到右的轴线顺序命名，如①-⑤立面图、⑤-①立面图。

> **提示** 对于以上的 3 种命名方式，立面图中都可采用，但是每套施工图只能采用其中的一种方式命名。

①-⑤立面图若改以主要入口命名，也可称为正立面图，或北立面图，如图 9-2 所示。

图 9-2 建筑立面图的命名

⊃ 9.1.2 建筑立面图的绘图方法与步骤

在绘制建筑立面图时，用户可遵循以下的方法来进行绘制：

1）选择比例，确定图纸幅面。
2）绘制轴线、地坪线及建筑物的外围轮廓线。
3）绘制阳台、门窗。
4）绘制外墙立面的造型细节。
5）标注立面图的文本注释。
6）立面图的尺寸标注。
7）立面图的符号标注，如高程符号、索引符号、轴标号等。

↘ 9.2 单元式住宅正立面图的绘制

在绘制该单元式住宅的正立面图时，首先将第 8 章的"单元式住宅标准层平面图.dwg"打开，将其另存为"单元式住宅正立面图.dwg"，从而借用已经建立好的绘图环境，包括图层、文字样式、标注样式等。根据左侧套房的墙体结构绘制立面墙体的引申线段；再根据需要绘制立面凸窗、推拉门和阳台，并将其安装在相应的位置；再对其一层楼的立面图单元楼进行垂直镜像，完成两个单元楼的立面图效果；再绘制屋顶；最后对其进行尺寸、标高、轴标号及图名的标注，其最终效果如图 9-3 所示。

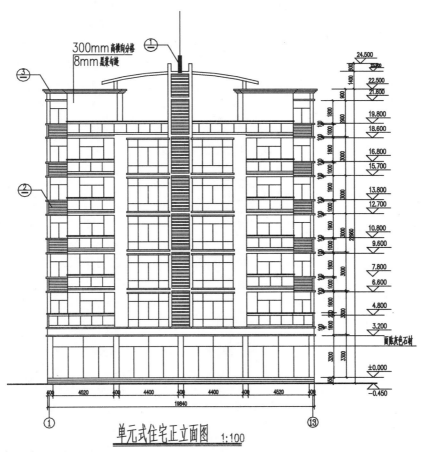

图 9-3　单元式住宅正立面图的效果

⊃ 9.2.1　调用平面图的绘图环境

> 视频\09\调用平面图的绘图环境.avi
> 案例\09\单元式住宅正立面图.dwg

为了能够更加快速地绘制建筑立面图对象，用户可以将其绘制好的平面图文件打开，将其另存为"立面图"文件，并适当地创建新的图层对象，从而调用其平面图的绘图环境。

1）启动 AutoCAD 2016，选择"文件 | 打开"菜单命令，将"案例\08\单元式住宅标准层平面图.dwg"文件打开。

2）再选择"文件 | 另存为"菜单命令，将该文件另存为"案例\09\单元式住宅正立面图.dwg"，从而调用该平面图的绘图环境。

3）在"图层"工具栏的"图层控制"下拉列表框中，关闭"尺寸标注""文字标注""标高""轴线编号""散水"和"剖切符号"图层，如图 9-4 所示。

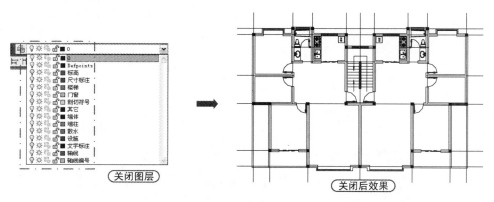

图 9-4　关闭图层的效果

⊃ 9.2.2　绘制立面墙体及地坪线轮廓

> 素材　视频\09\绘制立面墙体及地坪线轮廓.avi
> 　　　案例\09\单元式住宅正立面图.dwg

在绘制立面图之前，首先根据其平面图的相应的墙体，绘制相应的引申线段，从而形成立面轮廓对象。

1）选择"格式 | 图层"菜单命令，在弹出的"图层特性管理器"面板中新建"地坪线"图层，设置其线宽为 0.70，如图 9-5 所示。

图 9-5　新建"地坪线"图层

2）在"图层"工具栏的"图层控制"下拉列表框中，选择"墙体"图层作为当前图层。

3）使用"直线"命令（L），分别过最左下侧套房的墙体对象向下绘制相应的垂直线段，如图 9-6 所示。

4）使用"移动"命令（M），将绘制的墙体轮廓线水平向右进行移动；再使用"直线"命令（L），过其墙体轮廓线绘制一条水平的线段；然后使用"偏移"命令（O），将其水平线段向上偏移 3650，如图 9-7 所示。

5）单击"图层"工具栏中"图层控制"下拉列表框内的"地坪线"图层，从而将底侧的水平线段设置为"地坪线"。

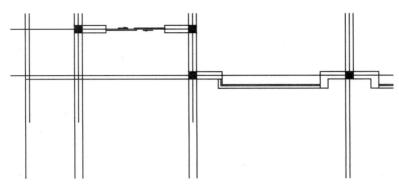

图 9-6　引申的墙体轮廓线

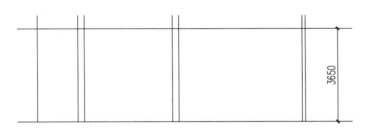

图 9-7　绘制的水平线段

➲ 9.2.3　绘制及插入立面门窗

视频\09\绘制及插入立面门窗.avi
案例\09\单元式住宅正立面图.dwg

　　在绘制立面图的立面窗和阳台时，首先根据要求绘制相应的立面凸窗、阳台和推拉窗，再确定立面窗和阳台的位置，然后将其绘制好的立面凸窗、阳台和推拉窗对象安装到相应的位置即可。

　　1）单击"图层"工具栏的"图层控制"下拉列表框，选择"门窗"图层为当前层。

　　2）选择"矩形"（REC）、"直线"（L）命令，绘制如图 9-8 所示的立面窗。

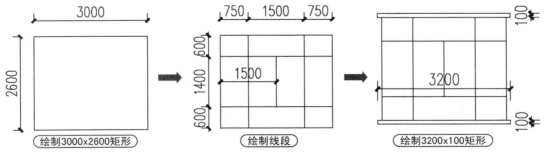

图 9-8　绘制的立面窗

　　3）执行"写块"命令（W），将弹出"写块"对话框，然后将绘制的立面窗保存为"案例\09\C3.dwg"图块，如图 9-9 所示。

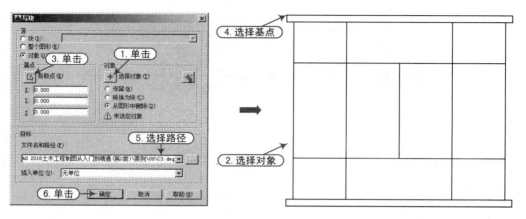

图 9-9 创建 "C3" 图块

4）选择"矩形"（REC）、"直线"（L）命令，绘制如图 9-10 所示的立面窗。

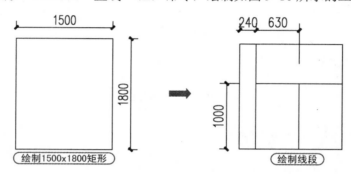

图 9-10 绘制的立面窗

5）选择"矩形"（REC）、"直线"（L）命令，绘制如图 9-11 所示的立面栏杆。

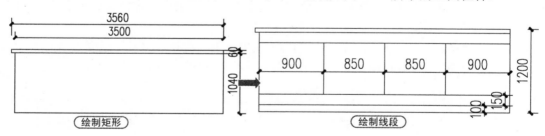

图 9-11 绘制的立面栏杆

6）选择"矩形"（REC）、"直线"（L）命令，绘制如图 9-12 所示的推拉门。

7）选择"矩形"（REC）、"直线"（L）命令，绘制如图 9-13 所示的空调搁板。

8）执行"写块"命令（W），将弹出"写块"对话框，然后将前面绘制的立面窗、立面栏杆、推拉门、空调搁板，分别保存为"案例\09"文件夹下"C5.dwg、LG.dwg、M7.dwg、KTB.dwg"文件。

9）执行"偏移"命令（O），将底侧的水平线段向上各偏移 150、150、150 和 2400，再将左侧的垂直线段向右各偏移 400、4 个 1130、400、4 个 1100 和 200，如图 9-14 所示。

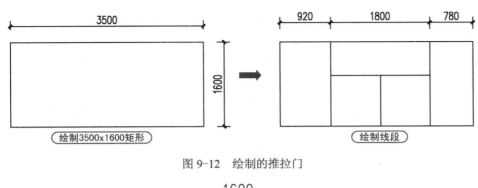

图 9-12　绘制的推拉门

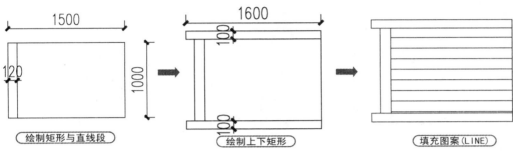

图 9-13　绘制的空调搁板

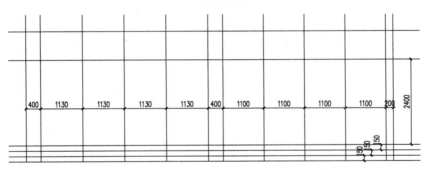

图 9-14　偏移线段

10）使用"修剪"命令（TR），修剪掉多余的线段，结果如图 9-15 所示。

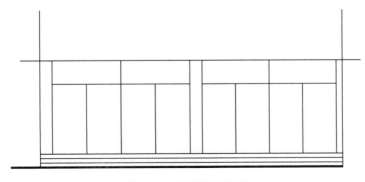

图 9-15　修剪后的效果

11）使用"偏移"命令（O），将上一步图形的上侧水平线段向上各偏移 100、500、100 和 2700，如图 9-16 所示。

12）选择"矩形"（REC）、"直线"（L）命令，绘制如图 9-17 所示的图形。

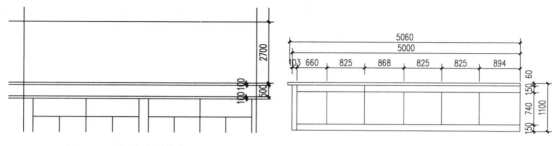

图 9-16　偏移水平线段　　　　　　　　　　　　图 9-17　绘制的图形

13）选择"移动"命令（M），将上一步绘制的图形移动到相应的位置，如图 9-18 所示。

14）使用"偏移"命令（O），将左侧的垂直线段向右各偏移 1500、3500、920、3200、140 和 660，如图 9-19 所示。

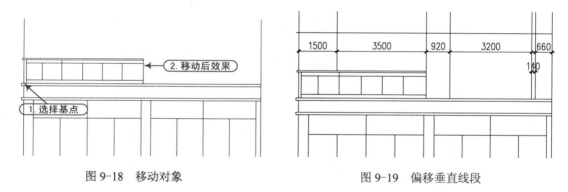

图 9-18　移动对象　　　　　　　　　　　　图 9-19　偏移垂直线段

15）使用"插入"命令（I），将"案例\09\C3.dwg"图块插入到右上侧相应的位置，如图 9-20 所示。

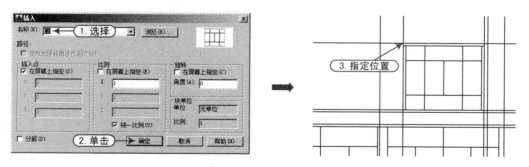

图 9-20　插入"C3"图块

16）再使用"插入"命令（I），将 C5、M7、LG、KTB 等 4 个图块插入到相应的位置，如图 9-21 所示。

17）使用"偏移"（O）和"修剪"（TR）、"删除"（E）等命令，将插入图块下侧处的水平线段向上偏移 2800、200 和 2800，再做相应的修剪操作，且删除作插入图块用的辅助线段，结果如图 9-22 所示。

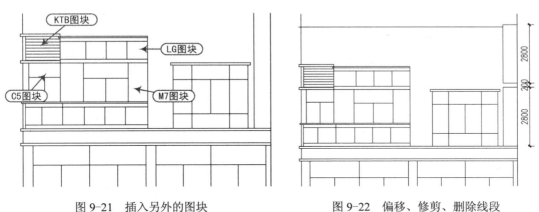

图 9-21 插入另外的图块　　　　图 9-22 偏移、修剪、删除线段

18）使用"复制"（CO）命令，将前面插入的 5 个图块向上分别进行一定距离的复制操作，如图 9-23 所示。

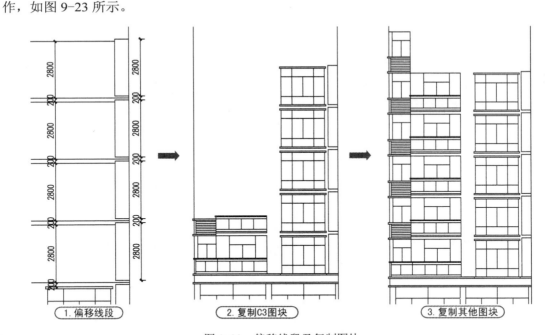

图 9-23 偏移线段及复制图块

⊃ 9.2.4　绘制屋顶立面图

视频\09\绘制屋顶立面图.avi
案例\09\单元式住宅正立面图.dwg

插入立面门窗后，接下来绘制屋顶处的线段。

1）执行"直线"（L）、"偏移"（O）、"修剪"（TR）等命令，在图形的右上角屋顶处绘制及偏移线段，如图 9-24 所示。

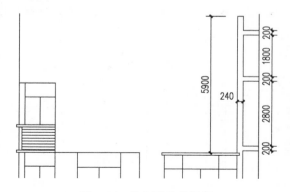

图 9-24　绘制及偏移线段

2）执行"插入"（I）、"分解"（X）、"镜像"（MI）、"直线"（L）、"修剪"（TR）等命令，在图形上侧相应的位置插入 LG 图块；再进行左、右镜像操作；然后将两个图块进行分解操作；最后进行编辑操作，结果如图 9-25 所示。

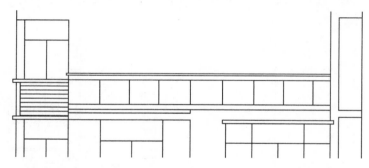

图 9-25　编辑线段

3）执行"直线"（L）、"矩形"（REC）命令，在图形上侧绘制如图 9-26 所示的图形。

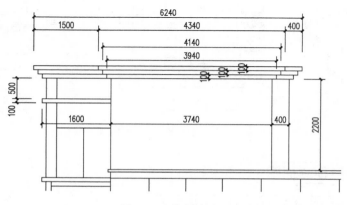

图 9-26　绘制的图形

4）执行"圆弧"（A）、"直线"（L）、"修剪"（TR）、"矩形"（REC）等命令，绘制如图 9-27 所示的图形。

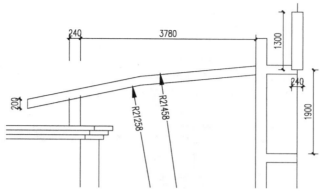

图 9-27 绘制的图形

➲ 9.2.5 水平镜像单元式住宅

素材 视频\09\水平镜像单元式住宅.avi
案例\09\单元式住宅正立面图.dwg

前面已经绘制了墙体、柱子、门窗、屋顶等立面图，已经将其中的一套住宅的立面图绘制完成。根据要求，整个住宅立面图由两个单元组成，因此可将左侧的住宅立面图向右进行水平镜像，从而完成一整套住宅正立面图的绘制。

1）执行"镜像"命令（**MI**），框选视图中所有的图形对象，选择最右侧的垂直轴线作为镜像的轴线，从而向右侧进行住宅立面图的水平镜像，如图 9-28 所示。

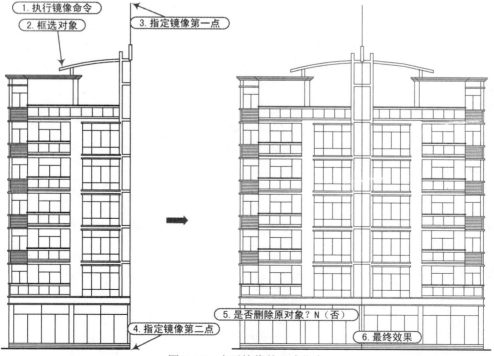

图 9-28 水平镜像单元式住宅

2）使用"图案填充"（H）、"删除"（E）等命令，将镜像后的重复垂直线段删掉，再对立面楼梯处进行"STEEL"样例的填充操作，结果如图 9-29 所示。

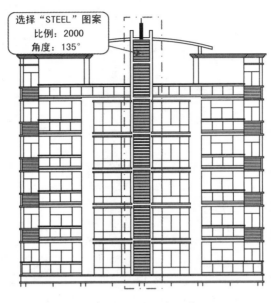

图 9-29　图案填充操作

⊃ 9.2.6　进行尺寸标高和轴号标注

视频\09\进行尺寸标高和轴号标注.avi
案例\09\单元式住宅正立面图.dwg

通过前面的绘制，已经将该单元式住宅正立面图绘制完毕，接下来进行相应的标注。

1）单击"图层"工具栏的"图层控制"下拉列表框，将"尺寸标注"图层置为当前图层。

2）在"标注"工具栏中单击"线性标注"按钮⊢和"连续标注"按钮⊞，对图形的右侧、底侧进行尺寸标注，如图 9-30 所示。

3）单击"图层"工具栏的"图层控制"下拉列表，选择"标高"图层作为当前图层。

4）执行"插入"命令（I），将"案例\09\标高.dwg"插入到图形右侧的位置，并分别修改标高值，如图 9-31 所示。

5）单击"图层"工具栏的"图层控制"下拉列表，将"轴线编号"图层置为当前图层。

6）执行"插入"命令（I），将"案例\09\轴线编号.dwg"插到图形底侧相应的位置，并分别修改编号值，如图 9-32 所示。

⊃ 9.2.7　绘制详图符号和文字标注

视频\09\绘制详图符号和文字标注.avi
案例\09\单元式住宅正立面图.dwg

对单元式住宅正立面图进行标注后，接下来绘制详图符号并进行文字标注。

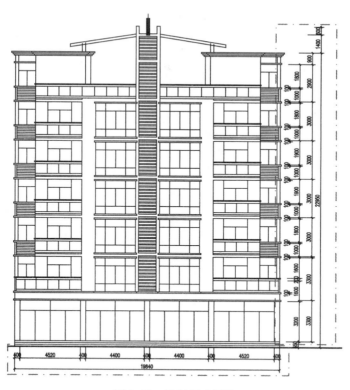

图 9-30 进行尺寸标注

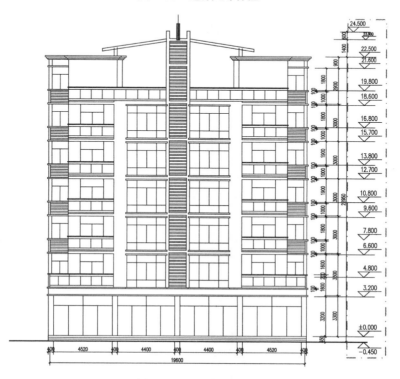

图 9-31 进行标高标注

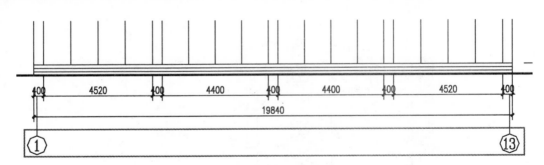

图 9-32 进行定位轴线的标注

1）单击"图层"工具栏的"图层控制"下拉列表，选择"0"图层作为当前图层。

2）执行"引线标注"（QL）、"圆"（C）等命令，分别绘制半径为 1000 的圆；再在两个圆之间绘制一条引线，从而表示详图符号，如图 9-33 所示。

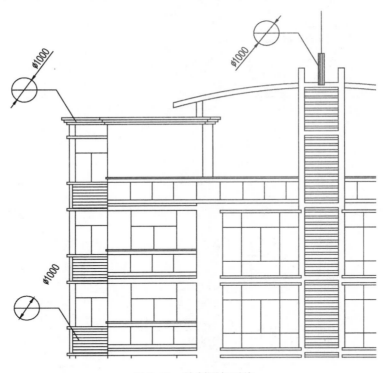

图 9-33 绘制圆与引线

3）单击"图层"工具栏的"图层控制"下拉列表，选择"文字标注"图层作为当前图层。

4）执行"单行文字"命令（DT），选择"图内文字"文字样式，在圆内输入文字 1、2、3，其文字高度为 500；并在数字下面绘制一条宽度为 50 的多段线，如图 9-34 所示。

5）执行"单行文字"命令（DT），在图形顶侧、右下侧处分别输入文字说明，如图 9-35 所示。

图 9-34 绘制的详图符号

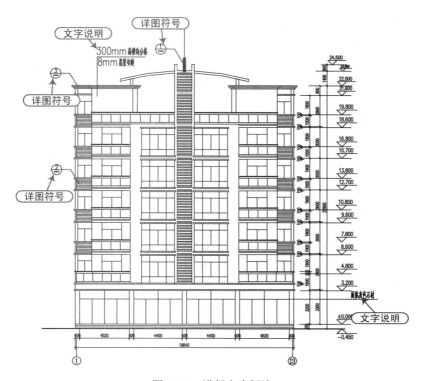

图 9-35　进行文字标注

6）在"样式"工具栏中选择"图名"文字样式，单击工具栏中"单行文字"按钮 ，设置其对正方式为"居中"，然后在相应的位置输入"单元式住宅正立面图"和比例"1：100"，然后分别选择相应的文字对象，按〈Ctrl+1〉键打开"特性"面板，并修改相应文字大小为"1500"和"750"，如图 9-36 所示。

7）使用"多段线"命令（PL），在图名的底侧绘制一条宽度为 60 的水平多段线；再使用"直线"命令（L），绘制与多段线等长的水平线段，效果如图 9-37 所示。

单元式住宅正立面图　1:100

图 9-36　输入图名

单元式住宅正立面图　1:100

图 9-37　多段线的绘制

8）至此，单元式住宅正立面图绘制完毕。使用〈Delete〉键删除不需要的平面图图形对象，然后按〈Ctrl+S〉组合键保存文件。

提示

拓展学习：
通过本章对单元式住宅正立面图的绘制思路的学习和绘制方法的掌握，读者会更加牢固地掌握建筑立面图的绘制技巧，并能达到熟能生巧的目的，可以参照前面的步骤和方法对光盘中"案例\09\住宅立面图-拓展.dwg"文件进行绘制，如图 9-38～图 9-39 所示。

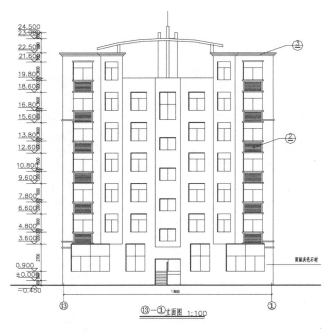

图 9-38　⑬-①立面图的效果

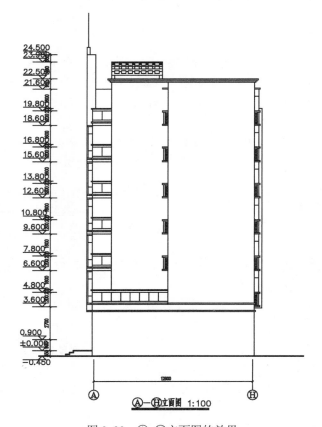

图 9-39　Ⓐ-Ⓗ立面图的效果

第10章
建筑剖面图的绘制方法

本章导读

　　建筑剖面图主要用来表示房屋内部的分层、结构形式、构造方式、材料、做法、各部位间的联系及其高度等情况。在施工过程中，建筑剖面图是进行分层、砌筑内墙、铺设楼板、屋面板、楼梯和内部装修等工作的依据，与建筑平面图、立面图互相配合来表示房屋的全局，它是房屋施工图中最基本的图样。

　　本章主要讲解建筑剖面图的形成、内容和命名、建筑剖面图的绘制要求、识读方法和绘制方法等基础知识。通过某单元式住宅楼"1-1 剖面图"的绘制，引领读者掌握建筑剖面图的绘制方法。在"拓展学习"部分中，将该楼层"2-2 剖面图"的效果展现出来，读者自行按照前面的方法进行绘制，可以更加牢固地掌握建筑剖面图的绘制方法。

学习目标

　📖 掌握建筑剖面图的基础知识
　📖 绘制楼层剖面墙线、安装门窗、填充楼板等
　📖 进行尺寸、轴号、标高、文字标注

预览效果图

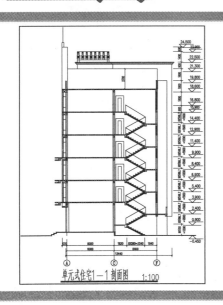

单元式住宅1-1剖面图　1:100

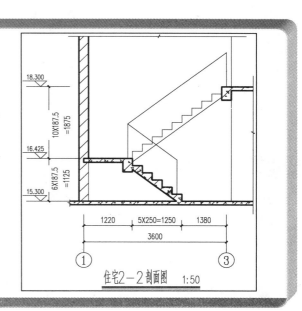

住宅2-2剖面图　1:50

↘ 10.1 建筑剖面图概述

建筑剖面图用以表示建筑内部的结构构造、垂直方向的分层情况、各层楼地面、屋顶的构造及相关尺寸、标高等。

⊃ 10.1.1 建筑剖面图的形成、内容和命名

建筑剖面图，简称剖面图，它是假想用一个铅垂线剖切面将房屋剖切开后移去靠近观察者的部分，做出剩下部分的投影图。

剖面图用以表示房屋内部的结构及构造方式，如屋面（楼、地面）形式、分层情况、材料、做法、高度尺寸及各部位的联系等。它与平、立面图互相配合用于计算工程量，指导各层楼板和屋面板施工、门窗安装和内部装修等，是不可缺少的重要图样之一。

剖面图的数量是根据房屋的复杂情况和施工实际需要决定的，剖切面的位置（一般横向，即平行于侧面，必要时也可纵向，即平行于正面）要选择在房屋内部构造较复杂、有代表性的部位，如门窗洞口和楼梯间等位置。若为多层房屋，应选择在楼梯间或层高不同、层数不同的部位。

剖面图的图名符号应与底层（一层）平面图上剖切符号对应，如 1-1 剖面图、2-2 剖面图等，如图 10-1 所示。

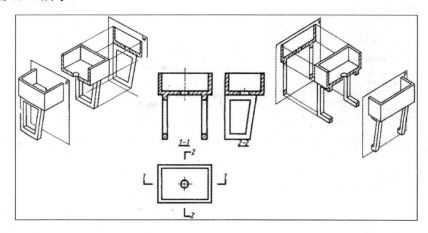

图 10-1 建筑剖面图

⊃ 10.1.2 建筑剖面图的识读方法

用户在识读建筑剖面图时，应遵循以下步骤：

◆ 明确剖面图的剖切。建筑剖面图可从建筑底层平面图中找到剖切平面的剖切位置。
◆ 明确被剖到的墙体、楼板和屋顶。
◆ 明确可见部分。
◆ 识读建筑物主要尺寸标注以及标高等。
◆ 识读索引符号、图例等。

如图 10-2 所示为某住宅建筑剖面图。

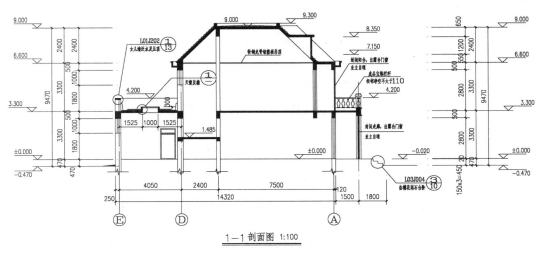

1—1 剖面图 1:100

图 10-2　1—1 剖面图

此建筑剖面图的阅读方法如下。

1）明确剖面图的位置。如图 10-2 所示的"1—1 剖面图"可从底层平面图找到剖切平面的位置，1—1 为从客厅到厨房的剖切，中间经过楼梯间的休息平台。因此，1—1 剖面图中绘制出了楼梯间、厨房和客厅的剖面。

2）明确被剖到的墙体、楼板和屋顶。从图 10-2 所示可以看出，被剖到的墙体有Ⓐ轴线墙体、Ⓓ轴线墙体、Ⓔ轴线墙体以及墙体上面的门窗洞口。其中Ⓐ轴线底层为客厅，二层之上为卧室，底层Ⓐ轴线上为入口出大门，故有门的图例；二层之上剖到的则是卧室通往阳台的门的位置。从图中可以看出，底层门口处有封闭走廊，走廊上层则是二楼的室外阳台外面的露台，露台的栏杆采用成品宝瓶形栏杆。底层Ⓓ轴线处为楼梯间的休息平台，由于剖切后观看方向影响，此图中没有可见的楼梯踏步，只有被剖到的休息平台板的厚度。底层Ⓓ与Ⓔ轴线之间为厨房，厨房Ⓔ轴线墙体上有一高窗，厨房为单层建筑，厨房屋面处女儿墙高度900，屋面有一天窗。看屋面部分可知，本建筑为带阁楼建筑，阁楼为非居住部分，用轻钢龙骨吊顶与二层分隔。最上部为部分有组织排水平屋面，预留泄水孔排水，两侧为坡屋面，坡度 45°。坡屋面一侧留有老虎窗。

3）明确可见部分。在 1—1 剖面图中，主要可见部分为底层厨房处。住宅两侧相对比较独立，各自有楼梯通向二层。住宅二层两侧相互独立没有连通，但在底层厨房处设置一门连接两独立部分。

4）识读建筑物主要尺寸标注。在 1—1 剖面图中，主要是各部分高度尺寸、标高等。从图中可以看出该住宅层高为 3.3 m。另外 1—1 剖面图上还标注了走廊、休息平台、露台等处的标高及尺寸，还标注了天窗的具体位置。

5）识读索引符号、图例等。在 1—1 剖面图中，女儿墙、天窗、花岗石台阶等处均有索引符号，女儿墙与花岗石台阶索引自标准图集，天窗索引符号显示详图在本页图样中。对于剖到的墙体，砖墙不表示图例，对于剖到的楼板、楼梯梯段板、过梁、圈梁，材料均为钢筋混凝土，在建筑剖面图中涂黑表示。

⊃ 10.1.3　建筑剖面图的绘制方法

在绘制建筑剖面图时，应遵循以下的步骤：

1）设置绘图环境，或选用符合要求的样板图形。

2）参照平面图，绘制竖向定位轴线。

3）参照立面图，绘制水平定位轴线。

4）绘制室内外地坪线、外墙轮廓、楼面线、屋面线。

5）绘制细部如梁板等构件。

6）绘制门窗。

7）绘制剖面屋顶和檐口建筑构件。

8）绘制剖面楼梯、踏步、阳台、雨篷、水箱等辅助构件。

9）绘制标注尺寸、标高、编号、型号、索引符号和文字说明。

↘ 10.2　单元式住宅楼 1-1 剖面图的绘制

在绘制建筑剖面图时，首先应以其对应的建筑平面图、立面图为依据，并根据平面图上作的剖切符号，开始绘制相应的剖面图。在本例中，应首先根据"第 8 章\单元式住宅标准层平面图.dwg"和"第 9 章\单元式住宅正立面图.dwg"等文件，绘制 1-1 剖面图的剖面墙线、绘制及安装门窗、绘制楼梯、填充楼板及楼梯；最后进行尺寸、标高、图名的标注。最终效果如图 10-3 所示。

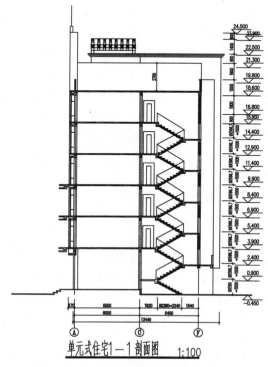

图 10-3　单元式住宅楼 1-1 剖面图的效果

🔃 10.2.1　设置绘图环境

> 素材
视频\10\设置绘图环境.avi
案例\10\单元式住宅 1-1 剖面图.dwg

与住宅楼标准层平面图、正立面图相同，在正式绘制住宅楼 1-1 剖面图之前，首先应设置与所给图形匹配的绘图环境。

1．绘图区的设置

1）启动 AutoCAD 2016，选择"文件｜新建"菜单命令，打开"选择样板"对话框，选择"acadiso"作为新建的样板文件。

2）选择"文件｜另存为"菜单命令，打开"图形另存为"对话框，将文件另存为"案例\10\单元式住宅 1-1 剖面图.dwg"图形文件。

3）选择"格式｜单位"菜单命令，打开"图形单位"对话框，将长度单位类型设定为"小数"，精度为"0.000"，角度单位类型设定为"十进制"，精度精确到"0.00"。

4）选择"格式｜图形界限"菜单命令，依照提示，设定图形界限的左下角为(0,0)，右上角为(42000,29700)。

5）在命令行输入<Z>→<空格>→<A>，使输入的图形界限区域全部显示在图形窗口内。

2．规划图层

由图 10-3 可知，该住宅楼 1-1 剖面图主要由轴线、门窗、墙体、楼梯、标高、文本标注、尺寸标注等元素组成，因此绘制剖面图形时，需建立如表 10-1 所示的图层。

表 10-1　图层设置

序号	图层名	线宽	线型	颜色	描述内容	打印属性
1	轴线	默认	ACAD_ISO004	红色	定位轴线	打印
2	轴线编号	默认	实线	绿色	轴线圆及文字	打印
3	填充	默认	实线	83色	楼板、楼梯填充	不打印
4	墙体	0.30	实线	黑色	墙体	打印
5	楼板	0.30	实线	8色	楼板对象	打印
6	楼梯	默认	实线	洋红	楼梯对象	打印
7	门窗	默认	实线	绿色	门窗	打印
8	地坪线	0.70	实线	黑色	室内及室外地坪	打印
9	标高	默认	实线	红色	标高符号及文字	打印
10	尺寸标注	默认	实线	蓝色	尺寸线	打印
11	文字标注	默认	实线	黑色	图名	打印
12	其他	默认	实线	黑色	附属构件	打印

1）选择"格式｜图层"菜单命令，将打开"图层特性管理器"面板，根据表 10-1 设置图层的名称、线宽、线型和颜色等，如图 10-4 所示。

2）选择"格式｜线型"菜单命令，打开"线型管理器"对话框，单击"显示细节"按钮，打开"细节"选项组，输入"全局比例因子"为 100，然后单击"确定"按钮，如图 10-5 所示。

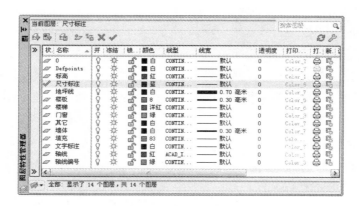

图 10-4　规划图层

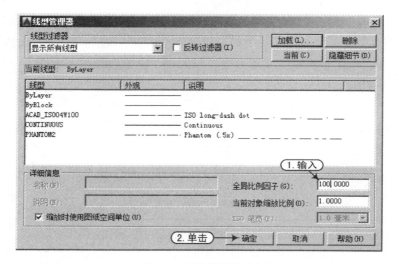

图 10-5　设置线型比例

> 素材　视频\10\绘制各层的剖面墙线.avi
> 　　　案例\10\单元式住宅 1-1 剖面图.dwg

此单元式住宅楼房由底层、标准层和一个屋顶层组成，其标准层的墙体结构是相同的，所以用户可先绘制一层、标准层楼的剖面墙线，再绘制屋顶层的墙面墙线。

　　　　　　用户在绘制剖面图时，首先要绘制剖切部分的辅助线，并且要做到与其平面图一一对应，故用户应打开其相应的标准层平面图图形对象，再按照剖切位置的墙体对象作相应的辅助轴线。

1）执行"文件 | 打开"菜单命令，将"案例\09\单元式住宅标准层平面图.dwg"文件打开，框选所有的图形对象，在键盘上按下〈Ctrl+C〉组合键，将选中的图形对象复制到"内存"中。

2）再单击"窗口"菜单下的"单元式住宅 1-1 剖面图.dwg"文件，使之成为当前图形文件；然后在键盘上按下"Ctrl+V"组合键，将上一步复制的对象粘贴到当前的空白文件。

3）执行"旋转"命令（RO），将平面图对象旋转-90°；再单击"图层控制"中下拉列表，将"尺寸标注""文字标注""轴线编号""设施""门窗""散水"等图层关闭，其效果如图 10-6 所示。

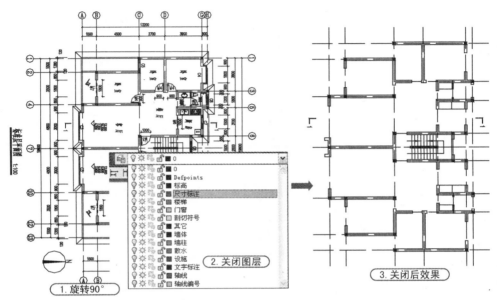

图 10-6　关闭图层

4）单击"图层"工具栏的"图层控制"下拉列表框，将"墙体"图层置为当前图层。

5）执行"直线"命令（L），在旋转后图形的底侧绘制垂直线段，将每两根"墙体"线中间的垂直线段转换为"轴线"，如图 10-7 所示。

6）使用"移动"命令（M），将绘制的垂直线段水平向右移动；再执行"构造线"命令（XL），绘制一条水平构造线段，如图 10-8 所示。

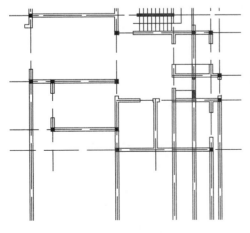

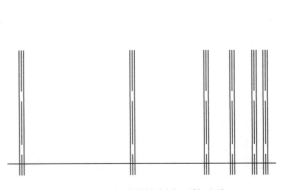

图 10-7　绘制垂直线段　　　　　　　　　图 10-8　移动并绘制水平构造线

7) 执行"偏移"命令（O），将水平构造线向上各偏移 450、900 和 10 个 1500、3000，如图 10-9 所示。

8) 再使用"修剪"命令（TR），修剪掉多余的线段；并将最底侧的水平线段转换为"地坪线"图层，且"合并"为一条宽度为 50 的多段线；再将其他的水平线段转换为"楼板"图层，如图 10-10 所示。

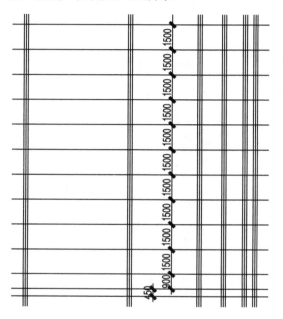

图 10-9　偏移水平构造线

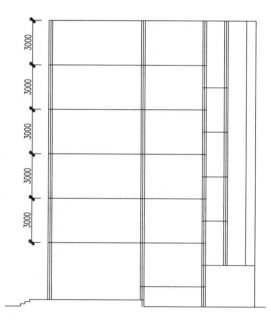

图 10-10　修剪多余的线段

 提示　　　此处为了方便观察修剪线段后的效果，隐藏了"轴线"图层。

9) 执行"偏移"命令（O），将楼板水平线段向下各偏移 100、400、700；使用"修剪"命令（TR），修剪掉多余的线段，如图 10-11 所示。

10) 执行"偏移"命令（O），将左侧最外的墙体垂直线段向左各偏移 290、60 和 100；使用"延伸"命令（EX），将绘制的楼板水平线段向偏移得到的线段进行延伸操作，如图 10-12 所示。

11) 执行"偏移"命令（O），将每层上面的楼板水平线段向下各偏移 1000 和 1400，再使用"修剪"命令（TR），修剪掉多余的线段，如图 10-13 所示。

12) 使用"修剪"命令（TR），修剪掉多余的线段，如图 10-14 所示。

13) 执行"多段线"命令（PL），绘制多段线对象，再使用"复制"命令（CO）复制到相应的位置，如图 10-15 所示。

14) 执行"偏移"（O）、"延伸"（EX）、"修剪"（TR）等命令，将相应位置的墙线向右各偏移 1260 和 240，再进行延伸和修剪操作，结果如图 10-16 所示。

15) 执行"偏移"（O）、"直线"（L）、"修剪"（TR）等命令，对图形右侧的楼板进行编辑操作，如图 10-17 所示。

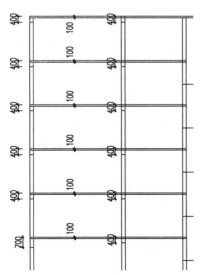
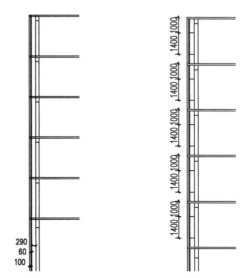

图 10-11　偏移及修剪线段　　　图 10-12　偏移及延伸线段　　图 10-13　偏移及修剪线段

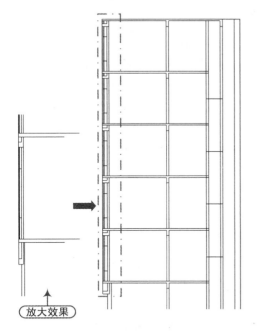
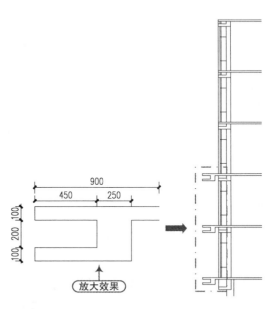

图 10-14　修剪多余的线段　　　　　　图 10-15　绘制多段线和复制操作

➲ 10.2.3　绘制并安装门窗

| 素材 | 视频\10\绘制并安装门窗.avi |
| | 案例\10\单元式住宅 1-1 剖面图.dwg |

首先通过多线、矩形来绘制门窗，再开启相应的洞口，最后安装到相应的位置即可。

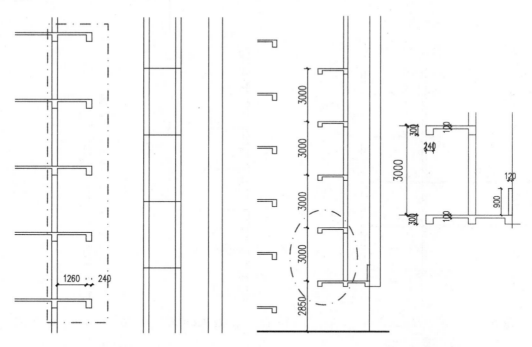

图 10-16 偏移及修剪线段（1）   图 10-17 偏移及修剪线段（2）

1）单击"图层"工具栏的"图层控制"下拉列表框，选择"门窗"图层为当前层。

2）选择"矩形"（REC）、"偏移"（O）命令，绘制如图 10-18 所示的立面门。

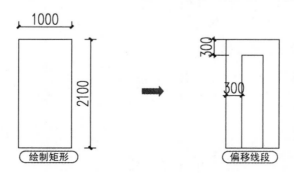

图 10-18 绘制的立面门

3）执行"写块"命令（W）将弹出"写块"对话框，然后将绘制的立面窗保存为"案例\10\M3.dwg"图块，如图 10-19 所示。

4）使用"插入"命令（I），将"案例\10\M3.dwg"图块插到右侧的相应位置，如图 10-20 所示。

5）使用上述同样的方法，对其他楼板处插入立面门窗图块，如图 10-21 所示。

6）执行"偏移"命令（O），将楼板水平线段向上偏移，从而形成窗洞口，如图 10-22 所示。

7）执行"格式 | 多线"菜单命令，将"C"多线样式置为当前；再执行"多线"命令（ML），其对正方式为"无"，在窗洞口位置绘制窗，如图 10-23 所示。

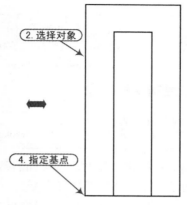

图 10-19 创建 "M3" 图块

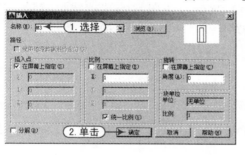
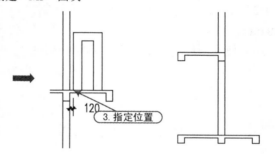

图 10-20 插入 "M3" 图块

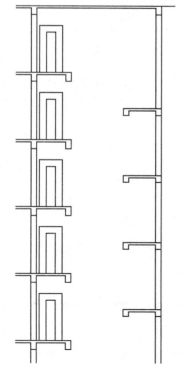
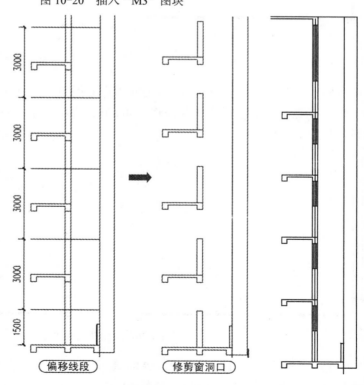

图 10-21 插入立面门窗图块   图 10-22 偏移及修剪线段   图 10-23 绘制多线对象

> **提示**　由于在绘制剖面图形时复制粘贴了"单元式住宅平面图.dwg"，所以可以直接调用"C"多线样式。

⊃ 10.2.4　绘制楼梯对象

> **素材**　视频\10\绘制楼梯对象.avi
> **DVD**　案例\10\单元式住宅 1-1 剖面图.dwg

在绘制剖面图楼梯对象时，其楼梯的踏步宽度为 280 mm，高度为 150 mm、167 mm，休息台宽度为 1420 mm，扶手栏杆高度为 900 mm。

1）单击"图层"工具栏的"图层控制"下拉列表框，将"楼梯"图层置为当前图层。

2）执行"多段线"（PL）、"复制"（CO）命令，在图形的地坪线位置绘制宽度 280 mm、高度 150 mm 的直角踏步；再将绘制的踏步复制 7 次，如图 10-24 所示。

3）使用同样的方法，在上侧绘制高度为 167 mm 的楼梯踏步，如图 10-25 所示。

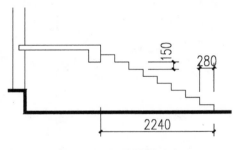

图 10-24　绘制的楼梯踏步

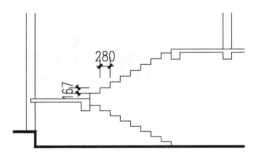

图 10-25　绘制上侧的楼梯踏步

4）执行"直线"命令（L），经过楼梯踏步的拐角点绘制两条斜线段；再执行"偏移"命令（O），将绘制的斜线段向外各偏移 100 mm；再将多余的斜线段删除，并进行修剪、延伸操作，如图 10-26 所示。

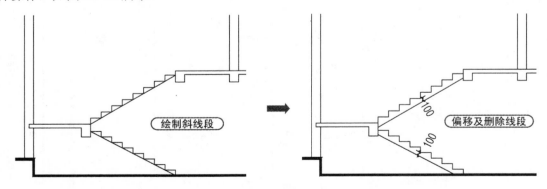

图 10-26　绘制及偏移线段

5）使用"镜像"（MI）、"移动"（M）等命令，将第二次绘制的楼梯踏步向上镜像操作，然后进行相应的移动编辑操作，如图 10-27 所示。

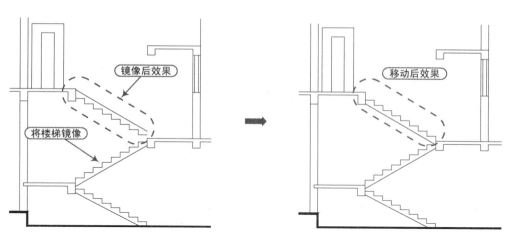

图 10-27 镜像操作

6）使用"直线"命令（L），在踏步相应的位置绘制高 900 mm 的扶手和栏杆，如图 10-28 所示。

7）使用"复制"命令（CO），将前面绘制的扶手和高度为 167 mm 的楼梯踏步对象，以右侧休息平台为基点，向上复制 4 次，结果如图 10-29 所示。

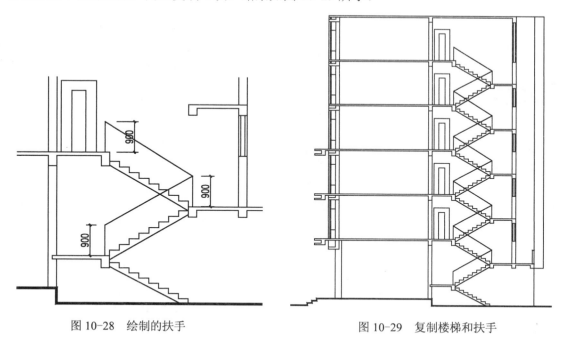

图 10-28 绘制的扶手   图 10-29 复制楼梯和扶手

⊃ 10.2.5 填充剖面楼板、楼梯、门窗洞口

素材 视频\10\填充剖面楼板、楼梯、门窗洞口.avi
案例\10\单元式住宅 1-1 剖面图.dwg

根据要求，该单元式住宅楼的楼板剖面对象应填充钢筋混凝土材料。

1）单击"图层"工具栏的"图层控制"下拉列表，将"填充"图层置为当前图层。

2）执行"图案填充"命令（H），对其剖面楼板进行图案填充，选择样例"AR-CONC"，比例为20；对剖面楼梯进行"SOLID"样例的填充，结果如图10-30所示。

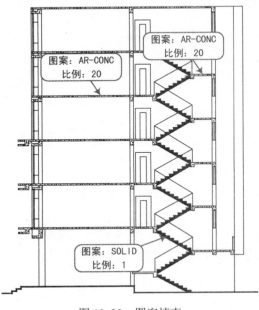

图 10-30　图案填充

⤷ **10.2.6** 　绘制屋顶剖面图

 素材　视频\10\绘制屋顶剖面图.avi
案例\10\单元式住宅 1-1 剖面图.dwg

通过前面的绘制，已经将该单元式住宅剖面图绘制完毕，接下来绘制屋顶剖面图。

1）单击"图层"工具栏的"图层控制"下拉列表框，将"其他"图层置为当前图层。

2）执行"直线"（L）、"偏移"（O）、"修剪"（TR）等命令，在剖面图顶侧绘制如图 10-31 所示的线段。

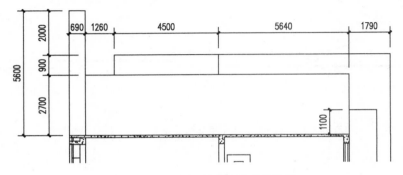

图 10-31　绘制、偏移、修剪的线段

3）执行"直线"（L）、"偏移"（O）、"修剪"（TR）等命令，在剖面图顶侧绘制如

图 10-32 所示的线段。

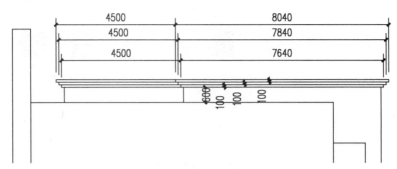

图 10-32 绘制、偏移、修剪的线段

4）执行"直线"（L）、"偏移"（O）、"修剪"（TR）等命令，在剖面图顶侧绘制如图 10-33 所示的线段。

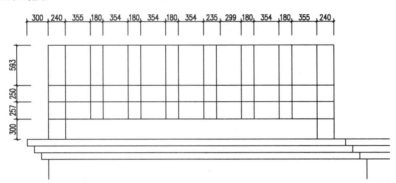

图 10-33 绘制、偏移、修剪的线段

5）执行"矩形"（REC）命令，捕捉交点，分别绘制线宽为 50 mm 的矩形，如图 10-34 所示。

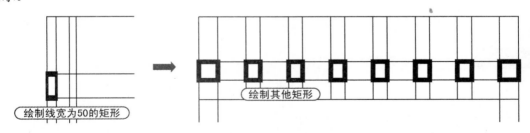

图 10-34 绘制线宽矩形

6）执行"图案填充"（H）命令，在上一步绘制的矩形内填充"SOLID"样例，如图 10-35 所示。

7）执行"偏移"（O）命令，将上侧的水平线段向下各偏移 5、6、9、17、26、40、57、84 和 136，如图 10-36 所示。

8）执行"修剪"（TR）命令，修剪掉多余的线段，结果如图 10-37 所示。

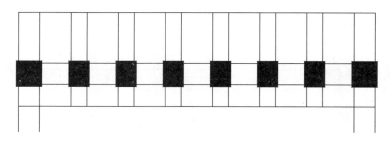

图 10-35　绘制的矩形对象

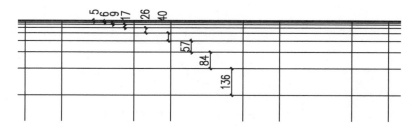

图 10-36　偏移水平线段

9）执行"直线"（L）、"矩形"（REC）命令，在屋顶最上面绘制表示避雷针的对象，如图 10-38 所示。

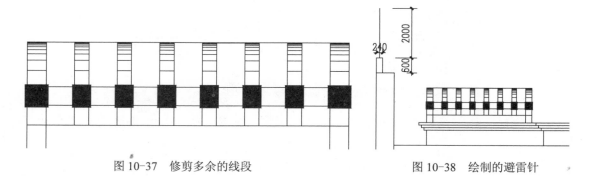

图 10-37　修剪多余的线段　　　　　　　　　　　图 10-38　绘制的避雷针

⊃ **10.2.7** 　进行剖面图的标注

　素材　视频\10\进行剖面图的标注.avi
案例\10\单元式住宅 1-1 剖面图.dwg

通过前面的绘制，已经将该单元式住宅正剖面图绘制完毕。接下来进行相应的标注。

1）单击"图层"工具栏的"图层控制"下拉列表框，将"尺寸标注"图层置为当前图层。

2）在"标注"工具栏中单击"线性标注"按钮□和"连续标注"按钮□，对图形底侧进行尺寸标注，如图 10-39 所示。

3）在"标注"工具栏中单击"线性标注"按钮□和"连续标注"按钮□，对图形的右侧进行尺寸标注，如图 10-40 所示。

4）单击"图层"工具栏的"图层控制"下拉列表，选择"标高"图层作为当前图层。

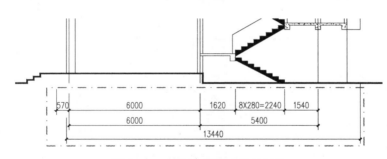

图 10-39 进行底侧尺寸线的标注

5）执行"插入"命令（I），将"案例\10\标高.dwg"插到相应的位置，并分别修改标高值，如图 10-41 所示。

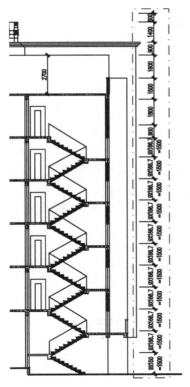

图 10-40 进行右侧尺寸线的标注

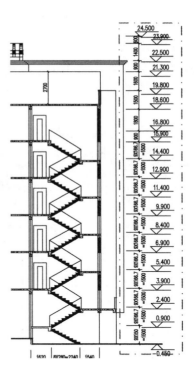

图 10-41 进行标高标注

6）单击"图层"工具栏的"图层控制"下拉列表框，将"轴线编号"图层置为当前图层。

7）执行"插入"命令（I），将"案例\10\轴线编号.dwg"插到图形底侧相应的位置，并分别修改编号值，如图 10-42 所示。

8）单击"图层"工具栏的"图层控制"下拉列表框，将"文字标注"图层置为当前图层。

9）在"样式"工具栏中选择"图名"文字样式，再单击工具栏中"单行文字"按钮 A，设置其对正方式为"居中"，然后在相应的位置输入"单元式住宅 1-1 剖面图"和比例"1:100"，按下〈Ctrl+1〉组合键打开"特性"面板，并修改相应文字大小为"1500"和"750"。

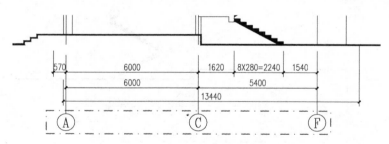

图 10-42　进行定位轴线的标注

10）使用"多段线"命令（PL），在图名的上侧绘制一条宽度为 60 的水平多段线；再使用"直线"命令（L），绘制与多段线等长的水平线段，效果如图 10-43 所示。

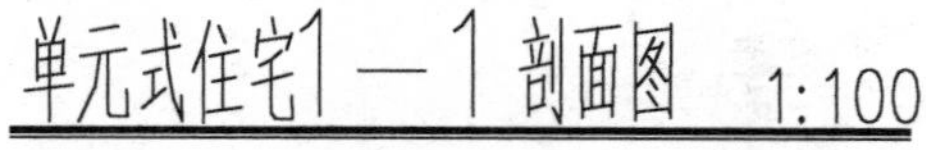

单元式住宅1—1剖面图　1:100

图 10-43　进行图名标注

11）至此，单元式住宅 1-1 剖面图绘制完毕。删除不需要的平面图图形对象后，即可按〈Ctrl+S〉组合键保存文件。

拓展学习：

通过本章对住宅 1-1 剖面图的绘制思路和方法的学习，读者会更加牢固地掌握建筑剖面图的绘制技巧，并能达到熟能生巧的目的，可以参照前面的步骤和方法对光盘中"案例\10\住宅 2-2 剖面图.dwg"文件进行绘制，如图 10-44 所示。

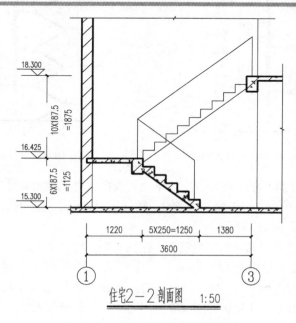

图 10-44　住宅 2-2 剖面图的效果

第11章
建筑详图的绘制方法

本章导读 ✅

　　在建筑施工图中，建筑平面、立面、剖面图通常采用 1:100、1:200 等较小的比例绘制，对房屋的一些细部构造，如形状、层次、尺寸、材料和做法等，无法完全表达清楚。因此，在施工图设计过程中，常常按实际需要在建筑平面、立面、剖视图中另外绘制详细的图形来表现施工图样。

　　本章包括对建筑详图基础知识、主要内容、绘制方法、剖切图例，以及外墙、楼梯、门窗等详图的识读掌握。通过某墙身大样详图、楼梯节点详图的绘制，引领读者掌握其图的绘制。在最后的拓展学习中，读者可自行练习部分详图，从而达到巩固练习的目的。

学习目标 ✅

📖 掌握建筑详图的基础知识
📖 绘制墙身大样图、楼梯节点详图
📖 进行尺寸、轴号、标高、文字、图名标注

预览效果图 ✅

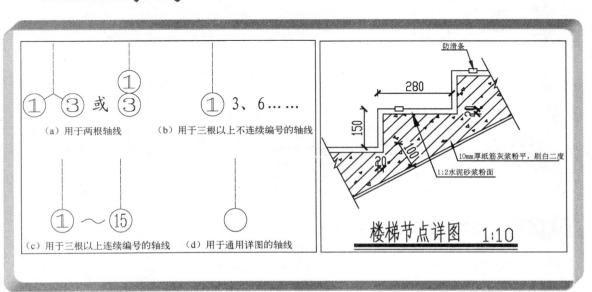

➡ 11.1 建筑详图概述

建筑详图用以表示建筑内部的结构构造、垂直方向的分层情况、各层楼地面、屋顶的构造及相关尺寸、标高等。

➲ 11.1.1 建筑详图的特点

建筑详图是建筑内部的施工图，因为建立平、立、剖面图一般采用较小的比例，因而某些建筑构件（如门、窗、楼梯、阳台等）和某些剖面节点（如窗台、窗顶、台阶等）部位的样式，以及具体的尺寸、做法、材料等都不能在这些图中表达清楚，所以必须配合建筑详图才能表达清楚。可见建筑详图是建筑各视图的补充。

建筑详图的比例应优先选用 1∶1、1∶2、1∶5、1∶10、1∶20、1∶50，必要时也可选用 1∶3、1∶4、1∶15、1∶25、1∶30、1∶40。

建筑详图的图线，按照《建筑制图标准》，被剖切到的抹灰层和楼地面的面层线用中实线画。对比较简单的详图，可只采用线宽为 b 和 0.25b 的两种图线，其他与建筑平面图、立面图、剖面图相同，如图 11-1 所示。

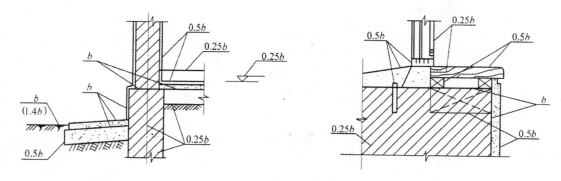

图 11-1　建筑详图图线宽度选用示例

　当一个详图适用几根定位轴线时，应同时注明各有关轴线的编号，但对通用详图的定位轴线，应只画圆，不注轴线编号，如图 11-2 所示。

➲ 11.1.2 建筑详图剖切材料的图例

在绘制建筑详图时，剖切面的材料一般用图例表示。常用的建筑详图剖切材料的图例如表 11-1 所示。

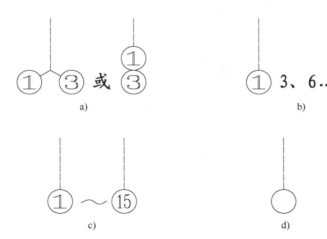

图 11-2　一幅详图适用于几根定位轴线时的编号

a) 用于两根轴线　b) 用于 3 根以上不连续编号的轴线　c) 用于 3 根以上连续编号的轴线　d) 用于通用详图的轴线

表 11-1　剖面填充图例

材料名称	图案代号	图例	材料名称	图案代号	图例
墙身剖面	ANSI31		绿化地带	GRASS	
砖墙面	AR-BRELM		草地	SWAMP	
玻璃	AR-RROOF		钢筋砼	ANSI31+AR-CONC	
砼（混凝土）	AR-CONC		多孔材料	ANSI37	
夯实土壤	AR-HBONE		灰、砂土	AR-SAND	
石头坡面	GRAVEL		文化石	AR-RSHKE	

⊃ 11.1.3　建筑详图的主要内容

　　建筑详图所表现的内容相当广泛，可以不受任何限制，只要平、立、剖面图中没有表达清楚的地方都可用详图进行说明。因此，根据房屋结构的复杂程度、建筑标准的不同，其详图的数量及内容也不尽相同。一般来讲，建筑详图包括外墙墙身详图、楼梯详图、卫生间详图、门窗详图以及阳台、雨棚和其他固定设施的详图。建筑详图中需要表明以下内容：

1）详图的名称、图例。

2）详图符号及其编号以及还需要另画详图时的索引符号。

3）建筑构配件（如门、窗、楼梯、阳台）的形状、详细构造。

4）细部尺寸等。

5）详细说明建筑物细部及剖面节点的形式、做法、用料、规格及详细尺寸。

6）表示施工要求及制作方法。

7）定位轴线及其编号。

⊃ 11.1.4　建筑详图的绘制方法与步骤

建筑详图相应地可分为平面详图、立面详图和剖面详图。利用 AutoCAD 绘制建筑详图时，可以首先从已经绘制的平面图、立面图或者剖面图中提取相关的部分，然后按照详图的要求进行其他的绘制工作。具体步骤如下：

1）从相应图形中提取与所绘详图有关的内容。

2）对所提取的相关内容进行修改，形成详图的草图。

3）根据详图绘制的具体要求，对草图进行修改。

4）调整详图的绘图比例，一般为 1∶50 或 1∶20。

5）若为平面详图，则需要进行室内设施的布置，如卫生间详图中就必须绘制各种卫生用具详图。

6）填充材料和内容。各种详图中的剖切部分都应该绘制填充材料符号。

7）标注文本和尺寸。要求标注得比较详细。

以卫生间为例，卫生间洁具定位一般以某水管定位线为基准，其他设备依边缘线定位，标注时需要标注出设备定位尺寸和房间的周围净尺寸。同时还应标出室内标高、排水方向及坡度等。文本标注用于详细说明各个部件的做法。

➘ 11.2　墙身大样详图的绘制

在绘制墙身大样详图时，首先应根据需要设置绘图环境，包括设置图纸界限、规划图层、设置文字、标注样式，并保存为样板文件等；再根据需要绘制墙身大样的轮廓，并对其进行图案填充，再对其进行引线文字说明标注、尺寸标注、图名标注等。其最终效果如图 11-3 所示。

⊃ 11.2.1　设置绘图环境

素材 视频\11\设置绘图环境.avi
案例\11\墙身大样详图.dwg

建筑详图相对于建筑平面图、立面图、剖面图而言，一般采用较大的绘制比例，因此需重新设置与详图匹配的绘图环境。

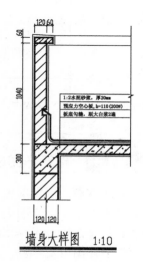

墙身大样图　1:10

图 11-3　墙身大样图的效果

1. 绘图区的设置

1）启动 AutoCAD 2016，选择"文件 | 保存"菜单命令，将文件另存为"案例\11\墙身大样详图.dwg"图形文件。

2）选择"格式 | 单位"菜单命令，打开"图形单位"对话框，将长度单位类型设定为"小数"，精度为"0"，角度单位类型设定为"十进制"，精度精确到"0"。

3）选择"格式 | 图形界限"菜单命令，依照提示，设定图形界限的左下角为(0,0)，右上角为(42000,29700)。

4）在命令行输入<Z>→<空格>→<A>，使输入的图形界限区域全部显示在图形窗口内。

2. 规划图层

由图 11-3 可知，该住宅楼 1-1 剖面图主要由轴线、门窗、墙体、楼梯、标高、文本标注、尺寸标注等元素组成，因此绘制剖面图形时，需建立如表 11-2 所示的图层。

表 11-2 图层设置

序 号	图 层 名	线 宽	线 型	颜 色	打 印 属 性
1	墙面	默认	实线	洋红	打印
2	墙体	0.30 mm	实线	黑色	打印
3	轴线	默认	点画线	红色	打印
4	图案填充	默认	实线	黑色	打印
5	尺寸标注	默认	实线	蓝色	打印
6	文字标注	默认	实线	黑色	打印

1）选择"格式 | 图层"菜单命令，将打开"图层特性管理器"面板，根据前面表 11-2 所示来设置图层的名称、线宽、线型和颜色等，如图 11-4 所示。

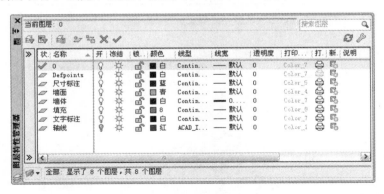

图 11-4 规划图层

2）选择"格式 | 线型"菜单命令，打开"线型管理器"对话框，单击"显示细节"按钮，打开"细节"选项组，输入"全局比例因子"为 10，然后单击"确定"按钮，如图 11-5 所示。

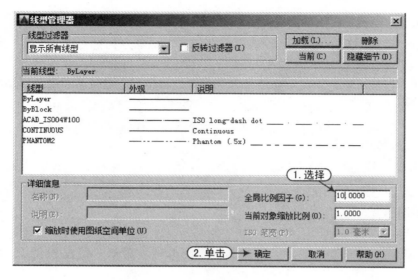

图 11-5　设置线型比例

3）利用"格式|文字样式"菜单命令，按照如表 11-3 所示的各文字样式对每一种样式进行字体、高度、宽度因子的设置，如图 11-6 所示。

表 11-3　文字样式

文字样式名	打印到图纸上的文字高度	图形文字高度（文字样式高度）	宽 度 因 子	字体|大字体
图内文字	3.5	350		tssdeng	gbcbig
图名	5	500	0.7	tssdeng	gbcbig
尺寸文字	3.5	0		tssdeng
轴号文字	5	500		comples

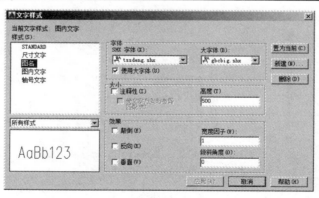

图 11-6　文字样式

4）利用"格式|标注样式"菜单命令，创建"建筑详图-10"标注样式，单击"继续"按钮后，进入"新建标注样式"对话框，然后分别在各选项卡中设置相应的参数，设置后的效果如表 11-4 所示。

表 11-4 "建筑详图-10"标注样式的参数设置

"线"选项卡	"符号和箭头"选项卡	"文字"选项卡	"调整"选项卡

5）选择"文件│另存为"菜单命令，打开"图形另存为"对话框，选择文件类型为"AutoCAD 图形样板(*.dwt)"，在"文件名"文本框中输入"建筑详图"，然后单击"保存"按钮，如图 11-7 所示。

图 11-7 保存为样板文件

⊃ 11.2.2 绘制墙面、墙体的层次结构

 视频\11\绘制墙面、墙体的层次结构.avi
案例\11\墙身大样详图.dwg

首先绘制和偏移垂直构造线，然后使用多段线来绘制每段墙体的墙面，并向内偏移形成墙体，然后对其进行修剪等操作，从而完成对墙面、墙体层次结构的绘制。

1）单击"图层控制"中下拉列表，将"轴线"图层置为当前图层。

2）执行"构造线"命令（XL），绘制一垂直的构造线；再执行"偏移"命令（O），将构造线向右依次偏移 20、80、40、20、20、40、40、20 和 700，如图 11-8 所示。

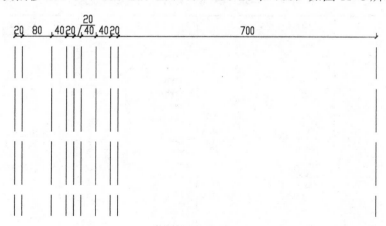

图 11-8　绘制及偏移垂直构造线

3）执行"构造线"命令（XL），绘制一水平的构造线；再执行"偏移"命令（O），将构造线向下依次偏移 10、20、60、680、60、260、20、20、100、20、180 和 270，如图 11-9 所示。

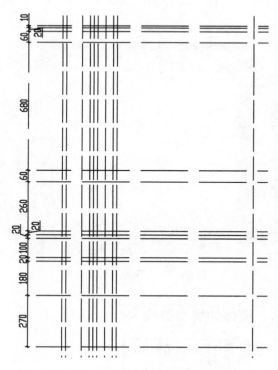

图 11-9　绘制及偏移水平构造线

4）单击"图层"工具栏的"图层控制"下拉列表框，将"墙面"图层置为当前图层。

5）执行"多段线"命令（PL），按照要求绘制相应的墙面多段线，如图 11-10 所示。

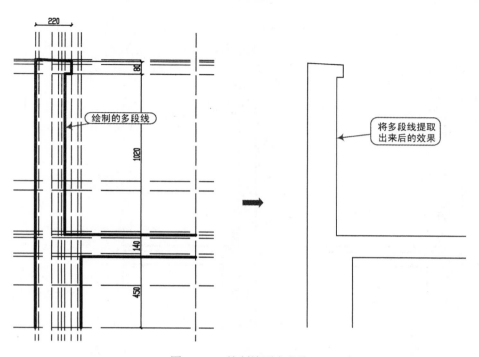

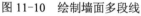

图 11-10　绘制墙面多段线

6）单击"图层"工具栏的"图层控制"下拉列表框，将"墙体"图层置为当前图层。按下〈Ctrl+1〉组合键打开"特性"面板，将全局宽度设为 10。

7）再执行"多段线"命令（PL），按照要求绘制相应的墙体多段线，如图 11-11 所示。

8）执行"删除"命令（E），将辅助用的轴线全部删除，效果如图 11-12 所示。

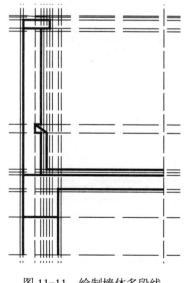

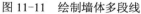

图 11-11　绘制墙体多段线

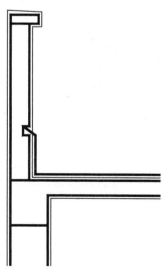

图 11-12　删除轴线后的效果

9）执行"圆角"命令（F），在相应的位置进行半径为 40 和 60 的圆角操作，如图 11-13 所示。

10）单击"图层"工具栏的"图层控制"下拉列表，将"0"图层置为当前图层。

11）执行"直线"命令（L），在图形的下侧和右侧分别绘制表示折断的线段和水平线段，如图 11-14 所示。

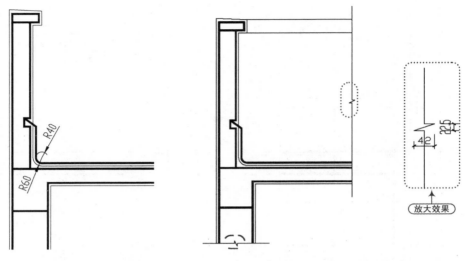

图 11-13　进行圆角操作　　　　　　图 11-14　绘制折断线段

⊃ 11.2.3　填充图案

根据建筑详图剖切材料的图例，应填充混凝土、夯实土壤、灰砂土、墙身剖面等。

1）单击"图层"工具栏的"图层控制"下拉列表框，将"填充"图层置为当前图层。

2）执行"图案填充"命令（H），选择相应的样例，分别进行图案填充，如图 11-15 所示。

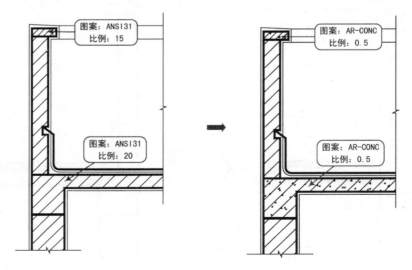

图 11-15　图案的填充

○ 11.2.4 进行尺寸及文字标注

通过前面的绘制，已将墙身大样详图绘制完毕，并进行了图案的填充操作。接下来进行尺寸标注和文字标注。

1）单击"图层"工具栏的"图层控制"下拉列表，将"尺寸标注"图层置为当前图层。

2）在"标注"工具栏中单击"线性标注"按钮□和"连续标注"按钮□，对图形进行尺寸标注，如图 11-16 所示。

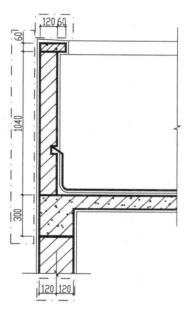

图 11-16 进行尺寸标注

3）单击"图层"工具栏的"图层控制"下拉列表，选择"文字标注"图层作为当前图层。

4）执行"直线"命令（L），绘制文字标注的引线；再执行"单行文字"命令（DT），输入相应的文字，结果如图 11-17 所示。

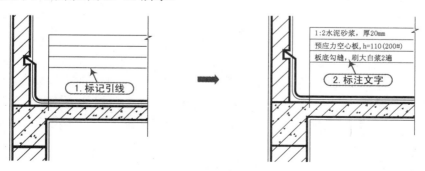

图 11-17 进行引线文字的标注

5）在"样式"工具栏中选择"图名"文字样式，单击工具栏中"单行文字"按钮 $\underline{AI}$，设置其对正方式为"居中"，然后在相应的位置输入"墙身大样图"和比例"1:10"，然后分别选择相应的文字对象，按〈Ctrl+1〉组合键打开"特性"面板，并修改相应文字大小为"150"和"80"。

6）使用"多段线"命令（PL），在图名的底侧绘制一条宽度为 20 的水平多段线；再使用"直线"命令（L），绘制与多段线等长的水平线段，效果如图 11-18 所示。

墙身大样图 1:10

图 11-18 进行图名的标注

7）至此，墙身大样详图绘制完毕，用户可按"Ctrl+S"组合键对文件进行保存。

↘ 11.3 楼梯节点详图的绘制

素材 视频\11\楼梯节点详图的绘制.avi
案例\11\楼梯节点详图.dwg

打开"案例\11\单元式住宅 1-1 剖面图.dwg"文件，可以看出，踏步、扶手和栏杆应该另附有详图，因此在详图中需要用更大的比例画出它们的形式、大小、材料及构造情况等。下面以其楼梯节点详图为例，讲解楼梯节点详图的绘制方法，其最终效果如图 11-19 所示。

1）启动 AutoCAD 2016，选择"文件｜打开"菜单命令，将"案例\11\建筑详图.dwt"样板文件打开。

2）再选择"文件｜另存为"菜单命令，将其另存为"案例\11\楼梯节点详图.dwg"文件。

3）执行"插入"命令（I），将"案例\10\单元式住宅 1-1 剖面图.dwg"文件，以外部图块的方式插入到当前文件中，从而参照相关的尺寸数据，如图 11-20 所示。

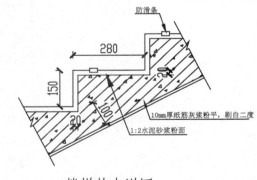

楼梯节点详图 1:10

图 11-19 楼梯节点详图

4）执行"多段线"（PL）命令，绘制踏步宽为 280、高为 150 的几个踏步对象；再执行"直线"（L）、"偏移"（O）、"删除"（E）等命令，过踏步的拐角点绘制斜线段，并对其斜线段偏移 100，并删除之前绘制的斜线段，然后绘制图形两侧表示折断符号的线段，如图 11-21 所示。

5）执行"偏移"（O）命令，将表示踏面的多段线向外偏移 20，将梯段板线向外侧偏移 10；再使用"修剪"（TR）命令，将多余的线段进行修剪，如图 11-22 所示。

6）执行"矩形"（REC）命令，在踏面上绘制 30×17 的矩形防滑条，再执行"修剪"

（TR）命令，再将矩形内的线段修剪掉，结果如图 11-23 所示。

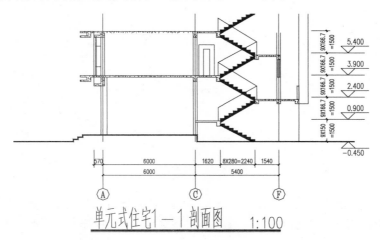

图 11-20 单元式住宅 1-1 剖面图效果

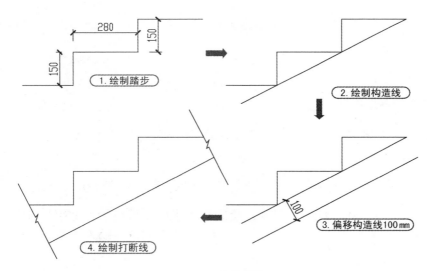

图 11-21 绘制的楼梯踏步

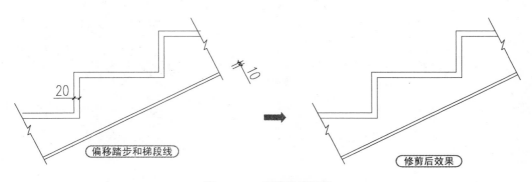

图 11-22 编辑修剪图形

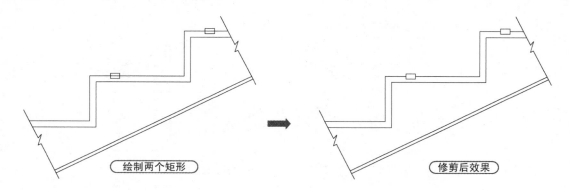

图 11-23　绘制防滑条

7）单击"图案填充"按钮，在楼梯踏步内部填充为钢筋混凝土材料（ANSI31+AR-CONC），其比例分别为 10 和 0.5；面层为水泥砂浆（AR-SAND），比例为 0.1，其填充后的效果如图 11-24 所示。

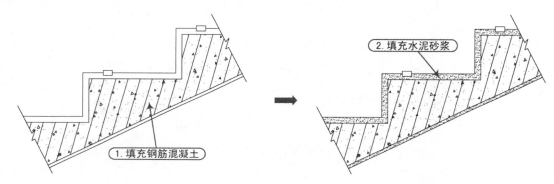

图 11-24　进行图案填充

8）执行"引线标注"（QL）命令，绘制标注引线；再执行"文字"（DT）命令，选择"图内文字"文字样式，文字大小为"20"，在相应的位置输入文字说明，如图 11-25 所示。

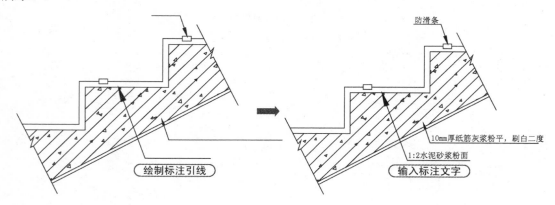

图 11-25　进行文字说明

9）单击"标注"工具栏中"线性标注"按钮和"对齐标注"按钮，对楼梯节点详图进行相应的尺寸标注，如图 11-26 所示。

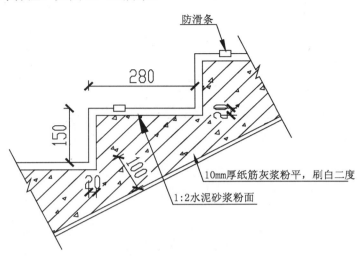

图 11-26　进行尺寸标注

10）在"样式"工具栏中选择"图名"文字样式，单击工具栏中的"单行文字"按钮，设置其对正方式为"居中"，然后在相应的位置输入"楼梯节点详图"和比例"1:10"，然后分别选择相应的文字对象，按〈Ctrl+1〉组合键打开"特性"面板，并修改相应文字大小为"100"和"50"。

11）使用"多段线"命令（PL），在图名的底侧绘制一条宽度为 10 的水平多段线；再使用"直线"命令（L），绘制与多段线等长的水平线段，效果如图 11-27 所示。

楼梯节点详图　1:10

图 11-27　进行图名标注

12）至此，该楼梯节点详图已经绘制完毕，用户可按〈Ctrl+S〉组合键对其进行保存。

提示

拓展学习：
　　通过本章对建筑详图的绘制思路以及"墙身大样详图.dwg"和"楼梯节点详图.dwg"文件绘制方法的学习，读者会更加牢固地掌握其绘制技巧，并能达到熟能生巧的目的。可以参照前面的步骤和方法对光盘中的"案例\11\详图拓展.dwg"文件进行绘制，如图 11-28、图 11-29 所示。

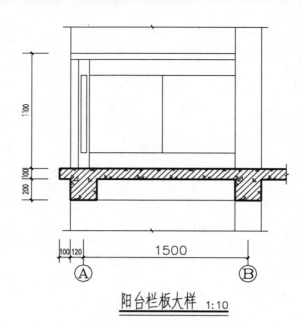

阳台栏板大样 1:10

图 11-28 阳台栏板大样图

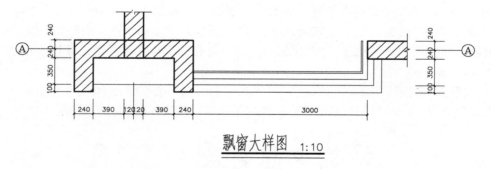

飘窗大样图 1:10

图 11-29 飘窗大样图

第12章
独基与基础梁布置图的绘制

本章导读

　　独基与基础梁均属建筑工程中的基础部分。基础图是表示建筑物地面以下基础部分的平面布置和详细构造的图样,包括基础平面图和详图,它们是施工放线、开挖基坑、砌筑或浇注基础的依据。

　　本章讲解独立基础平面图和基础详图特点,以及独基平面图、独基详图和基础梁实例的绘制,让读者真正掌握基础平面图和详图的绘制方法。

学习目标

📖 掌握结构施工图样板文件的创建方法
📖 掌握独基平面布置图的绘制方法
📖 掌握独基详图的绘制方法
📖 掌握基础梁平面布置图的绘制方法

预览效果图

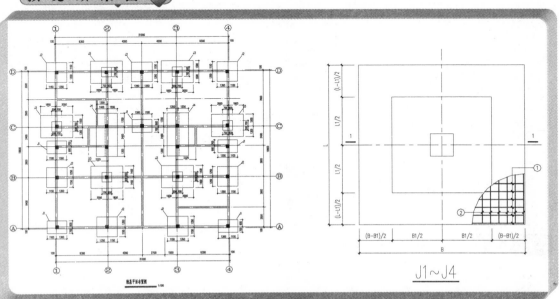

↘ 12.1 独基平面布置图的绘制

本节以独基平面布置图的绘制为例,详细讲解独基平面图和独基详图的绘制,包括创建结构施工图样板、轴网的绘制与标注、独基 J1-J4 图块的创建与布置、独基平面布置图的标注等。独基平面布置图的最终效果如图 12-1 所示。

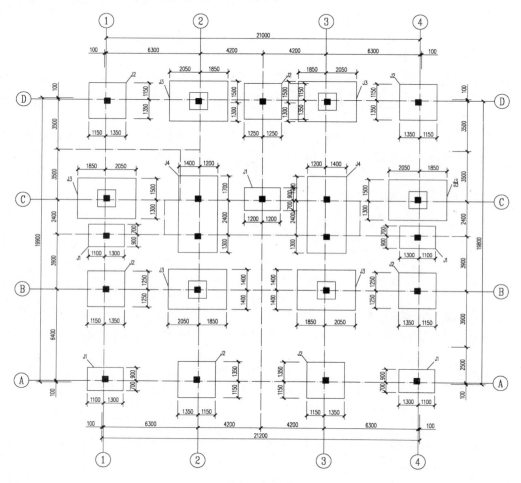

图 12-1 独基平面布置图的效果

⊃ 12.1.1 创建结构施工图样板

素材 视频\12\创建结构施工图样板.avi
案例\12\结构施工图样板.dwt

在 AutoCAD 2016 中,绘制图形前应创建一个图形样板文件,对其"绘图环境""图层""文字样式""标注样式"等进行相关设置。

1．设置绘图环境

默认情况下，AutoCAD 的绘图区域并不是很大，经常出现所绘制的图形界限达不到要求的情况，这时用户就可以根据需要来重新设置图形区域界限。

1）启动 AutoCAD 2016，在打开的初始界面环境中，单击"开始绘制"右下角的倒三角按钮，从弹出的下拉列表框中选择"acadiso.dwt"样板文件，从而创建一个以公制为单位的空白样板文件，如图 12-2 所示。

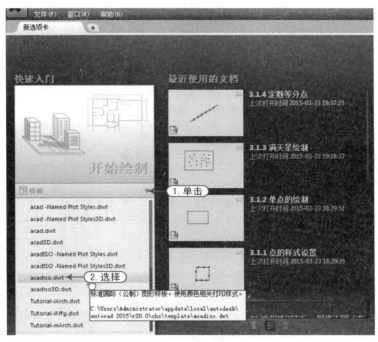

图 12-2　创建样板文件

2）在"快速访问"工具栏中单击"另存为"按钮或按〈Ctrl+Shift+S〉组合键，将该空白样板文件另存为"案例\12\结构施工图样板.dwt"文件，如图 12-3 所示。

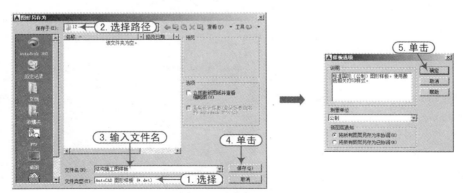

图 12-3　另存为操作

3）选择"格式｜图形界限"菜单命令，依照提示，设定图形界限的左下角为(0，0)，右上角为(42000, 29700)。

4）在命令行输入<Z>→<空格>→<A>，使输入的图形界限区域全部显示在图形窗口内。

> **提示** 默认情况下，用户在创建了图形文件过后，视图中将显示栅格效果，这时可以按"F7"键将栅格关闭。

2. 规划图层

在绘制建筑施工图时，建筑的各构件会用不同线型、线宽等绘制，图层的规划有利于用户在绘图时方便、快捷、美观地绘制出建筑施工图。绘制结构施工图前，需建立如表 12-1 所示的图层。

表 12-1 图层设置

序　号	图层名	线宽	线型	颜色	打印属性
1	轴线	默认	ACAD_IS004W100	红色	不打印
2	轴线编号	默认	实线	绿色	打印
3	梁	0.3 mm	实线	黑色	打印
4	柱	0.3 mm	实线	黑色	打印
5	独基	0.3 mm	实线	黑色	打印
6	钢筋	默认	实线	红色	打印
7	钢筋标注	默认	实线	红色	打印
8	尺寸标注	默认	实线	绿色	打印
9	文字标注	默认	实线	黑色	打印
10	标高	默认	实线	244 色	打印
11	填充	默认	实线	黑色	打印
12	其他	默认	实线	黑色	打印

1）选择"格式｜图层"菜单命令，将打开"图层特性管理器"面板。根据前面表 12-1 所示来设置图层的名称、线宽、线型和颜色等，如图 12-4 所示。

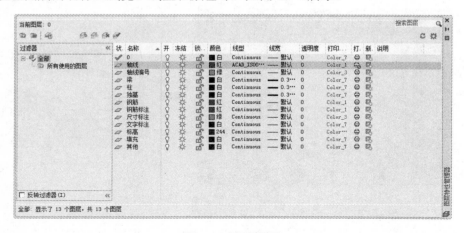

图 12-4　规划图层

2）选择"格式 | 线型"菜单命令，打开"线型管理器"对话框，输入"全局比例因子"为100，然后单击"确定"按钮，如图12-5所示。

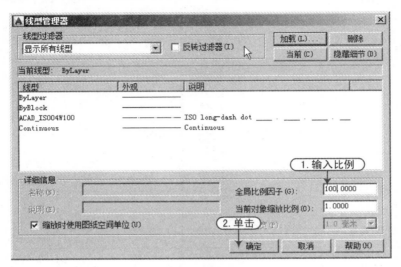

图 12-5　设置线型

 有时用户在对话框中会发现"详细信息"的选项区域未显示，这是因为"详细信息"选项区域被隐藏，此时单击右上角"显示细节"按钮即可显示。

3．设置文字样式

用户在 AutoCAD 中要输入一些钢筋符号时，首先应将光盘中"案例\CAD 钢筋符号字体库"文件夹中的所有文件复制到 AutoCAD 2016 软件安装位置的"Fonts"文件夹，然后设置相应的钢筋符号字体，再在相应的位置输入相应的代号即可。表 12-2 给出了 AutoCAD 中钢筋符号所对应的代号。

表 **12-2**　**AutoCAD 中钢筋符号所对应的代号**

输 入 代 号	符　　　号	输 入 代 号	符　　　号
%%c	符号φ	%%172	双标下标开始
%%d	度符号	%%173	上下标结束
%%p	±号	%%147	对前一字符画圈
%%u	下画线	%%148	对前两字符画圈
%%130	Ⅰ级钢筋⊕	%%149	对前三字符画圈
%%131	Ⅱ级钢筋φ̄	%%150	字串缩小 1/3
%%132	Ⅲ级钢筋φ̄	%%151	Ⅰ
%%133	Ⅳ级钢筋φ̄	%%152	Ⅱ
%%130%%145ll%%146	冷轧带肋钢筋	%%153	Ⅲ
%%130%%145j%%146	钢绞线符号	%%154	Ⅳ

（续）

输 入 代 号	符　　　号	输 入 代 号	符　　　号
%%1452%%146	平方	%%155	V
%%1453%%146	立方	%%156	VI
%%134	小于或等于≤	%%157	VII
%%135	大于或等于≥	%%158	VIII
%%136	千分号	%%159	IX
%%137	万分号	%%160	X
%%138	罗马数字XI	%%161	角钢
%%139	罗马数字XII	%%162	工字钢
%%140	字串增大 1/3	%%163	槽钢
%%141	字串缩小 1/2（下标开始）	%%164	方钢
%%142	字串增大 1/2（下标结束）	%%165	扁钢
%%143	字串升高 1/2	%%166	卷边角钢
%%144	字串降低 1/2	%%167	卷边槽钢
%%145	字串升高缩小 1/2（上标开始）	%%168	卷边 Z 型钢
%%146	字串降低增大 1/2（上标结束）	%%169	钢轨
%%171	双标上标开始	%%170	圆钢

　　选择"格式｜文字样式"菜单命令，按照表 12-3 所示对每一种文字样式进行字体、高度、宽度因子的设置，如图 12-6 所示。

表 12-3　文字样式

文字样式名	打印到图纸上的文字高度	图形文字高度（文字样式高度）	宽度因子	字体｜大字体
图名	5	500		tssdeng｜gbcbig
图内文字	3.5	350		tssdeng｜gbcbig
尺寸文字	3.5	0	0.7	tssdeng
轴号文字	5	500		complex
配筋文字	3.5	350		tssdeng｜tssdchn

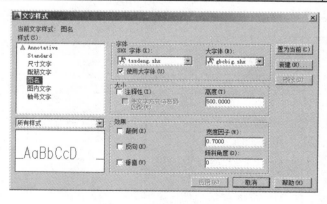

图 12-6　设置文字样式

> **提示**　文字样式在"置为当前"时，系统默认为不可删除，当用户需要删除该"文字样式"时，选择其他文字样式"置为当前"后，即可删除该文字样式。

4. 设置标注样式

在图形绘制完成后，用户需对图形的一些部位进行尺寸标注，由于在默认情况下，AutoCAD 的尺寸标注不一定能满足用户设计出图的效果要求，因此在尺寸标注前应设置好尺寸标注样式。

1）选择"格式 | 标注样式"菜单命令，将弹出"标注样式管理器"对话框，单击"新建""继续"按钮，创建"独基平面 1-100"标注样式，将弹出"新建标注样式"对话框，如图 12-7 所示。

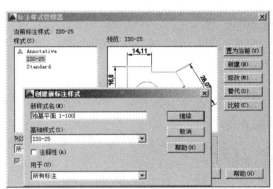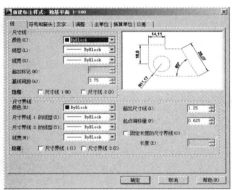

图 12-7　创建标注样式

2）在如图 12-7 所示的"新建标注样式：独基平面 1-100"对话框中，各参数的设置参照表 12-4，其他选项为默认。

表 12-4　"独基平面 1-100"标注样式的参数设置

"线"选项卡	"符号和箭头"选项卡	"文字"选项卡	"调整"选项卡
尺寸线 颜色(C)：□ByBlock 线型(L)：——ByBlock 线宽(G)：——ByBlock 超出标记(N)：0 基线间距(A)：3.75 隐藏：□尺寸线1(M) □尺寸线2(D) 尺寸界线 超出尺寸线(X)：2.5 起点偏移量(F)：5 ☑固定长度的尺寸界线(O) 长度(E)：10	箭头 第一个(T)：✓建筑标记 第二个(D)：✓建筑标记 引线(L)：➤实心闭合 箭头大小(I)：2	文字外观 文字样式(Y)：尺寸文字 文字颜色(C)：□ByBlock 填充颜色(L)：□无 文字高度(T)：3.5 分数高度比例(H)： □绘制文字边框(F) 文字位置 垂直(V)：上 水平(Z)：居中 观察方向：从左到右 从尺寸线偏移(O)：1	标注特征比例 □注释性(A) ○将标注缩放到布局 ⊙使用全局比例(S)：100 优化(T) □手动放置文字(P) ☑在尺寸界线之间绘制尺寸线(D)
		文字对齐(A) ○水平 ⊙与尺寸线对齐 ○ISO标准	

3）在"快速访问"工具栏中单击"保存"按钮 或按〈Ctrl +S〉组合键，保存"结构施工图样板.dwt"文件。至此，"结构施工图样板.dwt"文件已经创建完成。

⊃ 12.1.2 轴网的绘制

 视频\12\轴网的绘制.avi
案例\12\独基平面布置图.dwg

在绘制建筑平面图之前，要先画轴网。轴网是由建筑轴线组成的网，是人为地在建筑图纸中为了标示构件的详细尺寸，按照一般的习惯标准虚设的，习惯上标注在对称界面或截面构件的中心线上。

根据图形的要求，本独基平面布置图比较规则，下侧的开间分别为 6300、4200、4200、6300，进深尺寸分别为 6400、6300、7000，用户可以使用构造线和修剪等命令来绘制其主要轴网，然后对个别轴网进行偏移及修剪操作，从而完成轴网效果。

1）接前例，当前正在操作的文件对象为"案例\12\结构施工图样板.dwt"，单击"另存为"按钮 或按〈Ctrl+Shift+S〉组合键，将其文件另存为"案例\12\独基平面布置图.dwg"图形文件。

2）单击"图层控制"列表框，选择"轴线"图层置为当前图层。

3）执行"构造线"命令（XL），分别绘制一条水平构造线和垂直构造线。

4）执行"偏移"命令（O），将水平构造线向上依次偏移 6400、6300、7000，再将垂直构造线向右侧偏移 6300、4200、4200、6300，如图 12-8 所示。

5）再执行"偏移"命令（O）和"修剪"命令（TR），按照如图 12-9 所示对指定的轴线进行偏移和修剪操作。

 提示　　当轴线绘制完成后，用户可以轴线的对角交点为基点来绘制一个矩形框对象，再将该矩形框向外偏移 2000，然后将矩形以外的构造线进行修剪操作，最后将矩形对象删除。用户可以参照视频的讲解来进行操作。

⊃ 12.1.3 轴网的标注

视频\12\轴网的标注.avi
案例\12\独基平面布置图.dwg

在轴网绘制好后，用户可以先对其轴号进行标注，在这里将采用属性块的方式来定义轴号与轴圈，然后将其以插入、移动、复制、修改等方式来进行整体的轴号标注。

1）单击"图层控制"列表框，选择"轴线编号"图层置为当前图层。

2）执行"圆"命令（C），绘制半径为 500 的圆。

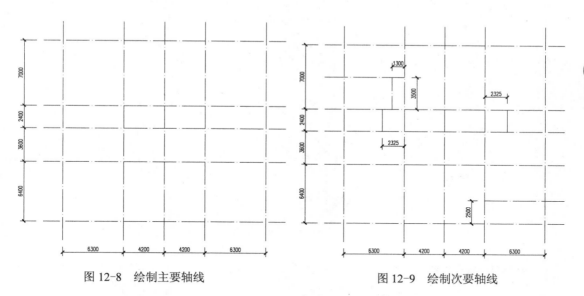

图 12-8　绘制主要轴线　　　　　　图 12-9　绘制次要轴线

3）执行"属性定义"命令（ATT），将弹出"属性定义"对话框，设置所需相关参数，再捕捉上一步所绘制的圆心点，从而定义属性对象，如图 12-10 所示。

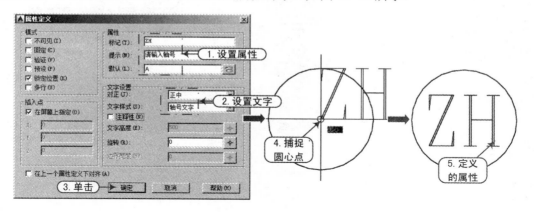

图 12-10　定义属性

提示

　　　　　在轴线编号属性块"A"选取指定点时，需开启"对象捕捉"，打开"对象捕捉设置"对话框，在对话框中勾选"圆心"能精确、快速地插入到圆的中心；或按〈Shift〉键并右击鼠标，从弹出的快捷菜单中选择"圆心捕捉"选项。

4）执行"写块"命令（W），弹出"写块"对话框，将上一步所创建的属性对象保存为"轴号.dwg"图块文件，如图 12-11 所示。

5）执行"插入块"命令（I），弹出"插入"对话框，将上一步所创建的"轴号"图块插入到当前视图中，如图 12-12 所示。

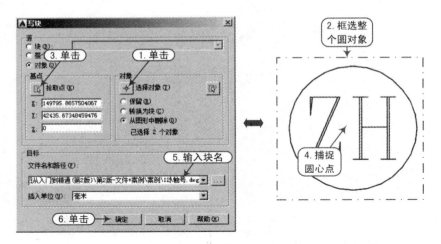

图 12-11　保存图块对象

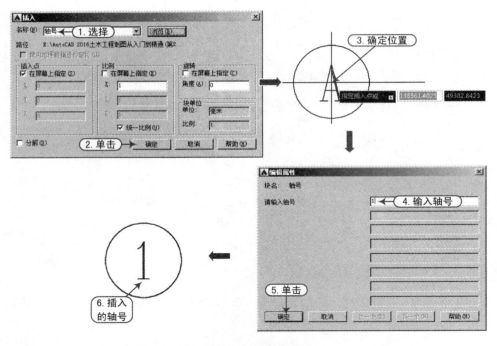

图 12-12　插入属性图块

6）执行"直线"命令（L），在左下侧绘制长度为 3000 的垂直线段。

7）执行"移动"命令（M），将插入的属性图块对象移动到直线的下侧端点（以圆的上侧象限点为基点，移至直线的下侧端点上），如图 12-13 所示。

8）执行"复制"命令（CO），将前面所绘制的直线和轴号分别移到其他轴线位置上，并双击轴号对象，修改为相应的轴号数值，如图 12-14 所示。

9）按照前面的方法，将上侧、左侧和右侧也进行轴号标注，如图 12-15 所示。

10）将"尺寸标注"图层置为当前图层，单击"注释"选项卡，在"标注"面板中将"基础平面 1-100"标注样式置为当前。

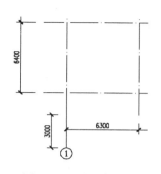
图 12-13　移动的轴号

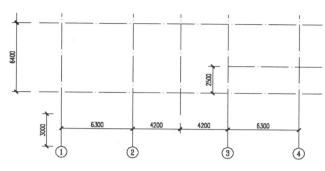
图 12-14　复制并修改轴号

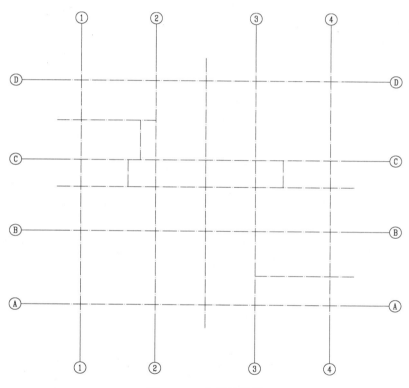
图 12-15　布置的轴号

11）执行"快速标注"命令（QDIM），选择下侧的轴线，对其进行尺寸标注，如图 12-16 所示。

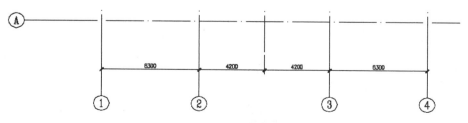
图 12-16　快速标注

12）执行"线性标注"命令（DLI），对 1～4 轴线进行细部及总尺寸标注，如图 12-17 所示。

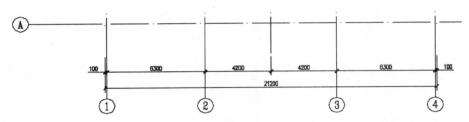

图 12-17　线性标注

13）按照相同的方法，对轴网进行尺寸标注，如图 12-18 所示。

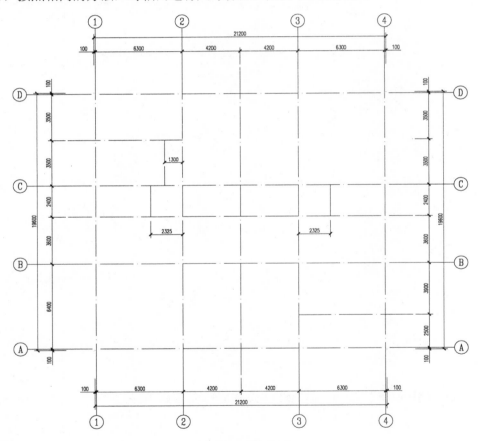

图 12-18　轴网标注

⊃ 12.1.4　独基 J1-J4 图块的创建

素材　视频\12\独基 J1-J4 图块的创建.avi
　　　案例\12\独基平面布置图.dwg

建筑施工图中，独基平面布置图主要反映独立基础的位置关系。在本节中，将详细讲解独基 J1-J4 图块的创建，创建好独立基础后，在后面可将其布置在设计图纸中的相应位置。

从图形当中可以看出，其柱子的尺寸为 400×400，而独基 J1-J4 的尺寸如表 12-5 所示，用户可以按照相应的尺寸分别进行绘制，然后将其创建为图块即可。

表 12-5　独立基础配筋表

编　号	B	L	B1	L1	h1	h2	①	②
J1	2400	1600	/	/	400	/	ϕ12@175(下)	ϕ12@175(上)
J2	2500	2500	/	/	450	/	ϕ12@150(下)	ϕ12@150(上)
J3	3900	2800	1200	1200	550	400	ϕ12@100(下)	ϕ12@100(上)
J4	5400	2600	/	/	750	/	ϕ14@125(下)	ϕ14@125(下)

1）将"独基"图层置为当前图层，执行"矩形"命令（REC），分别绘制 400×400 和 2400×1600 的两个矩形对象，并且居中对齐，如图 12-19 所示所示。

2）执行"图案填充"命令（H），将 400×400 的矩形对象填为黑色（SOLID）图案，以此作为柱子对象，如图 12-20 所示。

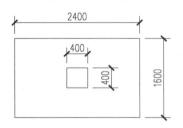

图 12-19　绘制的矩形

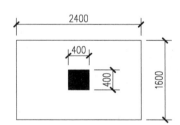

图 12-20　填充柱子

3）执行"写块"命令（W），按照前面的方法，将其保存为"J1.dwg"图块对象。

4）按照相同的方法，分别绘制 J2、J3、J4 独基对象，并分别保存为 J2、J3、J4 图块对象，如图 12-21 所示。

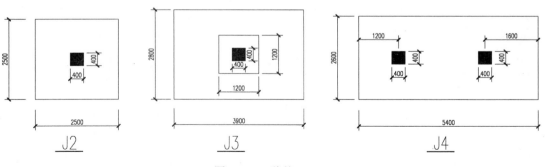

图 12-21　独基 J2～J4

提示　创建独基块样板时，拾取块的基点以柱的正中心为宜。

⮑ 12.1.5 独基 J1-J4 图块的布置

素材 DVD 视频\12\独基 J1-J4 图块的布置.avi
案例\12\独基平面布置图.dwg

首先了解独基与轴线的位置关系，找到合适参照基点，根据独基与轴线的位置关系使用偏移，将其移动到相应的位置上。

1）执行"插入块"命令（I），将"J1"图块插入到轴网 A1 的交点处。

2）从图中可以看出，其轴网 A1 交点处的独基 J1，其偏心距为（100，100）；这时可执行"移动"命令（M），将 J1 图块向上和向右分别移动 100，如图 12-22 所示。

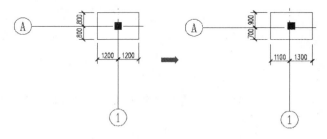

图 12-22　调整独基 J1 位置

3）从图 12-1 所示中可以看出，其左右独基的布置是对称的，可以先对其布置左侧，然后对其进行镜像即可。

4）按照图形的要求，在其他位置再次布置独基 J1、J2 图块对象，并对其进行偏移，如图 12-23 和图 12-24 所示。

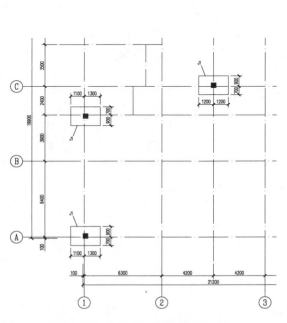

图 12-23　布置左侧的独基 J1 效果

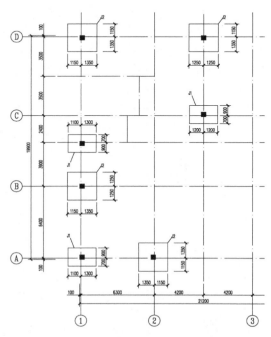

图 12-24　布置左侧的独基 J2 效果

5）按照相同的方法，布置左侧独基 J3、J4 图块对象，并对其进行偏移，如图 12-25 所示。

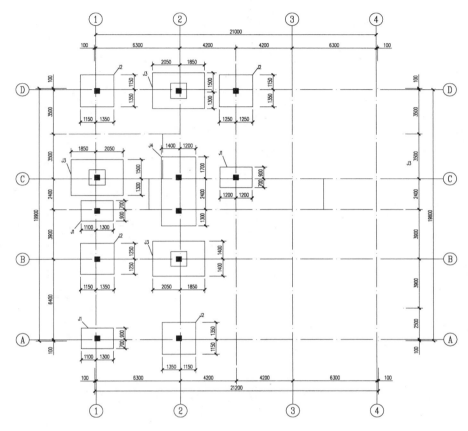

图 12-25　布置左侧的独基 J3、J4 效果

6）左侧的独基布置好过后，再使用"镜像"命令（MI），将左侧的 1、2 号轴线上的独基对象全部选中，以中间的轴线作为镜像线进行水平镜像即可，从而完成整个独基 J1-J4 的布置，如图 12-26 所示。

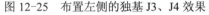

> **提示**　在当前图形中，每个独基都有尺寸标注的数据，但在这里绘图的时候，并没有真正进行尺寸和文字标注，只是为了让读者能够更好地观察独基布置的位置。

⊃ 12.1.6　独基平面布置图的标注

视频\12\独基平面布置图的标注.avi
案例\12\独基平面布置图.dwg

独基平面布置图的标注用以表达独基和各部分的相互关系，其标注包括独基编号的标注和尺寸标注。本节将对独基编号的标注和尺寸标注作详细的讲解。

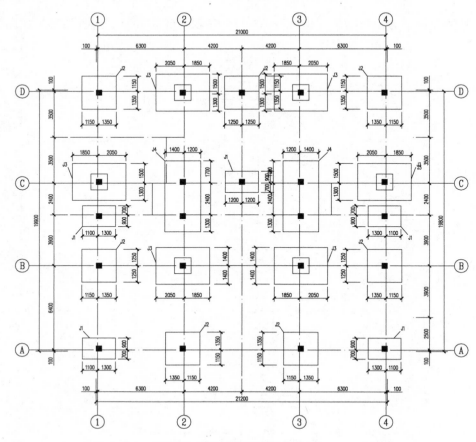

图 12-26　布置好的独基效果

1．独基定位尺寸标注

独基定位尺寸标注主要用于定位独立基础在图纸中的位置关系，本次将使用"线性标注"进行标注。

1）将"尺寸标注"图层置为当前图层，单击"注释"选项卡，在"标注"功能区选项中将"独基平面 1-100"标注样式置为当前。

2）执行"线性标注"命令（DLI），对独基 J1 进行尺寸标注，如图 12-27 所示。

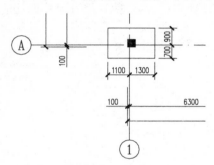

图 12-27　独基的尺寸标注

3）按照相同的方法，再对图形中的其他独基对象进行尺寸标注，如图 12-28 所示。

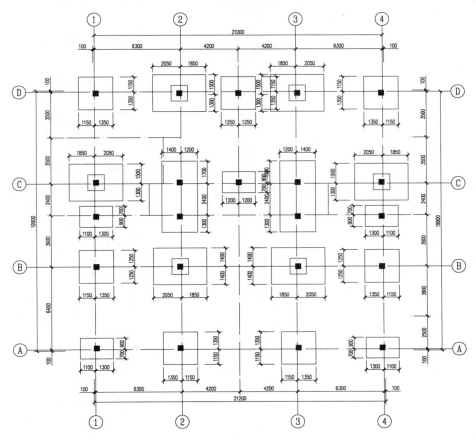

图 12-28　独基尺寸标注后的效果

2．独基代号标注

用代号标注能使图纸更规范整洁，对同一种类型的柱使用同一代号标注。本图纸独基分为 4 种类型，分别以 J1、J2、J3、J4 表示。

1）将"文字标注"图层置为当前图层，单击"注释"选项卡，在"标注"功能区选项中将"图内文字"文字样式置为当前。

2）执行"直线"命令（L），在独基 J1 左上侧绘制一条斜线段；执行"单行文字"命令（DT），输入文字"编号"；再双击"编号"并修改为 J1，如图 12-29 所示。

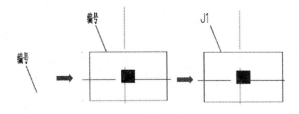

图 12-29　标注单个独基代号

3）按照相同的方法，标注其他独基的代号，如图 12-30 所示。

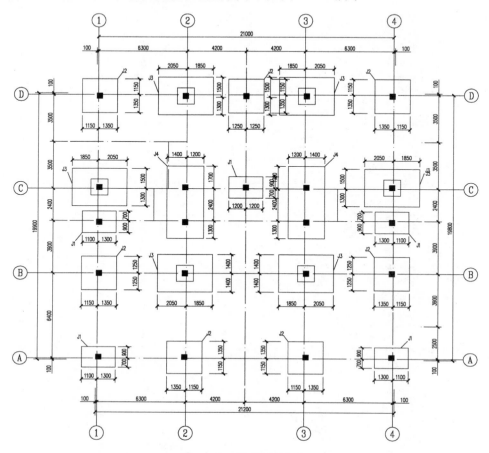

图 12-30　独基代号标注

3．图名标注

1）单击"注释"选项卡，在"标注"功能区选项中将"图名"文字样式置为当前。

2）单击"单行文字"按钮 $\boxed{A1}$，在图形的下侧输入文字"独基平面布置图"和"1：100"；按〈Ctrl+1〉组合键打开"特性"面板，分别修改相应文字大小为"1000"和"500"，并水平对齐，如图 12-31 所示。

3）使用"多段线"命令（PL），在图名的底侧绘制一条宽度为 20 的水平多段线；再使用"直线"命令（L），绘制与多段线等长的水平线段，效果如图 12-32 所示。

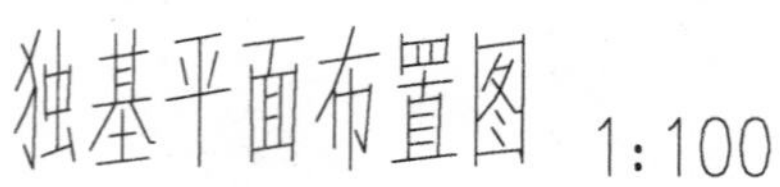

独基平面布置图 1:100

图 12-31　图名和比例标注

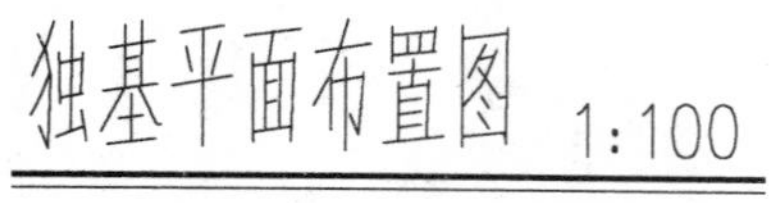

独基平面布置图 1:100

图 12-32　绘制的线段

4）至此，该独基平面图已经绘制完成，最终效果如图 12-1 所示。用户可按〈Ctrl+S〉组合键对当前的图形进行保存。

12.2　独基详图的绘制

独基详图表达独基的细部尺寸、截面形状、材料做法、基底标高等。本节对独基详图的绘制进行详细讲解，包括"独基配筋表""独基 J1-J4 平面详图""独基 1-1 剖面图""独基 J4 剖面图"等的绘制，其最终效果如图 12-33 所示。

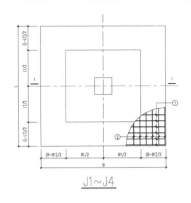
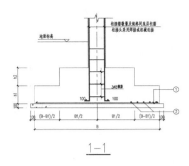
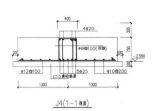

图 12-33　独基详图的效果

12.2.1　独基配筋表的绘制

　视频\12\独基配筋表的绘制.avi
案例\12\独基平面布置图.dwg

独基配筋表的绘制包括表格的绘制和文字的书写。该表可反映独基的截面尺寸及配筋参数。在 AutoCAD 2016 中，钢筋符号需要安装相应的字体才能书写，如果没有相应的字体，在绘制前需按 12.1.1 节中的"3. 设置文字样式"的方法添加字体。本节将对表格的绘制和文字的书写进行详细讲解。

1．绘制表格

由于本图中独立基础较少，因此独基配筋表相对比较简单，绘制方法可参照绘制轴网的方法绘制。

1）续前例，将"文字标注"图层置为当前图层，执行"构造线"命令（XL），分别绘制一条水平构造线和垂直构造线。

2）执行"偏移"命令（O），将水平构造线向上依次偏移 5×1200，再将垂直构造线向右侧偏移 1500、6×2000、2×4000。

3）执行"修剪"命令（TR），对多余的构造线进行修剪，如图 12-34 所示。

2．书写各项数值

在绘制好表格后，应将各独基的相关参数填写到表格中，在 AutoCAD 2016 中钢筋的书写方式应按 12.1.1 中第 3 条的方法书写。

1）将"文字标注"图层置为当前图层，将"图内文字"文字样式置为当前文字样式。

2）执行"单行文字"命令（DT），输入文字及其参数，并放置到表格适当位置，如

表 12-6 所示。

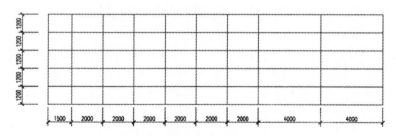

图 12-34 绘制的表格线段

表 12-6 独基配筋表

编　　号	B	L	B1	L1	h1	h2	①	②
J1	2400	1600			400		Φ12@175（下）	Φ12@175（上）
J2	2500	2500			450		Φ12@150（下）	Φ12@150（上）
J3	3900	2800	1200	1200	550	400	Φ12@100（下）	Φ12@100（上）
J4	5400	2600			750		Φ14@125（下）	Φ14@125（下）

12.2.2 独基 J1-J4 平面详图的绘制

从图 12-33 所示可以看出，独基 J1-J4 图由 3 个矩形和一个多段线绘制的钢筋网片等绘制而成。

1）将"独基"图层置为当前图层，执行"矩形"命令（REC），绘制边长为 10000 的正方形，执行"偏移"命令（O），向内分别偏移 2000、2300，如图 12-35 所示。

2）执行"圆"命令（C），以正方形的右下角为圆心，绘制半径为 3200 的圆；执行"修剪"命令（TR），修剪掉多余的对象，如图 12-36 所示。

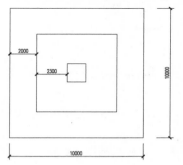

图 12-35 绘制矩形

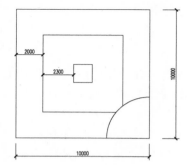

图 12-36 绘制圆

3）将"钢筋"图层置为当前图层，执行"多段线"命令（PL），在圆弧内绘制两条相互垂直的线段，且设置多段线的宽度为 30。

4）执行"偏移"命令（O），将绘制的多段线上下各偏移 500；然后执行"修剪"命令

（TR）修剪掉多余的线段，从而形成独基平面详图的效果，如图 12-37 所示。

5）将"尺寸标注"图层置为当前图层，执行"线性标注"命令（DLI），对独基平面详图进行尺寸标注，然后双击尺寸文字对象，并按照图 12-38 进行修改。

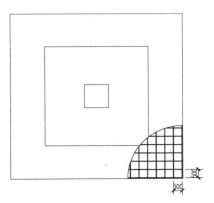

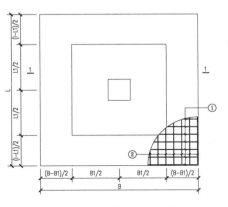

图 12-37　绘制钢筋　　　　　　　　　图 12-38　独基 J1-J4 效果

 这里书写的文字参数 B、L，是按照表 12-5 所示的独基配筋表进行输入的。

⊃ 12.2.3　独基 1-1 剖面图的绘制

视频\12\独基 1-1 剖面图的绘制.avi
案例\12\独基平面布置图.dwg

绘制独基 1-1 剖面图时，可以借助于独基 J1-J4 平面详图，根据三视图原理快速地绘制独基 1-1 剖面图。本节进行独基 1-1 剖面图承台、钢筋等的绘制，其效果如图 12-33 所示。

1）将"独基"图层置为当前图层。执行"构造线"命令（XL），在独基"J1-J4"图下方适当的位置绘制一条水平线，再绘制 6 条与独基"J1-J4"的垂直线段重合的垂直线，如图 12-39 所示。

2）执行"偏移"命令（O），将水平构造线向上偏移 2×1500；再执行"修剪"（TR），修剪掉多余的线条，如图 12-40 所示。

3）执行"矩形"命令（REC），绘制一个 10600×600 的矩形。

4）执行"移动"命令（M），以矩形的上边中心点为基点，移动至承台下边中心点。

5）执行"填充"命令（H），将 10600×600 的矩形对象填为混凝土（AR-CONC）图案，如图 12-41 所示。

6）绘制独基柱钢筋，将"钢筋"图层置为当前图层。

7）执行"多段线"命令（PL），指定起点，输入"W"设置宽度为 30，输入相对极坐标（@150<225），水平向右绘制 300，垂直向上绘制 10000，以此作为左面柱钢筋效果。

8）执行"镜像"命令（MI），以承台剖面图中心垂直线为对称中心，将上一步所绘制的左面柱钢筋进行水平镜像，以此完成右面柱钢筋绘制，如图 12-42 所示。

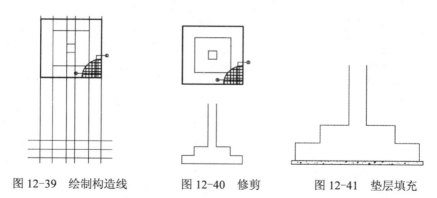

图 12-39 绘制构造线   图 12-40 修剪   图 12-41 垫层填充

9）再执行"多段线"命令（PL），绘制多条水平线段，以完成柱箍筋效果，如图 12-43 所示。

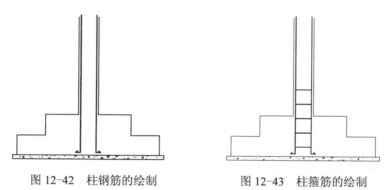

图 12-42 柱钢筋的绘制   图 12-43 柱箍筋的绘制

10）绘制独基底部钢筋网，底部钢筋弯钩的角度为 45°。执行"多段线"命令（PL），指定第一点，输入相对极坐标（@150<225），水平向右绘制 9700，输入相对极坐标（@150<135），并按〈Enter〉键完成绘制。

11）执行"圆环"命令（DO），绘制内径为 0，外径为 60 的圆环，在右侧钢筋弯钩处绘制圆环；执行"复制"命令（CO），选择"圆环"，指定圆环的中心为基点，选择"阵列（A）"，阵列个数为 5，间距为 550，向左阵列，如图 12-44 所示。

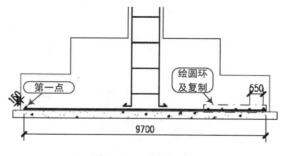

图 12-44 底部钢筋

12）将"文字标注"图层置为当前图层，单击"注释"选项卡，在"标注"功能区选项中将"尺寸文字"文字样式置为当前。

13）使用直线、单行文字和线形标注命令，对当前所绘制的独基 1-1 剖面图进行文字和尺寸标注操作，如图 12-45 所示

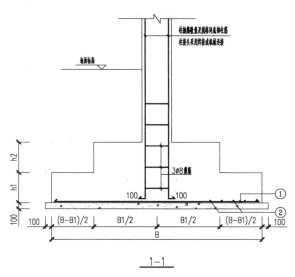

图 12-45 独基 1-1 剖面图效果

14）至此，该独基 1-1 剖面已经绘制完成，用户可按〈Ctrl+S〉组合键对当前的图形进行保存。

 在绘制钢筋时，为了不受其他图形的影响，可以单独在空白处绘制完成后，再复制或移动到需要放置的位置，建议用户对常用的钢筋图形写成块保存。

⊃ 12.2.4 独基 J4 剖面图的绘制

> 素材 视频\12\独基 J4 剖面图的绘制.avi
> DVD 案例\12\独基平面布置图.dwg

建筑剖面图用以表示建筑内部的结构构造、垂直方向的分层情况、各层楼地面、屋顶的构造及相关尺寸、标高等。下面以独基 J4 剖面图为例来进行绘制，其效果如图 12-33 所示。

1）将"独基"图层置为当前图层。执行"矩形"命令（REC），分别绘制 2800×100、2600×750 和 400×750 的 3 个矩形对象，并按如图 12-46 所示进行布置。

2）执行"偏移"命令（O），将 400×750 的矩形向内分别偏移 20、20。

3）执行"直线"命令（L），以矩形垂直中心线绘制垂直辅助线；再执行"偏移"命令（O），将辅助线左右各偏移 90。

4）执行"圆环"命令（DO），绘制内径为 0，外径为 25 的圆环，捕捉矩形框与垂直线段的交点，在相应交点位置上绘制圆环；再执行"删除"命令（E）删除多余的线段，如图 12-47 所示。

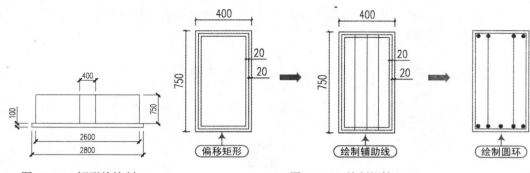

图 12-46　矩形的绘制

图 12-47　绘制钢筋 1

5）执行"偏移"命令（O），将矩形内两条直线分别向外偏移 20；执行"直线"命令（L），绘制角度为 45°的斜线段，其长度为 60；执行"删除"命令（E），删除多余线条。

6）执行"编辑多段线"命令（PE），选择"多条(M)"选项，将 400×750 矩形内所有线段转换为多段线，再选择"宽度(W)"选项，然后设置多段线宽为 15，如图 12-48 所示。

7）使用"多段线"命令（PL），按前面的方法绘制底部钢筋；然后选择所有多段线绘制的钢筋，在"图层"功能区中将其转换为"钢筋"图层，如图 12-49 所示。

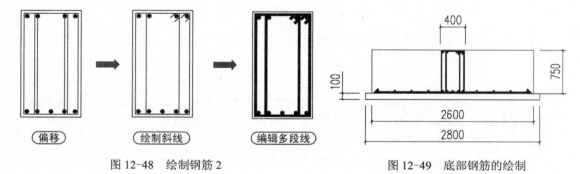

图 12-48　绘制钢筋 2

图 12-49　底部钢筋的绘制

8）将"文字标注"图层置为当前图层，单击"注释"选项卡，在"标注"功能区选项中将"尺寸文字"文字样式置为当前。

9）使用直线、单行文字和线形标注命令，对当前所绘制的独基 J4 剖面图进行文字和尺寸标注操作，如图 12-50 所示。

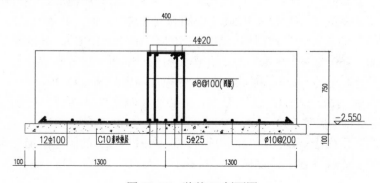

图 12-50　独基 J4 剖面图

10）至此，其独基 J4 剖面图已经绘制完成，按〈Ctrl+S〉组合键进行保存。

 提示　　用户在对独基 J4 剖面图进行标注后，应将其标注的文字转换到"文字标注"图层，将标注的尺寸转换到"尺寸标注"图层。

↘ 12.3　基础梁平面布置图的绘制

根据平法中关于基础梁平面表达的相关规定，绘制梁平面布置图一般使用"多线"绘制，本节就以使用多线来绘制梁的方法绘制基础梁平面图，对"多线样式"设置与绘制进行介绍；对梁的集中标注和原位标注进行详细讲解。基础梁平面布置图的最终效果如图 12-51 所示。

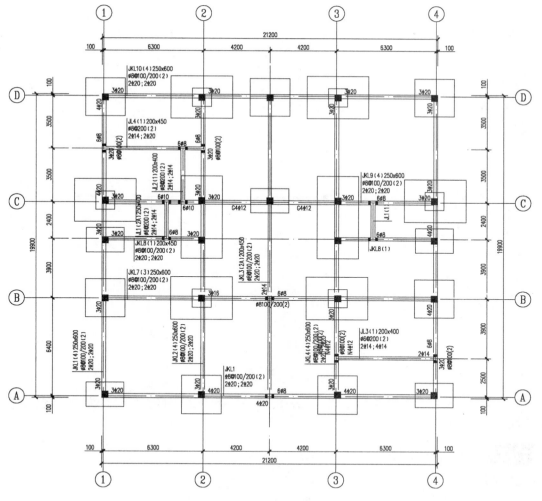

图 12-51　基础梁平面布置图的效果

➲ 12.3.1 文件的调用与保存

素材 视频\12\文件的调用与保存.avi
案例\12\基础梁平面布置图.dwg

在绘制基础梁之前，同样需要多绘图环境进行设置，由于前面已经设置过一次，因此本次绘制只需调用前面设置好的文件，根据绘制梁的需求稍作整理。

1）选择"文件 | 打开"菜单命令，将"案例\12\独基平面布置图.dwg"文件打开。

2）关闭"轴线""轴线编号""独基"等图层，执行"删除"命令（E），框选所有对象，删除独基代号与独基尺寸标注、独基配筋表、独基详图等对象；再打开所有图层，如图 12-52 所示。

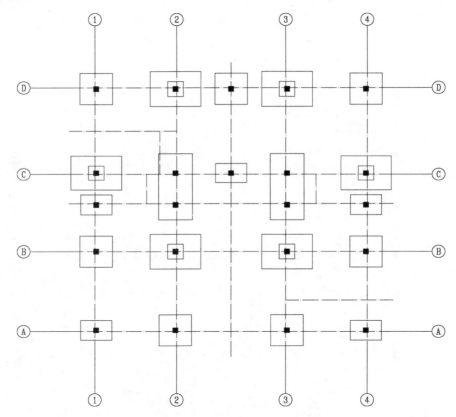

图 12-52　删除整理图形

3）单击"另存为"按钮🖪或按〈Ctrl+Shift+S〉组合键，将文件另存为"案例\12\基础梁平面布置图.dwg"文件。

➲ 12.3.2 绘制基础梁

素材 视频\12\绘制基础梁.avi
案例\12\基础梁平面布置图.dwg

从图 12-51 中可看出，图中有偏心梁，其宽为 250（即 100、150 的偏心梁），以及有两条中心对称梁，其宽为 250 和 200。在 Auto CAD 2016 中，默认情况下有一个对称的多线样式"STANDARD"，因此在绘制梁平面图案前需要建立一个多线样式"250L"，以适应偏心梁 250 的需要。

1）选择"格式｜多线样式"菜单命令，新建"250L"多线样式，并在"图元"选项区中设置偏移距离为 150、–100 的两组参数，并且置为当前，如图 12-53 所示。

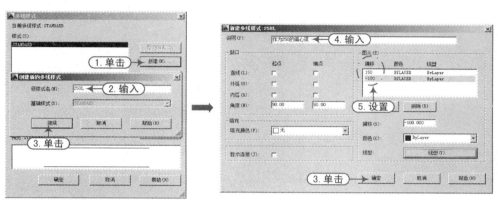

图 12-53　多线样式的设置

2）将"梁"图层置为当前图层，关闭"独基"图层。执行"多线"命令（ML），设置"对正 = 无，比例 =1.00，样式 = 250L"，按如图 12-54 所示绘制 250 的偏心梁。

3）按空格键，重复执行"多线"命令（ML），设置"对正 = 无，比例 =250.00，样式 = STANDARD"，按如图 12-55 所示绘制 250 的对称梁。

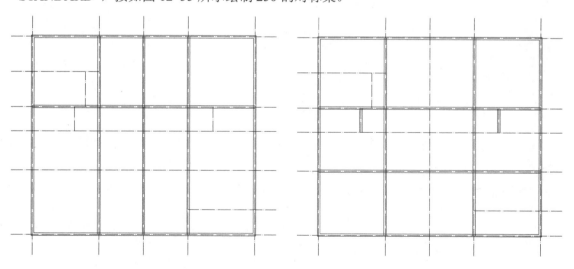

图 12-54　绘制宽 250 偏心梁　　　　图 12-55　绘制宽 250 中心对称梁

4）按空格键，重复执行"多线"命令（ML），设置"对正 = 无，比例 =200.00，样式 = STANDARD"，按如图 12-56 所示绘制 200 的中心对称梁。

5）双击"多线"弹出"多线编辑工具"对话框，选择"十字合并"选项，对 B2 轴交点的十字相交梁进行编辑，如图 12-57 所示。

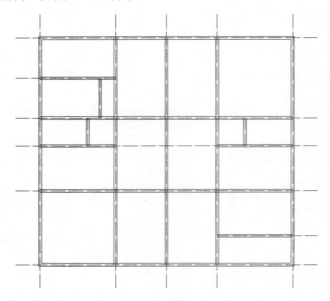

图 12-56　绘制宽 200 中心对称梁

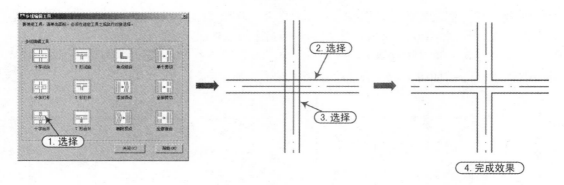

图 12-57　十字合并操作

6）按空格键，重复"多线编辑"命令，选择"T 形合并"选项，对 A2 轴交点的 T 形相交梁进行编辑，如图 12-58 所示。

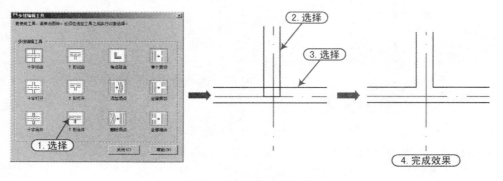

图 12-58　T 形合并操作

7）按照相同的方法将其他多线进行编辑，其编辑完成的效果如图 12-59 所示（为让用户能够更好地观察绘制和编辑的多线效果，在此处已经将其他图层关闭了的，仅显示梁图层）。

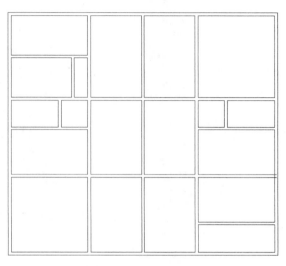

图 12-59　最终效果

⊃ 12.3.3　梁的集中标注

素材　视频\12\梁的集中标注.avi
　　　案例\12\基础梁平面布置图.dwg

梁平面施工图的表示方法是在平面布置图上采用平面注写方式或截面注写方式表达，平面注写包括集中标注和原位标注。集中标注表达梁的通用数值，本节以创建带属性块、插入块的方法讲解基础梁平面的集中标注。

1）选择"格式｜图层"菜单命令，打开"图层特性管理器"面板，新建图层"梁集中标注""梁原位标注"，设置参数同"尺寸标注"图层一样。

2）将"梁集中标注"图层置为当前图层，执行"定义属性"命令（ATT），创建"梁代号"属性，再按照相同方法创建"梁箍筋""梁通常筋""构造筋或抗扭筋"等属性，并一直垂直向下排列，如图 12-60 所示。

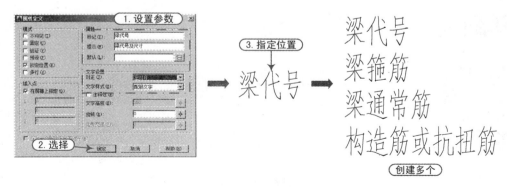

图 12-60　定义属性

3）执行"写块"命令（W），选择上面创建的"梁代号""梁箍筋"、"梁通常筋""构造筋或抗扭筋"等属性对象，创建为"梁集中标注"块对象，并将其保存为"案例\12\梁集中标注.dwg"文件。

4）对水平方向上的梁进行集中标注，以 A 轴线上的梁为例对其进行集中标注。执行"直线"命令（L），以 A 轴线上一点为起点，向上绘制一条垂直线段；再执行"插入块"命令（I），将弹出"插入"对话框，选择"梁集中标注"图块，将其插入到直线一侧，并根据设计图纸相应梁设置参数，如图 12-61 所示。

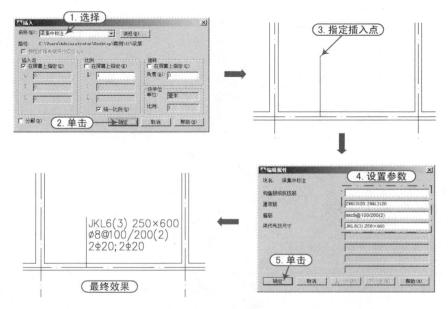

图 12-61　水平梁标注

5）对垂直方向上的梁进行集中标注，以 1 轴线上的梁为例，对其进行集中标注。执行"直线"命令（L），以 1 轴线上一点为起点，向左绘制一条水平线段；再执行"插入块"命令（I），将弹出"插入"对话框，选择"梁集中标注"图块，将其插入到直线一侧，并根据设计图纸相应梁设置参数，如图 12-62 所示。

6）按照上述相同的方法对其他梁进行标注，如图 12-63 所示。

12.3.4　梁的原位标注

素材　视频\12\梁的原位标注.avi
案例\12\基础梁平面布置图.dwg

原位标注表达梁的特殊数值，当集中标注中的某项数值不适用于梁的某部位时，则将该项数值原位标注，施工时，原位标注取值优先。从图 12-51 中看，一些主次梁的相交处设有附加箍筋。

1）选择"格式 | 文字样式"菜单命令，选择"配筋文字"样式置为当前文字样式。

2）将"钢筋"图层置为当前图层，绘制间距为 50 的加密箍筋。执行"多段线"命令（PL），在距次梁边 50 处绘制一条等同于梁宽的垂直线段。

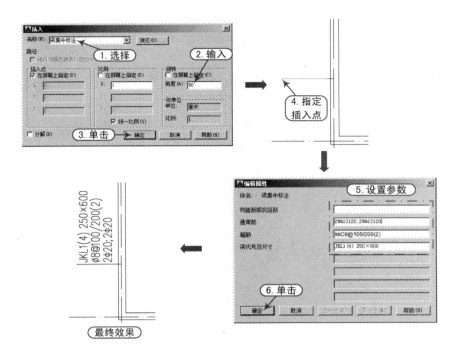

图 12-62　垂直梁标注

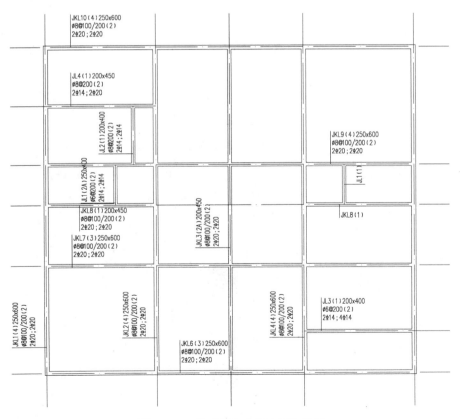

图 12-63　基础梁集中标注最终效果

3）执行"偏移"命令（O），偏移间距为 50，共两次；再执行"镜像"命令（MI），将 3 条线段水平对称镜像，如图 12-64 所示。

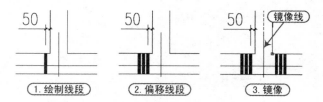

图 12-64 绘制附加箍筋

4）按照相同方法绘制其他加密箍筋，为了用户便于看图，此处只保留"梁"和"钢筋"图层，如图 12-65 所示。

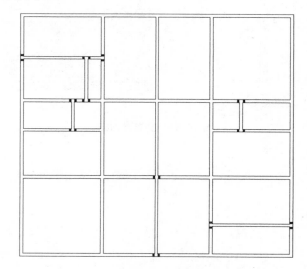

图 12-65 最终效果

5）将"梁原位标注"图层置为当前图层，执行"单行文字"命令（DT），选择文字插入位置，在梁需要原位标注的相应位置单击并按〈Enter〉键，然后输入"3%%131 20"，如图 12-66 所示。

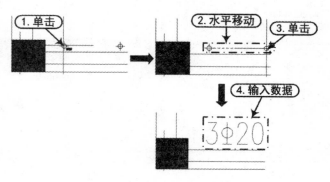

图 12-66 原位标注

6）按照上述的方法标注其他梁的原位标注，为了用户看图效果，暂时关闭其他图层只保留"梁""梁原位标注""轴线"3 个图层，图 12-67 所示。

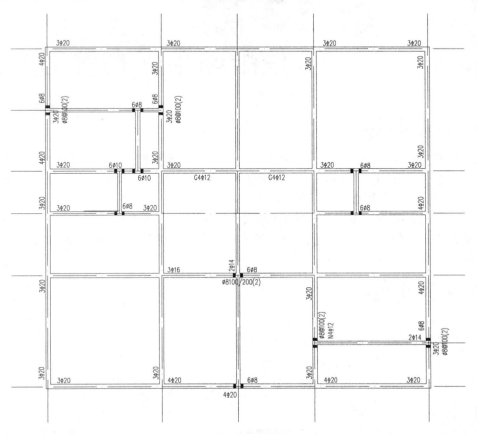

图 12-67　基础梁平面原位标注效果

7）至此，其基础梁平面布置图已经绘制完成，按〈Ctrl+S〉组合键保持文件。

提示　使用"单行文字"标注中，选取文字方向时要注意鼠标的移动方向。鼠标水平向右移动，文字水平向右正常显示；鼠标水平向左移动，文字水平向左倒置显示。

AutoCAD 2016 土木工程制图从入门到精通

第13章
柱配筋平面布置图的绘制

本章导读

柱是建筑物中垂直的主结构件，承托在它上方物件的重量。在主柱与地基间，常建有柱础。另外，亦有其他较小的柱，不置于地基之上，而是置于梁架上，以承托上方物件的重量，再通过过梁架结构把重量传至主柱之上。

本章通过对柱配筋平面图和各框架柱配筋图的讲解，以及对柱配筋平面图和框架柱配筋平面图的绘制，引领读者掌握柱配筋平面图和框架柱配筋图绘制方法，让用户真正掌握柱配筋平面图和框架柱配筋图的绘制技巧。

学习目标

- 掌握一层柱平面图的绘制方法
- 掌握各层框架配筋图的绘制方法
- 掌握二层柱配筋平面图的绘制方法
- 掌握三层柱配筋平面图的绘制方法

预览效果图

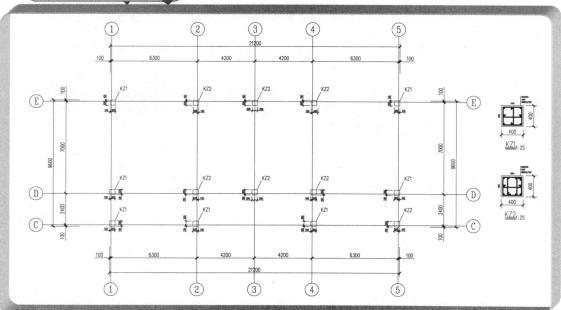

↘ 13.1 文件的调用与整理

素材 视频\13\文件的调用与整理.avi
案例\13\一层柱平面布置图.dwg

在前面第 12 章绘制独基和基础梁平面布置图时，已经将其绘图环境设置好了，包括图形界限、图层、文字和标注样式等。本章所绘制的柱配筋平面布置图与第 12 章的图形为同一套图，那么这里在绘制一层柱平面图时，可以调用"案例\12\独基平面布置图.dwg"文件，然后对其中相关参数和图形等进行整理，再另存为文件即可。

1）启动 AutoCAD 2016，选择"文件 | 打开"菜单命令，或按〈Ctrl+O〉组合键，打开"案例\12\独基平面布置图.dwg"文件。

2）关闭"轴网""轴线编号"图层，执行"删除"命令（E）删除所有对象；再打开所有图层，执行"删除"命令（E），删除多余的轴线；执行"复制"命令（CO），复制轴线编号，修补缺少的轴线编号，如图 13-1 所示。

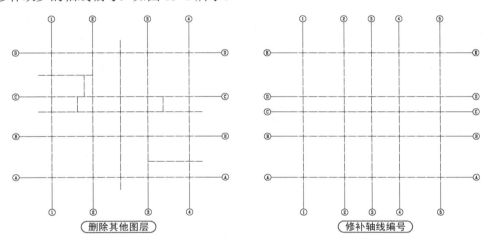

图 13-1　调用文件图形与整理

3）单击"另存为"按钮，或按〈Ctrl+Shift+S〉组合键，将文件另存为"案例\13\一层柱平面布置图.dwg"。

↘ 13.2 一层柱平面图的布置

素材 视频\13\一层柱平面图的布置.avi
案例\13\一层柱平面布置图.dwg

柱平面布置图主要反映柱与轴线的位置关系，是柱在施工过程中定位放线的依据。本节将详细讲解一层柱平面图的布置，通过绘制矩形柱、偏移、复制等，将柱子布置到相应的位置上。最终效果如图 13-2 所示。

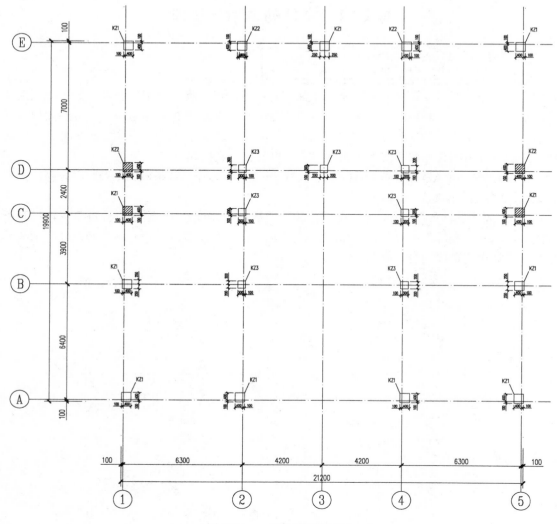

图 13-2   一层柱平面布置图

从图 13-2 可以看出，图中全为矩形柱，截面尺寸分别为 400×400、500×500 两种，柱的布置以③轴线为对称中心线水平对称布置，因此可以先绘制这两个矩形，完成左边柱的布置，然后通过镜像的方式，以③轴线作为对称轴线，以此完成右边柱子的布置。

1）将"柱"图层置为当前图层；执行"矩形"命令（REC），在空白处绘制 400×400、500×500 的两个矩形。

2）执行"偏移"命令（O），设置偏移距离为 100，将两个矩形框分别向内偏移，如图 13-3 所示。

> 此处偏移 100 后得到的矩形是作为复制时的辅助矩形框，从图 13-2 可以看出，柱子的边向内偏移 100 与各轴线交点重合，因此将矩形偏移 100 是为后面复制过程中选择基点时，当参照基点用。

> 为了便于后面操作的叙述，以下将上面偏移后得到的小矩形称作"辅助矩形"。

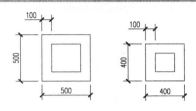

图 13-3　偏移矩形

3）执行"复制"命令（CO），选择"500×500"的矩形对象，以"辅助矩形"左下角为基点，依次布置 A1、C1、D1 轴线交点处的柱，如图 13-4 所示。

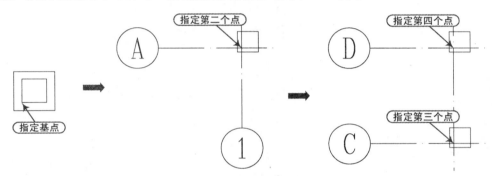

图 13-4　布置 A1、C1、D1 轴柱

4）按空格键，重复复制，选择"500×500"的矩形对象，以"辅助矩形"左边中点为基点，布置 B1 轴线交点处的柱，如图 13-5 所示。

5）按"空格"键，重复复制，选择"500×500"的矩形对象，以"辅助矩形"左上角为指定基点，布置 E1 轴线交点处的柱，如图 13-6 所示。

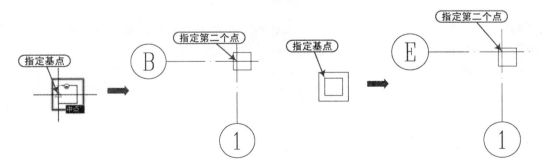

图 13-5　布置 B1 轴柱　　　　　　　图 13-6　布置 E1 轴柱

6）按照上述分别以"辅助矩形"右边的右上、右中、右下为指定基点，布置②轴线上500×500 和 400×400 的柱，效果如图 13-7 所示。

提示	此处进行柱的尺寸标注是为了用户看到更好的效果，实际在柱的布置过程中没有尺寸标注。

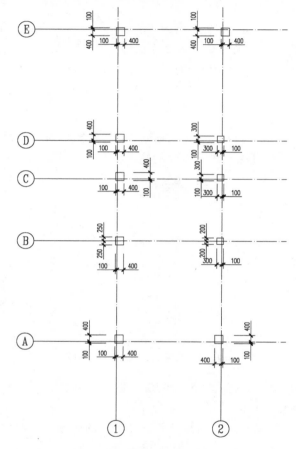

图 13-7　①、②轴线上柱布置的效果

7）执行"复制"命令（CO），选择"500×500"的矩形对象，以其内"辅助矩形"上边中心点为指定基点，布置 E3 轴线交点处的柱，如图 13-8 所示。

8）按空格键，重复复制，选择"400×400"的矩形对象，以其内"辅助矩形"下边中心点为指定基点，布置 D3 轴线交点处的柱，如图 13-9 所示。

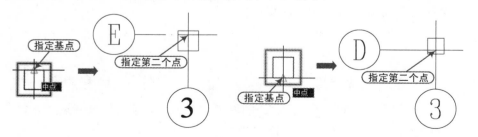

图 13-8　布置 E3 轴柱　　　　　　　　　图 13-9　布置 D3 轴柱

9）执行"填充"命令（H），选择 C1、D1 轴交点上的柱子进行填充，填充图案为 ANSI 31，比例为 30。

10）执行"镜像"命令（I），选择①、②轴线上所有的柱对象，以③轴线为对称轴线，对所有柱子进行水平镜像，以此完成一层柱的布置，如图 13-10 所示。

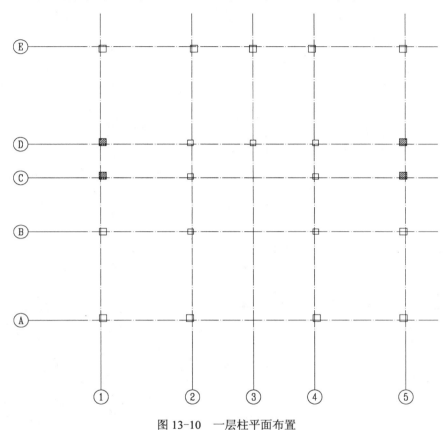

图 13-10　一层柱平面布置

11）至此，其一层柱已经布置完成，按〈Ctrl+S〉组合键进行保存。

提示　在柱平面布置过程中，若有对称关系的柱，则可以使用"镜像"命令（MI）将柱子进行对称，例如上图可以先布置①~③轴线的柱，再将其以③轴线为对称中心线作对称布置④和⑤轴线上的柱。

↘ **13.3　一层柱平面图的标注**

本一层柱平面图的标注包括：柱代号标注、柱尺寸标注、轴网、图名等。在标注之前，应先根据相关标注设置相关的文字样式或标注样式，再使用"单行文字"或"多行文字"，"快速"标注和"线性"标注对图形进行标注，效果预览如图 13-11 所示。

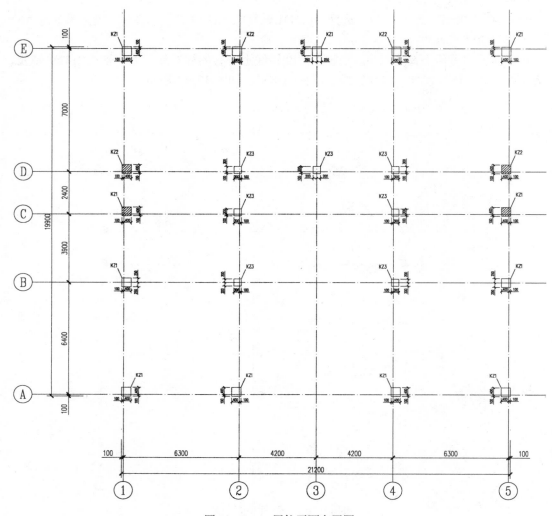

图 13-11　一层柱平面布置图

⊃ 13.3.1　柱定位尺寸标注

素材　视频\13\柱定位尺寸标注.avi
　　　案例\13\一层柱平面布置图.dwg

　　前面已经创建过"独基平面 1-100"的标注样式，在一层柱平面标注时，使用原"独基平面 1-100"的标注样式对柱子进行定位尺寸标注时，其比例显得过大，不能再用于柱的定位尺寸标注，因此需新建另外的标注样式。

　　1）将"尺寸标注"图层置为当前图层，选择"格式 | 标注样式"菜单命令，在"标注样式管理器"对话框中，新建"平面 1-50"的标注样式，以"独基平面 1-100"作为基础样式，将全局比例因子改为 50，并置为当前标注样式，如图 13-12 所示。

　　2）执行"线性标注"命令（DLI），对 A1、A2 轴交点处的柱子进行定位尺寸标注，如图 13-13 所示。

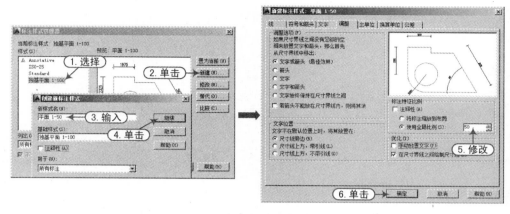

图 13-12　新建平面 1-50 标注样式

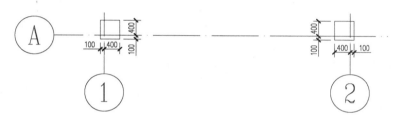

图 13-13　A1、A2 轴交点处柱子定位尺寸标注

3）按空格键，重复线性标注命令，对 B1、B2 轴交点处的定位进行尺寸标注，如图 13-14 所示。

图 13-14　B1、B2 轴交点处柱子定位尺寸标注

4）按空格键，重复线性标注，对 C1、C2 轴交点处的定位进行尺寸标注，如图 13-15 所示。

图 13-15　C1、C2 轴交点处柱子定位尺寸标注

5）按空格键，重复线性标注，对 D1、D2、D3 轴交点处的定位进行尺寸标注，如图 13-16 所示。

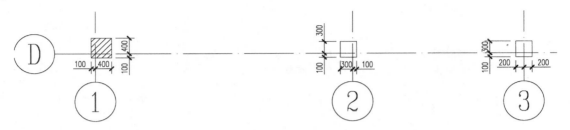

图 13-16　D1、D2、D3 轴交点处柱子定位尺寸标注

6）按空格键，重复线性标注，对 E1、E2、E3 轴交点处的定位进行尺寸标注，如图 13-17 所示。

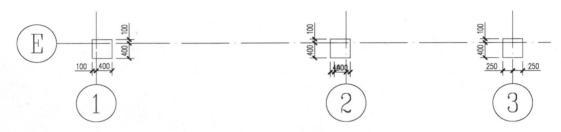

图 13-17　E1、E2、E3 轴交点处柱子定位尺寸标注

7）执行"镜像"命令（MI），选择①、②轴线柱的"定位尺寸标注"对象，以③轴线进行水平镜像，最终效果如图 13-18 所示。

> **提示**　在柱平面布置过程中，根据左右对称关系，可以先标注③轴线左边柱的尺寸标注，再使用"镜像"命令（MI），以③轴线为镜像轴线，将其进行镜像。

 13.3.2　柱代号标注

素材
视频\13\柱代号标注.avi
案例\13\一层柱平面布置图.dwg

柱代号编写时，应根据平法规定，在柱平面图系中一种柱使用同一柱代号，当柱的总高、分段截面尺寸和配筋均对应相同，但仅截面与轴线的关系不同时，仍可将其编为同一柱号，但应在图中注明截面与轴线的关系。

1）将"文字标注"图层、"图内文字"文字样式置为当前图。执行"直线"命令（L），绘制一条斜线段；执行"单行文字"命令（DT），对 A1、A2 轴交点处柱子进行标注代号标注，如图 13-19 所示。

2）按照相同的方法对其他柱进行柱代号标注，如图 13-20 所示。

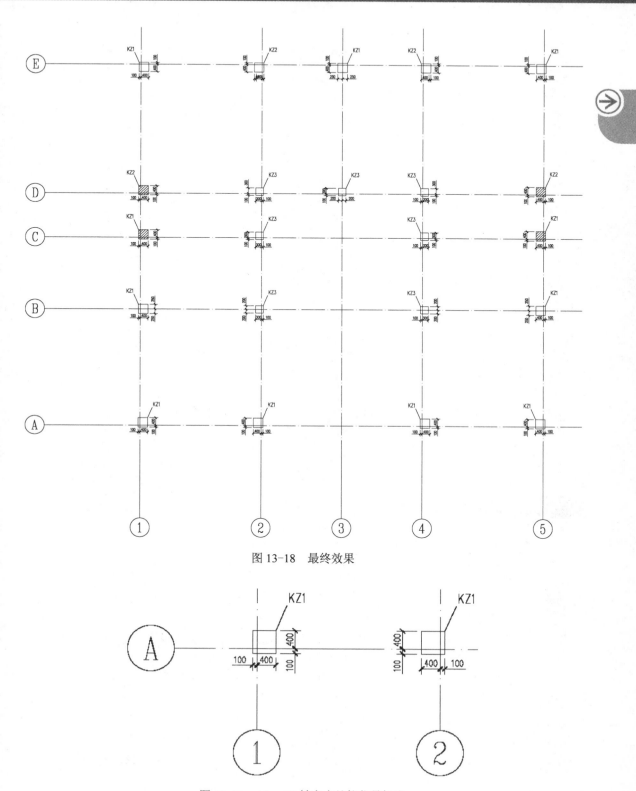

图 13-18 最终效果

图 13-19 A1、A2 轴交点处柱代号标注

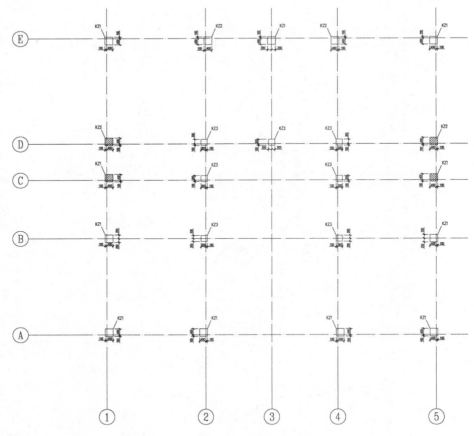

图 13-20　其他轴交点处柱代号标注

⊃ 13.3.3　轴网尺寸及图名标注

素材　视频\13\轴网尺寸及图名标注.avi
案例\13\一层柱平面布置图.dwg

　　一层柱的尺寸标注与前面 12.1.6 节中独基平面布置图中的标注方法大致相同，可参照其标注方法，对柱轴网进行尺寸标注，本节主要讲解使用快速标注对轴网进行标注。

　　1）将"尺寸标注"图层、"独基平面 1-100"标注样式分别置为当前。执行"快速标注"命令（QDIM），选择"①～⑤轴线"对象，将鼠标向下移动到适当的位置，单击鼠标确定标注位置。以此完成①～⑤轴线下方轴线与轴线间的尺寸标注。

　　2）执行"线性标注"命令（DLI），对其他尺寸标注各和总尺寸标注，如图 13-21 所示。

　　3）执行"镜像"命令（MI），将选择①～⑤轴线的"尺寸标注"对象，进行垂直镜像，完成①～⑤轴线的上部尺寸标注，如图 13-22 所示。

　　4）执行"快速标注"命令（QDIM），选择"A～E 轴线"对象，将鼠标向左移动到适当位置，单击鼠标确定标注位置，以此完成 A～E 左侧轴线与轴线间的尺寸标注，如图 13-23 所示。

　　5）执行"镜像"命令（MI），选择 A～E 轴线"尺寸标注"对象，将其水平镜像，如

图 13-24 所示。

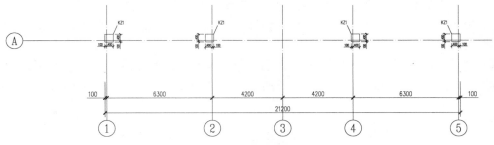

图 13-21　下侧①～⑤轴线尺寸标注

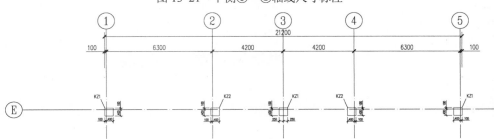

图 13-22　上侧①～⑤轴线尺寸标注

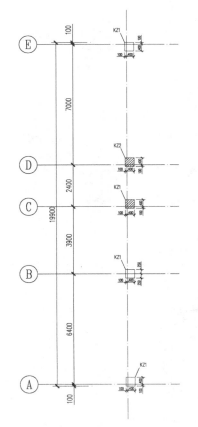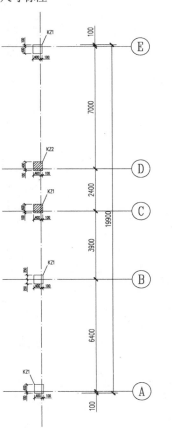

图 13-23　左侧 A～E 轴线尺寸标注　　图 13-24　右侧 A～E 轴线尺寸标注

6）单击"注释"选项卡，在"标注"功能区选项中将"图名"文字样式置为当前。

7）单击工具栏中"单行文字"按钮 A，在图形的下侧输入文字"一层柱平面布置图"和"1∶100"；按〈Ctrl+1〉组合键打开"特性"面板，分别修改相应文字大小为"1000"和"500"，并水平对齐，如图 13-25 所示。

8）使用"多段线"命令（PL），在图名的下方绘制一条宽度为 20 的水平多段线；再使用"直线"命令（L），绘制与多段线等长的水平线段，效果如图 13-26 所示。

一层柱平面布置图 1∶100　　　　　一层柱平面布置图 1∶100

图 13-25　图名和比例标注 　　　　　　　　图 13-26　绘制的线段

↘ 13.4　各框架柱配筋图的绘制

在本节中，将绘制各楼层的框架柱配筋图，如图 13-27 所示。

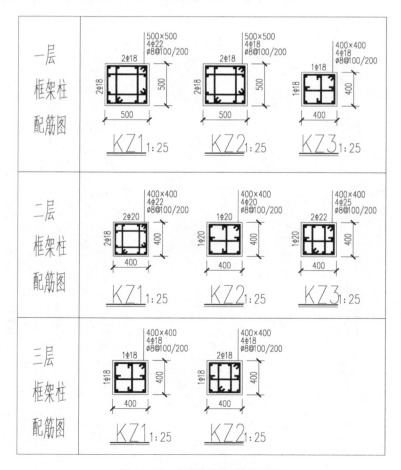

图 13-27　各框架柱配筋效果图

⊃ 13.4.1　文件调用与整理

素材　视频\13\文件调用与整理.avi
　　　案例\13\各框架柱配筋平面图.dwg

在绘制各框架柱配筋前仍可以调用前面的文件，从而省略绘图前的相关设置。

1）启动 AutoCAD 2016，选择"文件 | 打开"菜单命令，将"案例\13\一层柱平面布置图.dwg"文件打开。

2）按〈Ctrl+A〉组合键，将视图中的所有对象选中，然后按〈Del〉键，将其所有图元对象删除。

3）单击"另存为"按钮，或按〈Ctrl+Shift+S〉组合键，将文件另存为"案例\13\各框架柱配筋图.dwg"文件。

⊃ 13.4.2　创建柱截面图块

素材　视频\13\创建柱截面图块.avi
　　　案例\13\各框架柱配筋平面图.dwg

由图 13-27 中可看出，各楼层框架柱配筋图的钢筋截面配置方式只分为 3 种类型，如图 13-28 所示。它们之间变化的只是钢筋的型号、大小和柱截面的尺寸，因此可以先绘制这 3 种类型的框架柱截面图做成图块，再根据相应对象的大小进行缩放和修改相应对象钢筋配置的数值。下面将这 3 种截面类型创建的图块分别命名为"Z1 截面""Z2 截面""Z3 截面"。

Z1截面　Z2截面　Z3截面

图 13-28　截面类型

1．创建图块 Z1 截面

1）将"柱"图层置为当前图，执行"矩形"命令（REC），绘制 500*500 矩形；执行"偏移"命令（O），将矩形向内分别偏移 30、20。

2）执行"直线"命令（L），绘制一条垂直于矩形中心的辅助线；执行"偏移"命令（O），将辅助线分别向左、右偏移 120。如图 13-29 所示。

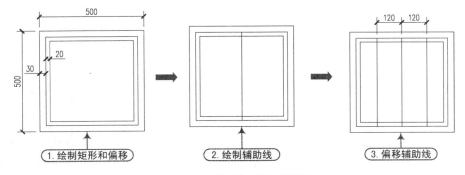

图 13-29　绘制矩形与辅助线

3）执行"直线"命令（L），绘制长为 75，角度 45°的斜线段；执行"偏移"命令（O），将斜线段向两侧偏移 20。

4）执行"修剪"命令（TR），修剪掉多余的线条；执行"删除"命令（E），删除多余的线段，按相同方法绘制其他钢筋及斜线。如图 13-30 所示。

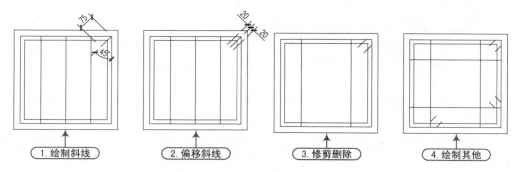

1. 绘制斜线　　2. 偏移斜线　　3. 修剪删除　　4. 绘制其他

图 13-30　绘制斜线段

5）打开正交模式，执行"圆环"命令（DO），绘制小径为 0，外径为 25 的圆环。

6）执行"复制"命令（C），选择"圆环"对象，指定圆环中心为基点，再选择"阵列(A)"，输（5）个项目数选项，指定第二点，鼠标水平向右移动，并输入数值（100），按〈Enter〉键确认。

7）按相同方法绘制其他圆环，在向下复制柱垂直方向的圆环时，鼠标应垂直向下移动，阵列项目数同样为 5 个，复制完成后，再删除中间的圆环。如图 13-31 所示。

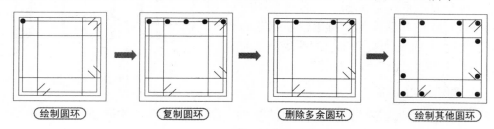

绘制圆环　　复制圆环　　删除多余圆环　　绘制其他圆环

图 13-31　绘制圆环

提示　　在复制圆环时，应在正交模式打开的状态下进行，以确保绝对的水平或垂直。

8）执行"编辑多段线"命令（PE），选择"多条(M)"选项，将需要转换为钢筋的线段转换为多段线，再选择"宽度(W)"选项，然后设置多段线宽为 15。

9）执行"删除"命令（E），删除多余线段，并选择所有钢筋对象，将其置为钢筋图层，如图 13-32 所示。

10）绘制完毕，按"创建块"命令（B），将前面创建的柱截面创建为"Z1 截面"图块。

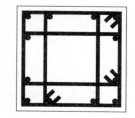

图 13-32　Z1 最终效果

2. 创建图块 Z2 截面

1）执行"矩形"命令（REC），绘制 400×400 的矩形；执行"偏移"命令（O），将矩形向内分别偏移 30、20。

2）执行"直线"命令（L），以中间距左右、上下边中点分别绘制一条水平线段和一条垂直线段。

3）执行"偏移"命令（O），将水平线段和垂直线段向两边偏移 20；执行"删除"命令（E），删除中间的直线段，如图 13-33 所示。

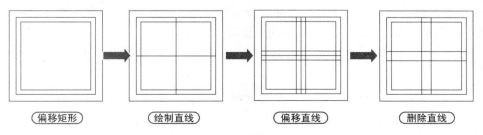

图 13-33　绘制矩形与辅助线

4）执行"直线"命令（L），绘制长为 75，角度 45°的斜线段；执行"偏移"命令（O），将斜线段向两侧偏移 20，将最里面的矩形向内偏移 40。

5）执行"修剪"命令（TR），修剪掉多余的线条；执行"删除"命令（E），删除多余的线段，如图 13-34 所示。

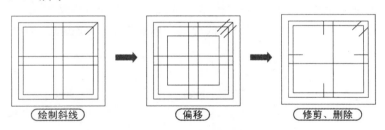

图 13-34　绘制斜线段

6）打开正交模式，执行"圆环"命令（DO），在里层小矩形的各角点和各边中点上绘制小径为 0，大径为 25 的圆环，执行"删除"命令（E），删除小矩形。

7）执行"编辑多段线"命令（PE），选择"多条(M)"选项，将需要转换为钢筋的线段转换为多段线，再选择"宽度(W)"选项，然后设置多段线宽为 15。

8）执行"删除"命令（E），删除多余线段，并选择所有钢筋对象将其置为钢筋图层，如图 13-35 所示。

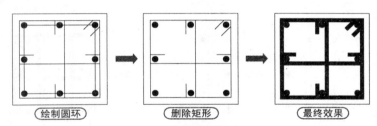

图 13-35　Z2 最终效果

9）绘制完毕，按"创建块"命令（B），将前面创建的柱截面创建为"Z2 截面"图块。

3. 创建图块 Z3 截面

1）执行"矩形"命令（REC），绘制 400×400 的矩形；执行"偏移"命令（O），将矩形向内分别偏移 30、20。

2）执行"直线"命令（L），以中间距左右、上下边中点分别绘制一条水平线段和一条垂直线段。

3）执行"偏移"命令（O），将水平线段分别向左右偏移 70，垂直线段分别向上下偏移 20；执行"删除"命令（E），删除中间的直线段，如图 13-36 所示。

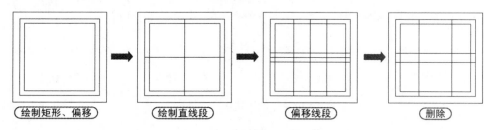

图 13-36　绘制矩形与辅助线

4）执行"直线"命令（L），绘制长为 75，角度 45°的斜线段；执行"偏移"命令（O），将斜线段向两侧偏移 20，将最里面的矩形向内偏移 40。

5）执行"修剪"命令（TR），修剪掉多余的线条；执行"删除"命令（E），删除多余的线段；执行"偏移"命令（O），垂直线段分别向内偏移 20，如图 13-37 所示。

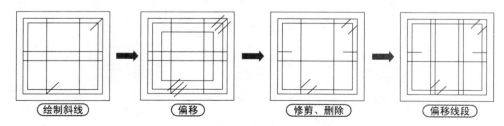

图 13-37　绘制斜线段

6）打开正交模式，执行"圆环"命令（DO），拾取角点、中点、交点等，在相应位置绘制小径为 0，大径为 25 的圆环，执行"删除"命令（E），删除小矩形与多余线段。

7）执行"编辑多段线"命令（PE），选择"多条（M）"选项，将需要转换为钢筋的线段转换为多段线，再选择"宽度(W)"选项，然后设置多段线宽为 15；执行"删除"命令（E），删除多余线段，并选择所有钢筋对象将其置为钢筋图层，如图 13-38 所示。

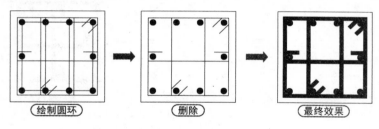

图 13-38　Z3 最终效果

8）绘制完毕，按"创建块"命令（B），将前面创建的柱截面创建为"Z3 截面"图块。

➲ 13.4.3　框架柱配筋图绘制

素材　视频\13\框架柱配筋图绘制.avi
案例\13\各框架柱配筋平面图.dwg

创建好各类型柱截面图块后，还需根据各楼层柱的截面尺寸和配筋对其进行调整和尺寸标注和钢筋标注。

从图 13-27 可以看出，一层框架柱 KZ1、KZ2 的截面图与前面创建的图块 Z1 截面相同，只是其配筋不同，可先绘制好 KZ1 后，再复制一个修改其配筋数值；KZ3 的截面与图块 Z2 截面相同，可直接插入 Z2 截面进行标注。图 13-27 中框架柱配筋图的比例为 1:25，前面创建的图块比例为 1：100，在插入图形时需将图块比例放大 4 倍。

1）执行"插入块"命令（I），分别插入"Z1 截面"图块，并放大 4 倍，如图 13-39所示。

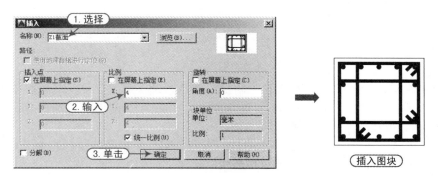

图 13-39　插入图块

2）选择"格式｜标注样式"菜单命令，打开"标注样式管理器"对话框，在"独基平面 1-100"标注样式的基础上，新建"截面 1-25"的标注样式，在主单位选项中，将"比例因子"设置为 0.25，其他参数不变，如图 13-40 所示。

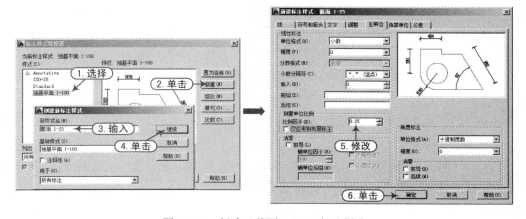

图 13-40　新建"截面 1-25"标注样式

3）将"文字标注"图层置为当前图层，执行"插入"命令（I），将前面第 12 章创建好的"梁集中标注.dwg"图块文件插入到当前视图的指定位置，并按照如图 13-41 所示进行框架柱配筋的标注。

4）将"尺寸标注"图层置为当前图层，执行"线性"命令（DLI），对图形进行线性标注，如图 13-42 所示。

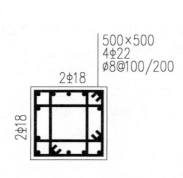

图 13-41　截面配筋标注

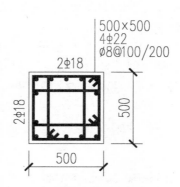

图 13-42　截面尺寸标注

5）将"图名"文字样式置为当前，执行"单行文字"命令（DT），在图形的下侧输入文字"KZ1"和"1：25"；按〈Ctrl+1〉组合键打开"特性"面板，分别修改相应文字大小为"1000"和"500"，并水平对齐。

6）执行"多段线"命令（PL），在图名的下方绘制一条宽度为 20 的水平多段线；再使用"直线"命令（L），绘制与多段线等长的水平线段。如图 13-43 所示。

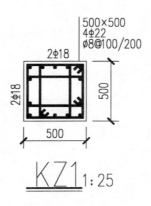

图 13-43　图名标注

7）执行"复制"命令（CO），复制框架柱 KZ1 配筋图，修改数值，完成 KZ2 的绘制。

8）按照上述插入图块、标注的方法，插入图块"Z2 截面"并对其进行标注，完成 KZ3 的绘制。一层框架柱配筋图的最终效果，如图 13-44 所示。

9）按照上述的方法绘制二、三层框架配筋图，如图 13-45 和图 13-46 所示。

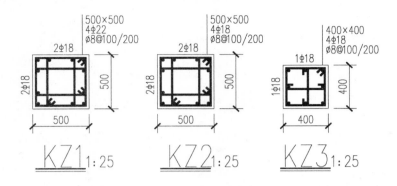

图 13-44 一层框架柱配筋图

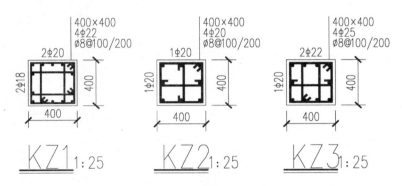

图 13-45 二层框架柱配筋图

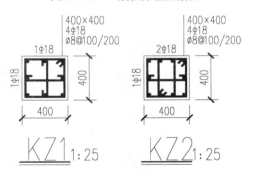

图 13-46 三层框架柱配筋图

↘ 13.5 二层柱配筋平面图的绘制

素材 视频\13\二层柱配筋平面图的绘制.avi
案例\13\二层柱配筋平面图.dwg

柱配筋平面图包括"柱平面布置图"和"柱截面配置图"的绘制,前面已经绘制好二层框架柱的配筋图,因此本节绘制二层柱配筋平面图时,先绘制二层柱平面布置图,再将前面绘制好的二层框架柱配筋图插入到二层柱配筋平面图中。最终效果如图 13-47 所示。

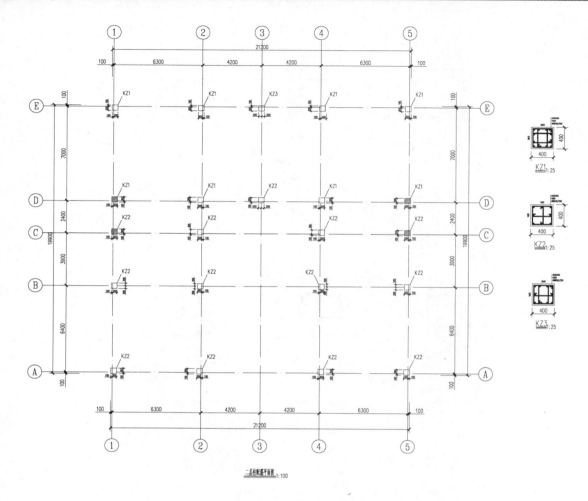

图 13-47　二层柱配筋平面图

🕒 13.5.1　文件调用与整理

在绘制二层柱平面布置图时可以调用一层柱，从而省略绘图前的相关设置。

1）启动 AutoCAD 2016，选择"文件 | 打开"菜单命令，将"案例\13\一层柱平面布置图.dwg"文件打开。

2）执行"删除"命令（E），删除一层柱定位尺寸标注。

3）单击"另存为"按钮 📙，或按〈Ctrl+Shift+S〉组合键，将文件另存为"案例\13\二层柱配筋图.dwg"。

🕒 13.5.2　二层柱平面布置图的绘制

由图 13-2 与图 13-47 比较，可看出一层柱平面布置图和二层柱平面布置图的布置完全相同，只是外层柱的截面尺寸由 500×500 变为 400×400 和柱代号发生变化，因此绘制二层柱平面布置图时只需将一层柱平面布置外层柱和柱代号进行相应修改。

1）执行"缩放"命令（SC），选择 A1 轴线上的"柱"对象，指定"柱左下角点"为基点，输入比例因子（0.8），按〈Enter〉键完成缩放。

2）双击"柱代号"文字，将原柱的代号修改为二层柱平面图相对应的代号，如图 13-48 所示。

3）按照相同的方法，选择 A2 轴线上柱对象的右下角点进行缩放，并修改柱编号，如图 13-49 所示。

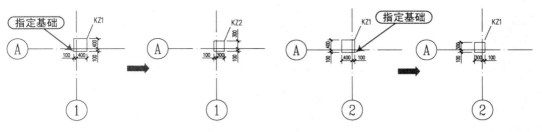

图 13-48　缩放 A1 轴线上的柱　　　　　图 13-49　缩放 A2 轴线上的柱

4）按照相同的方法，对 B1（左中点为基点）、C1（左下角点为基点）轴线上的柱对象进行缩放，并修改柱编号，如图 13-50 和图 13-51 所示。

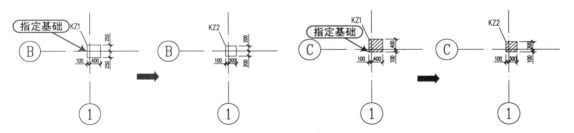

图 13-50　缩放 B1 轴线上的柱　　　　　图 13-51　缩放 C1 轴线上的柱

5）按照相同的方法，对 D1（左下角点为基点）、E1（左上角点为基点）轴线上的柱对象进行缩放，并修改柱编号，如图 13-52 和图 13-53 所示。

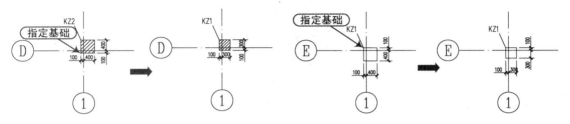

图 13-52　缩放 D1 轴线上的柱　　　　　图 13-53　缩放 E1 轴线上的柱

6）按照相同的方法，对 E2（左上角点为基点）、E3（上侧中点为基点）轴线上的柱对象进行缩放，并修改柱编号，如图 13-54 和图 13-55 所示。

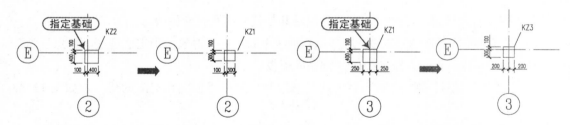

图 13-54　缩放 E2 轴线上的柱　　　　　图 13-55　缩放 E3 轴线上的柱

提示　　　绘制过程中，实际没有尺寸标注，图中的尺寸标注是让用户更好地看到效果，上述缩放中关键在于基点的选择，缩放的基点应选择不变点。

　　7）执行"线性标注"命令（DLI），参照 13.3.1 柱平面定位尺寸标注的方法，对①、③轴线上的柱进行定位尺寸标注，至此完成二层①～③轴线柱的平面布置。由于二层柱平面布置图以③轴线为对称轴水平对称，因此删除④、⑤轴线原有的一层柱，通过镜像完成④、⑤轴线上柱的布置，最终效果如图 13-56 所示。

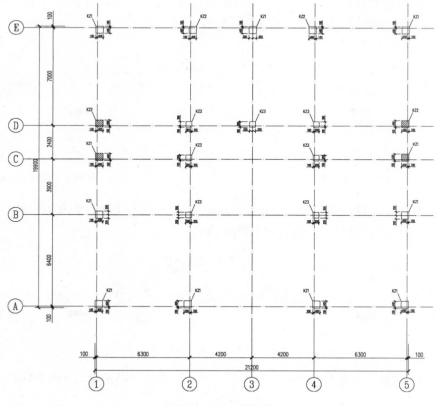

图 13-56　最终效果

　　8）双击图名，将"一层柱平面布置图"改为"二层柱配筋平面图"。

⊃ 13.5.3 插入二层柱配筋图

前面在各框架柱配筋图中，已绘制好二层柱配筋图，因此通过复制将"各框架柱配筋图.dwg"文件中的二层框架柱配筋图复制到"二层柱配筋平面图.dwg"文件中。

1）选择"文件丨打开"菜单命令，将"案例\13\各框架柱配筋图.dwg"文件打开。

2）框选二层框架柱配筋图，按〈Ctrl+C〉组合键，将图形对象复制到剪贴板中；转换到"二层柱配筋平面图.dwg"文件窗口下，按〈Ctrl+V〉组合键，将图形粘贴到"二层柱配筋平面图"绘图区中的适当位置，如图 13-57 所示。

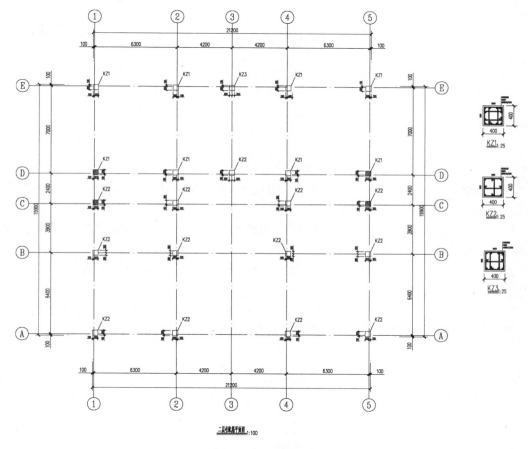

图 13-57　最终效果

3）至此，完成二层柱配筋平面图的绘制，按"Ctrl+S"组合键保存文件。

↘ 13.6　三层柱配筋平面图的绘制

素材　视频\13\三层柱配筋平面图的绘制.avi
　　　案例\13\三层柱配筋平面图.dwg

三层柱配筋平面图同二层柱配筋平面图的绘制方法相同，先调用二层柱配筋平面图，经整理完成三层柱平面布置图，再插入三层框架柱配筋图完成三层柱配筋平面图的绘制。最终效果如图 13-58 所示。

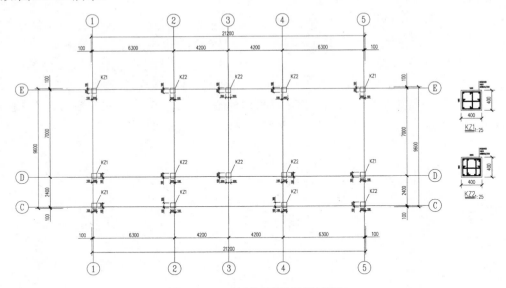

图 13-58　三层柱配筋平面图效果

由图可以看出，三层柱平面的布置与二层柱平面的布置相比，三层柱配筋平面图少了 A 轴线与 B 轴线，对应柱的代号有所改变。

1）启动 AutoCAD 2016，选择"文件 | 打开"菜单命令，将"案例\13\二层柱配筋平面图.dwg"文件打开。

2）单击"另存为"按钮 ，或按〈Ctrl+Shift+S〉组合键，将文件另存为"案例\13\三层柱配筋平面图.dwg"文件。

3）执行"删除"命令（E），删除二层左右两边轴线间的尺寸标注、框架柱配筋图、A 轴线和 B 轴线及轴线上的所有柱图形等多余对象，如图 13-59 所示。

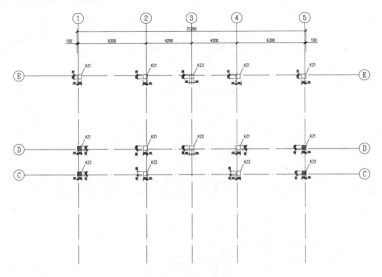

图 13-59　删除多余对象

4）执行"偏移"命令（O），将 C 轴线向下偏移 2000，作为辅助线；执行"修剪"命令（TR），修剪①～⑤轴线；执行"删除"命令（E），删除辅助线；执行"镜像"命令（MI），选择①～⑤轴线的"编号"对象，以①、⑤轴线中心连线为镜像线，将其进行垂直镜像，如图 13-60 所示。

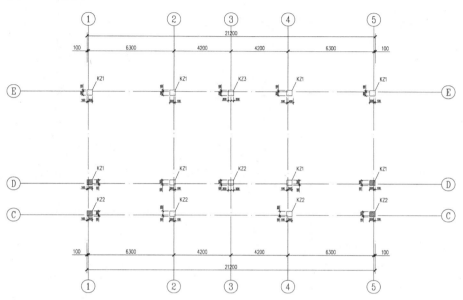

图 13-60　镜像

5）双击 C1 轴交点处的柱代号"KZ2"对象，将其修改为三层柱相应的柱代号，如图 13-61 所示。

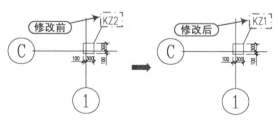

图 13-61　修改柱代号

6）按照相同的方法对其他相应的柱代号进行修改，最终效果如图 13-62 所示。

7）执行"线性标注"命令（DLI），补充左右两边轴线间的尺寸标注。

8）选择"文件｜打开"菜单命令，将"案例\13\各框架柱配筋平面图.dwg"文件打开。

9）框选"三层框架柱配筋图"对象，按〈Ctrl+C〉组合键，将"三层框架柱配筋图"中所有柱配筋图形对象复制到剪贴板中；在"窗口"菜单中选择"三层柱配筋平面图.dwg"文件，按〈Ctrl+V〉组合键，将"三层框架柱配筋图"图形对象粘贴到"三层柱配筋平面图.dwg"文件中，并调整位置，如图 13-63 所示。

10）至此，该三层柱配筋平面图已经绘制完成，按〈Ctrl+S〉组合键保存文件。

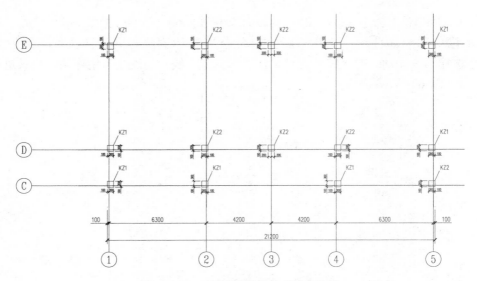

图 13-62   三层柱代号修改后最终效果

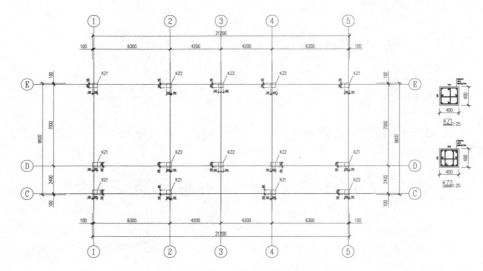

图 13-63   粘贴的框架配筋图效果

第 14 章
梁平面布置图的绘制

本 章 导 读

　　梁结构施工图是在梁平面布置图上采用平面注写方式或截面注写方式表达形成的，平面注写方式包括集中标注和原位标注。这样其设计、施工人员及其他相关人员在阅读该施工图时，就非常轻松。

　　本章对梁平面图的绘制进行了讲解，首先调用第 13 章已经设置好的绘图环境，并进行整理，然后绘制二层梁的平面轴网对象，再绘制梁平面布置图，并对其进行梁的集中标注和原位标注，从而完成二层梁平面图的绘制；最后，以此方法来绘制三层和屋面层梁平面图。

学 习 目 标

📖 掌握绘图环境的调用与整理方法
📖 掌握梁轴网及平面布置图的绘制方法
📖 掌握梁集中标注与原位标注方法
📖 掌握三层和屋面层梁平面图的绘制方法

预 览 效 果 图

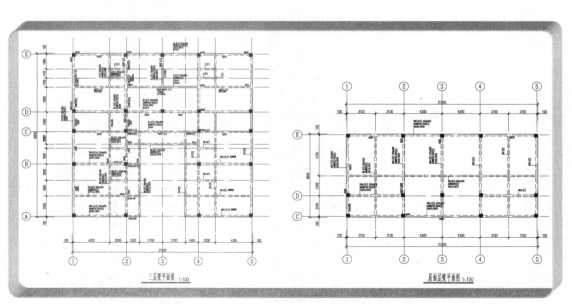

↘ 14.1　文件的调用与整理

素材　视频\14\文件的调用与整理.avi
案例\14\二层梁平面图.dwg

本章将绘制其各楼层梁平面图。在绘制二层梁平面图时，同样可以调用第 13 章所绘制的"二层柱配筋平面图.dwg"文件，再根据二层梁平面图的绘制进行相应整理。

1）启动 AutoCAD 2016，选择"文件｜打开"菜单命令或按〈Ctrl+O〉组合键，打开"案例\13\二层柱配筋平面图.dwg"文件。

2）从"二层柱配筋平面图.dwg"文件中的图形对象与二层梁平面图比较，可看出二层柱配筋平面图中有多余的柱编号和柱尺寸标注对象，以及轴网的"尺寸标注"对象等。

3）执行"删除"命令（E）或按"Del"键，选择"柱编号""尺寸标注"、"框架柱配筋图"等对象将其删除；双击图名修改为"二层梁平面图"，如图 14-1 所示。

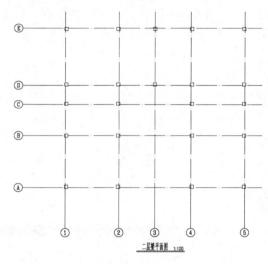

图 14-1　删除整理

4）根据二层梁平面图绘制的需要，添加图中缺少的"梁集中标注""梁原位标注""梁实线""梁虚线"等图层，新建的图层设置如表 14-1 所示。

表 14-1　新建图层设置

序　号	图 层 名	线　宽	线　型	颜　色	打 印 属 性
1	梁集中标注	默认	实线	绿色	打印
2	梁原位标注	默认	实线	青色	打印
3	梁实线	默认	实线	黑色	打印
4	梁虚线	默认	DASHED	黑色	打印

5）选择"格式｜图层"菜单命令（LA），将打开"图层特性管理器"面板，添加新的图层，根据表 14-1 设置图层的名称、线宽、线型和颜色等，如图 14-2 所示。

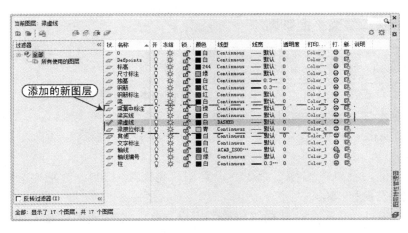

图 14-2　添加图层

6）根据上述操作确认绘图环境及其他相关整理设置好后，单击"另存为"按钮 ，或按〈Ctrl+Shift+S〉组合键，将其另存为"案例\14\二层梁平面图.dwg"。

↘ 14.2　二层梁平面图的绘制

通过前面文件的调用已将轴网、轴编号、柱子等图像对象保存到"二层梁平面图.dwg"文件中，本节在绘制二层梁平面布置图时，只需在此基础上绘制梁及梁虚实线的转换，最终效果如图 14-3 所示。

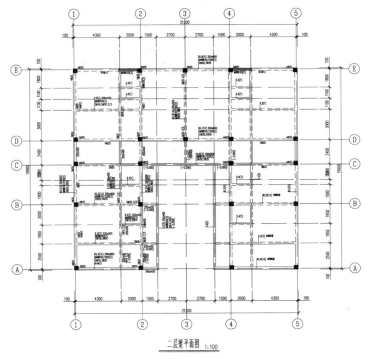

图 14-3　二层梁平面布置图效果

➲ 14.2.1 绘制二层梁平面轴网

> 素材 视频\14\绘制二层梁平面轴网.avi
> 案例\14\二层梁平面图.dwg

通过前面文件调用,得到了梁的主要轴线,从图 14-3 中看出,还缺少细部的轴线,本节将使用偏移来添加二层梁平面图的细部轴线,从而完善其轴网的绘制。

1)执行"偏移"命令(O),设置偏移距离为 2000,分别将②轴线向左偏移 2000,④轴线向右偏移 2000。

2)按空格键,重复"偏移"命令,设置偏移距离为 1500,分别将②轴线向右偏移 1500,④轴线向左偏移 1500。

3)根据如图 14-4 所示,使用"偏移"命令(O),按相应的轴线的间距设置偏移距离,将水平方向的轴线进行偏移;然后执行"快速标注""线性标注"命令对轴网进行标注。

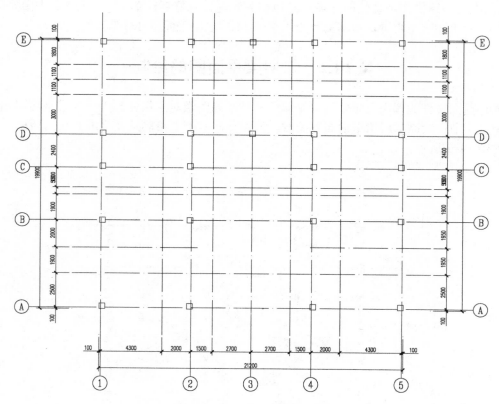

图 14-4　二层梁平面轴网

➲ 14.2.2 二层梁平面布置图的绘制

> 素材 视频\14\二层梁平面布置图的绘制.avi
> 案例\14\二层梁平面图.dwg

由图可以看出,二层梁平面中有 250 的偏中梁,因此首先需要在多线样式中添加这种样式的多线，再通过"多线"命令绘制梁。

1）将"梁实线"图层置为当前图层，选择"格式｜多线样式"菜单命令，打开"多线样式"对话框，新建"25L"多线样式，其图元偏移量分别为 150 和-100，然后将其置为当前，如图 14-5 所示。

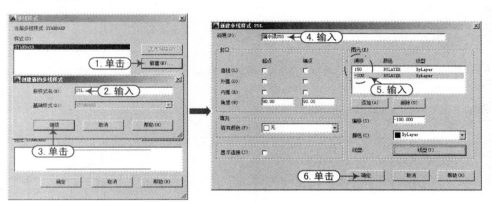

图 14-5 新建"25L"多线样式

2）执行"多线"命令（ML），按照"对正 = 无，比例 = 1.00，样式 = 25L"进行设置，然后按照图 14-6 绘制偏中梁。

3）执行"多线"命令（ML），按照"对正 = 无，比例 = 250.00，样式 = STANDARD"进行设置，然后按照图 14-7 在 B 轴线上绘制中心布置梁。

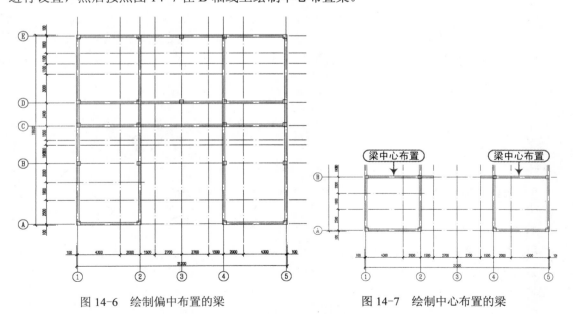

图 14-6 绘制偏中布置的梁　　　　　　图 14-7 绘制中心布置的梁

4）执行"多线"命令（ML），按照"对正 = 无，比例 = 200.00，样式 = STANDARD"进行设置，然后按照图 14-8 绘制中心布置梁。

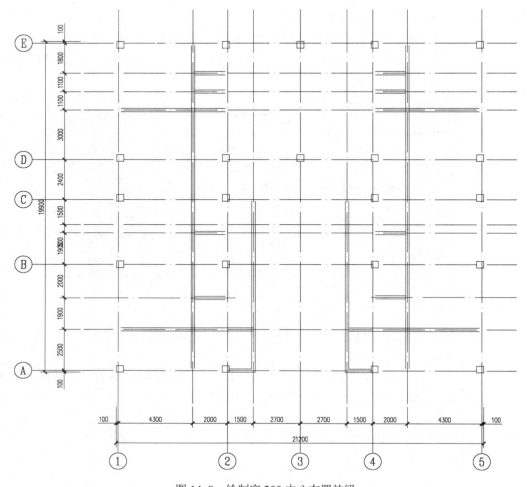

图 14-8　绘制宽 200 中心布置的梁

 提示　　为了用户看到更好的效果，此处将宽为 250 的梁暂时隐藏。

5）关闭"轴线"图层，执行"分解"命令（X），选择多线绘制的梁，将其全部分解；执行"修剪"命令（TR），将多余的线段修剪掉；执行"填充"命令（H），填充图案为 SOLID 图案，对柱进行填充，如图 14-9 所示。

6）选择需要转换为虚线的直线段，将其转为"梁虚线"图层，如图 14-10 所示。

7）按照相同的方法，将其他实线转换为虚线，如图 14-11 所示。

 提示　　为了用户看到更好的效果，此处只显示"梁实线""梁虚线"图层，其他图层暂时隐藏。

8）至此，其二层梁平面图就已经布置好了，用户可先按〈Ctrl+S〉组合键保存文件。

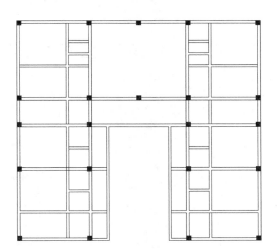

图 14-9 布置的梁效果

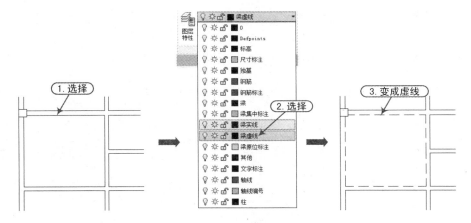

图 14-10 转换图层

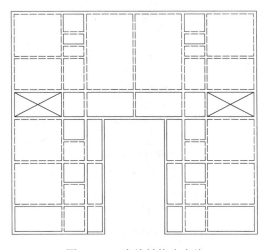

图 14-11 实线转换为虚线

↘ 14.3　二层梁平面图的标注

二层梁平面图的标注与基础梁平面图的标注一样，包括集中标注和原位标注，本节将使用单行文字的写入方式，讲解梁的集中标注和原位标注方法，其二层梁标注效果如图 14-12 所示。

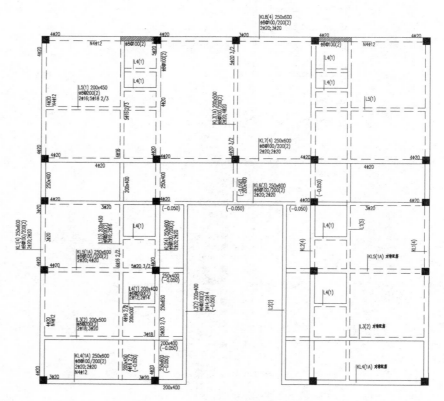

图 14-12　二层梁平面图标注效果

⊃ 14.3.1　二层梁集中标注

梁的集中标注就是将梁的代号、截面尺寸、配筋等参数值以集中的方式表达，本节通过写入单行文字、复制文字和修改文字对梁进行集中标注。在输入钢筋符号时，应按前面第 12.1 节文字样式中的钢筋符号输入的方法，添加相应的字体并按照相应的输入方式进行输入。

1）继前面的实例，关闭"尺寸标注"图层，将"梁集中标注"图层、"配筋文字"文字样式置为当前。

2）执行"直线"命令（L），在①、②轴线间的 A 轴线上绘制一条垂直线段；执行"单行文字"命令（DT），设置文字旋转角度为 0°，在直线段旁写入梁编号"KL4"文字。

3）选择文字"KL4"对象，按〈Ctrl+1〉组合键，将文字高度修改为250。

4）执行"复制"命令（CO），选择"KL4"对象，向下复制 3 个；双击文字，修改相应的数值，如图 14-13 所示。

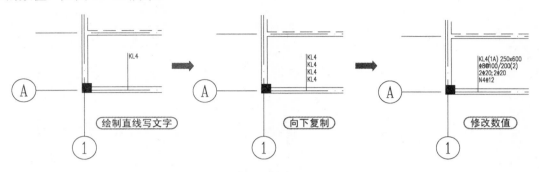

图 14-13　梁 KL4 集中标注

5）执行"复制"命令（CO），选择梁 KL4 的集中标注中的"文字"和"直线段"对象，复制到梁 L3 上的合适位置；双击文字修改数值，删除多余文字，如图 14-14 所示。

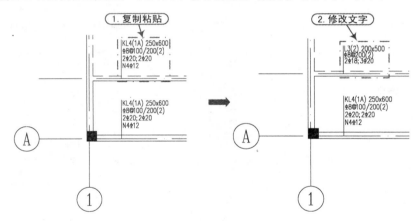

图 14-14　复制修改

6）用相同方法对其他水平方向上的梁进行集中标注，如图 14-15 所示。

　　　在梁平面布置图上对梁标注时，可在各个不同编号的梁中选一根梁，用注写截面尺寸和配筋具体数值的方式来进行标注，其他只需标注代号即可。

7）执行"直线"命令（L），在 B、C 轴线间的①轴线上绘制一条水平线段；执行"单行文字"命令（DT），设置文字旋转角度为90°，在直线段旁写入梁编号"KL1"。

8）选择文字"KL1"对象，按〈Ctrl+1〉组合键，将文字高度修改为250。

9）执行"复制"命令（CO），选择"KL1"对象，向右复制 3 个；双击文字，修改相应的数值，根据需要删除多余文字，如图 14-16 所示。

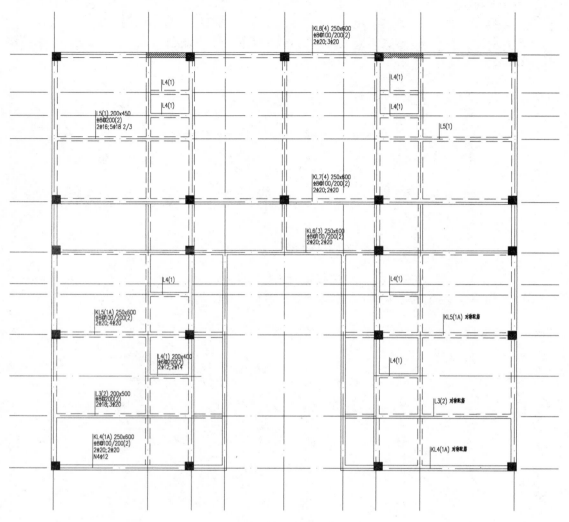

图 14-15　水平方向梁的集中标注

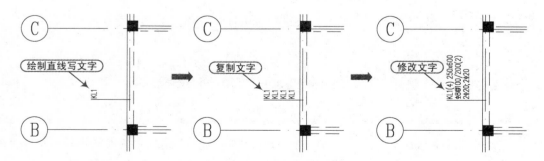

图 14-16　梁 KL1 集中标注

10）执行"复制"命令（CO），选择梁 KL1 的集中标注中的"文字"和"直线段"对象，复制到梁 L1 上的合适位置，双击文字修改数值，如图 14-17 所示。

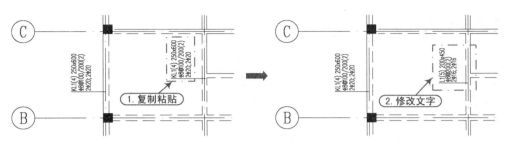

图 14-17　复制修改

11）按照相同方法对其他垂直方向上的梁进行集中标注，最终效果如图 14-18 所示。

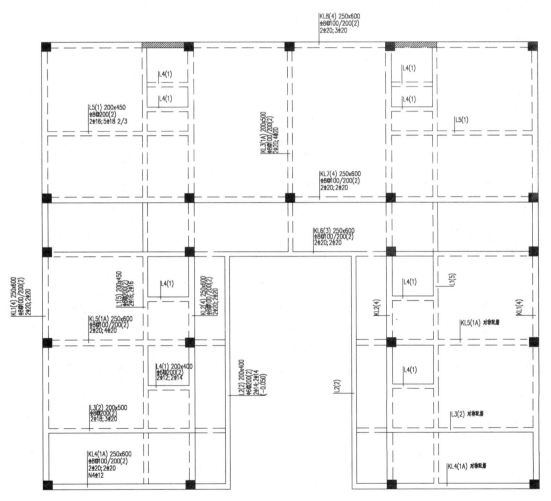

图 14-18　梁集中标注效果

为了便于用户观看，此处隐藏了轴线、轴编号和尺寸标注等图层。

⤷ **14.3.2** 二层梁原位标注

> 素材
> 视频\14\二层梁原位标注.avi
> 案例\14\二层梁平面图.dwg

原位标注表达梁的特殊数值，当集中标注中的某项数值不适用于梁的某部位时，则将该项数值原位标注。

1）在进行梁原位标注时，为了使图形简洁，可暂时关闭"梁集中标注""轴线"图层。

2）将"梁原位标注"图层置为当前图层，执行"单行文字"命令（DT），设置文字旋转角度为 0°在 A1、A2 轴交点处水平方向写入文字 3B20、3B20、200×400（即梁 KL4 的原位标注），如图 14-19 所示。

图 14-19　KL4 梁左侧原位标注

> **提示**　在输入"3B20"时，其 B 表示二级钢筋符号，即 3Φ20。

3）按照相同的方法对其他水平方向的梁进行原位标注，如图 14-20 所示。

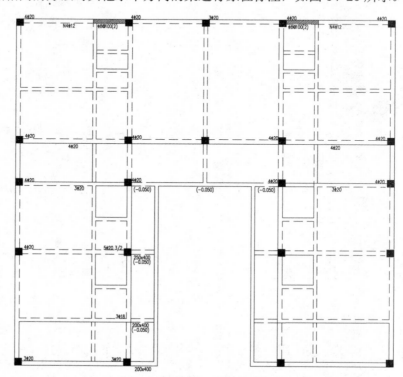

图 14-20　水平方向梁原位标注

4）执行"单行文字"命令（DT），设置文字旋转角度为 90°，在 A1、B1 轴交点处垂直方向分别写入文字 4B20、4B20、N4B12，如图 14-21 所示。

5）执行"单行文字"命令（DT），设置文字旋转角度为 90°，在 B1、C1 轴交点处垂直方向分别写入文字 4B20、3B20、3B20，如图 14-22 所示。

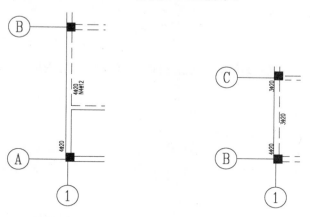

图 14-21 KL4 梁左侧原位标注 1   图 14-22 KL4 梁左侧原位标注 2

6）按照相同的方法对其他垂直方向上的梁进行原位标注，最终效果如图 14-23 所示。

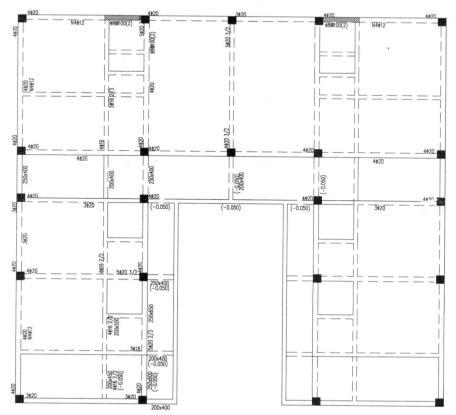

图 14-23 原位标注最终效果

📚 提示　　为了便于用户观看，此处隐藏了轴线、轴编号、尺寸标注和梁集中标注等图层。

7）至此，其二层梁平面图已经绘制完成，打开所有图层显示完整，其最终效果如图 14-3 所示。最后按〈Ctrl+S〉组合键进行保存。

↘ 14.4　三层梁平面图的绘制

素材　视频\14\三层梁平面图的绘制.avi
　　　案例\14\三层梁平面图.dwg

三层梁平面图的绘制同样包括其梁平面布置图的绘制、梁集中标注和梁原位标注，在 AutoCAD 2016 中其绘制的方法与"二层梁平面图"方法相同，最终效果如图 14-24 所示。

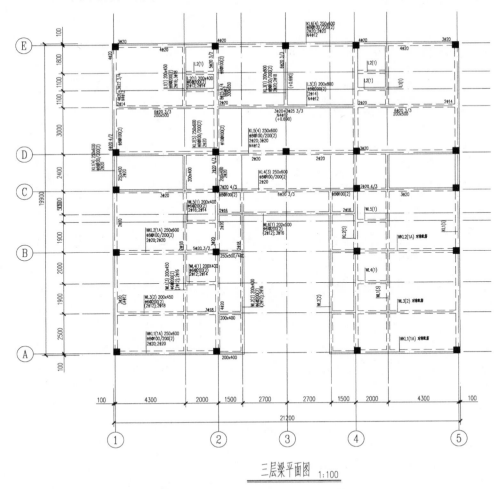

三层梁平面图 1:100

图 14-24　三层梁平面图效果

从图 14-24 中可以看出，其三层与二层梁的布置大致相同，因此在绘制"三层梁平面图"时可以在"二层梁平面图"的基础上绘制。其中三层梁中 2 轴线与 E、D 轴线间梁的宽度改为 300，2、4 轴线间增加了新的梁，3 轴线上的梁改短并去掉了悬挑部分。

1）继前例，当前文件为"二层梁平面图.dwg"，按〈Ctrl+Shift+S〉组合键，将该文件另存为"案例\14\三层梁平面图.dwg"文件。

2）执行"删除"命令（E），删除二层梁平面图中的"梁集中标注"和"梁原位标注"对象。

3）选择"格式｜多线样式"菜单命令，在弹出的"多线样式"对话框中，将"STANDARD"多线样式置为当前，将"梁实线"图层置为当前图层。

4）执行"多线"命令（ML），按照"对正 = 无，比例 = 200.00，样式 = STANDARD"设置来绘制缺少的梁。

5）执行"分解"命令（X），将多线分解，执行"修剪"命令（TR），修剪多余的线条，如图 14-25 所示。

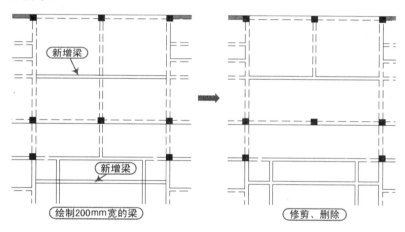

图 14-25　绘制宽 20 的梁

6）执行"移动"命令（M），将 E、D 轴线间 2 轴线上的梁 KL2 的左边边线水平向左移动 50；执行"修剪"命令（TR），将修剪掉多余部分的线段，如图 14-26 所示。

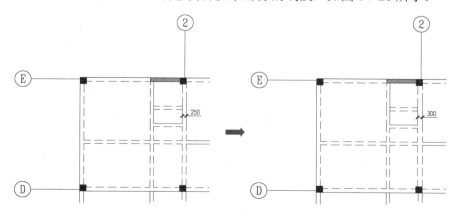

图 14-26　宽 250 的梁改为宽 300 的梁

7）按照相同的方法将 E、D 轴线间 4 轴线上梁的宽度由 200 改为 300。

8）执行"删除"命令（E），删除多余的梁线；关闭"轴线"图层，选择梁中需要转换为虚线的线图段，将其转换为虚线，最终效果如图 14-27 所示。

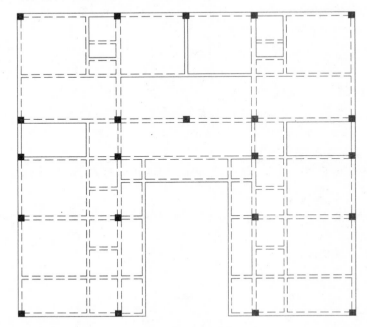

图 14-27　最终效果

9）关闭"尺寸标注"图层，打开"轴线"图层，将"梁集中标注"图层、"配筋文字"文字样式置为当前。

10）执行"直线"命令（L），在 A 轴线上绘制一条垂直线段；执行"单行文字"命令（DT），设置文字旋转角度为 0°，在直线段旁写入梁编号"WKL1"文字。

11）选择文字"WKL1"对象，按〈Ctrl+1〉组合键，将文字高度修改为 250。

12）执行"复制"命令（CO），选择"KL4"对象，向下复制 2 个；双击文字修改相应的数值，如图 14-28 所示。

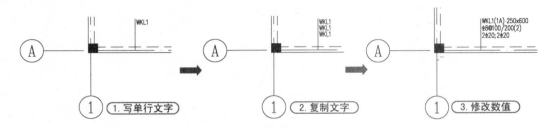

图 14-28　梁 WKL1 集中标注

13）执行"复制"命令（CO），选择梁 WKL1 的集中标注中的"文字"和"直线段"对象，复制到梁 WL3 上的合适位置；双击文字修改数值，如图 14-29 所示。

14）按照相同方法对其他水平方向上的梁进行集中标注，最终效果如图 14-30 所示。

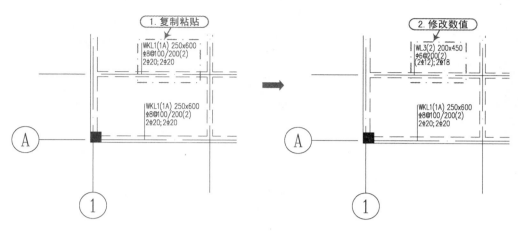

图 14-29　复制修改

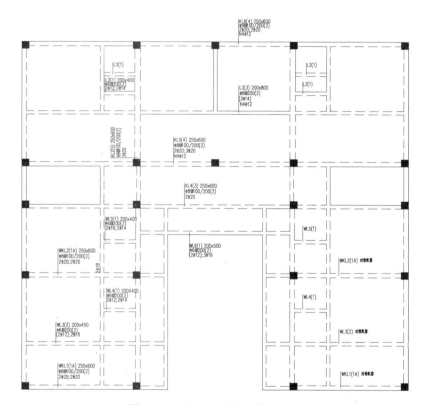

图 14-30　水平方向的梁集中标注

 提示　　　　为了用户看到更好的效果，此处将轴线图层关闭。

　　15）执行"直线"命令（L），在 B、C 轴线间的 1 轴线上绘制水平一条线段；执行"单行文字"命令（DT），设置文字旋转角度为 90°，在直线段旁写入梁编号"KL1"文字。

16）选择文字"KL1"对象，按〈Ctrl+1〉组合键，将文字高度修改为250。

17）执行"复制"命令（CO），选择"KL1"对象，向右复制 2 个；双击文字修改相应的数值，删除多余文字，如图 14-31 所示。

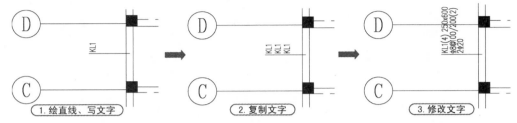

图 14-31　梁 KL1 集中标注

18）执行"复制"命令（CO），选择梁 KL1 的集中标注中的"文字"和"直线段"对象，复制到梁 WL1 上的合适位置；并双击文字修改数值，如图 14-32 所示。

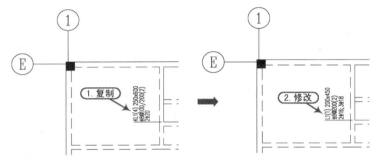

图 14-32　复制修改

19）按照相同方法对其他垂直方向上的梁进行集中标注，关闭"轴线"图层，最终效果如图 14-33 所示。

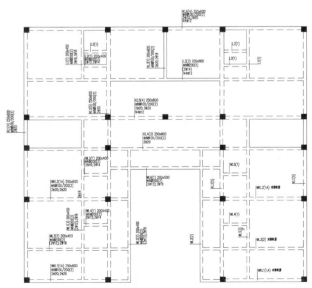

图 14-33　梁集中标注最终效果

20）关闭"梁集中标注"图层，将"梁原位标注"图层置为当前图层。执行"单行文字"命令（DT），设置文字旋转角度为 90°，输入相应的文字，对 A、B 轴线间在 1 轴线上垂直方向的梁 KL1 进行原位标注，如图 14-34 所示。

21）按空格键，重复"单行文字"命令，对 D、W 轴线间在 1 轴线上垂直方向的梁 KL1 进行原位标注，如图 14-35 所示。

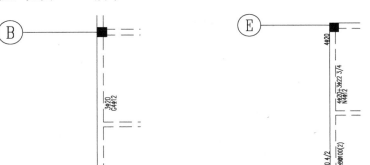

图 14-34　KL1 梁左侧原位标注 1　　　　图 14-35　KL1 梁左侧原位标注 2

22）按照相同的方法对其他垂直上的梁进行原位标注，如图 14-36 所示。

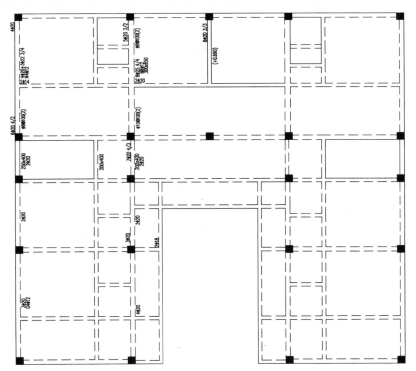

图 14-36　垂直方向梁原位标注

23）执行"单行文字"命令（DT），设置文字旋转角度为 0°，输入 4B20、3B20 文字，对 1、2 轴线之间在 E 轴线上水平方向的梁 KL6 进行原位标注，如图 14-37 所示。

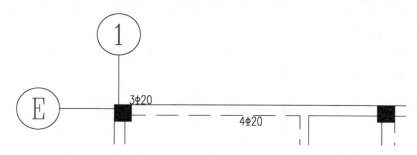

图 14-37　水平方向梁 KL6 原位标注

24）按照相同的方法对其他水平方向上的梁进行原位标注，最终效果如图 14-38 所示。

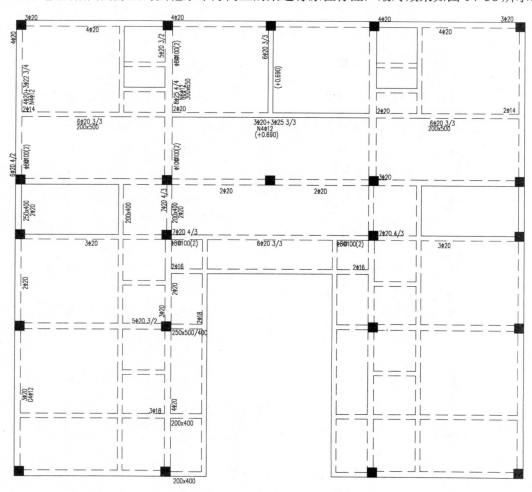

图 14-38　梁原位标注最终效果

25）至此，其三层梁平面图已经绘制完成后，打开所有图层显示完整，其最终效果如图 14-24 所示，最后按〈Ctrl+S〉组合键进行保存。

↘ 14.5　屋面梁平面图的绘制

素材　视频\14\屋面梁平面图的绘制.avi
　　　案例\14\屋面梁平面图.dwt

屋面梁平面图的绘制与前面二、三层梁平面图的绘制方法相同，同样通过文件的调用、绘制梁、对梁进行集中标注和原位标注，其屋面梁平面图的最终效果如图 14-39 所示。

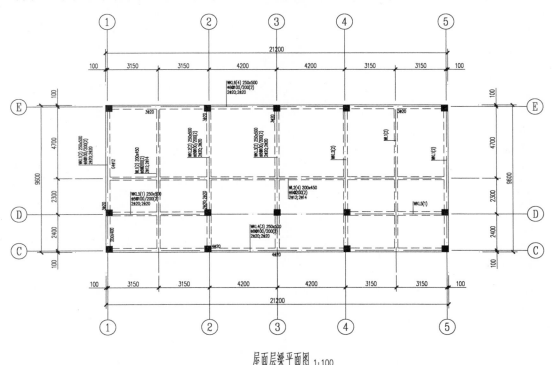

图 14-39　屋面梁平面图效果

绘制屋面梁平面图可以调用三层柱配筋平面图，保留其轴网和轴线编号，从而绘制屋面梁平面图。

1）在 AutoCAD 2016 环境中，选择"文件｜打开"菜单命令或按〈Ctrl+O〉组合键，打开"案例\13\三层柱配筋平面图.dwg"文件。

2）执行"删除"命令（E），删除"柱代号""框架柱配筋图""尺寸标注"等多余的对象。

3）单击"另存为"按钮 或按〈Ctrl+Shift+S〉组合键，将其另存为"案例\14\屋面梁平面图.dwg"。

4）执行"偏移"命令（O），设置偏移距离为 2300，将 D 轴线向上偏移；按"空格"键，重复"偏移"命令，设置偏移距离为 3150，分别将 1、4 轴线向右偏移；执行"填充"命令（H），选择"SOLID"图案对柱进行填充，如图 14-40 所示。

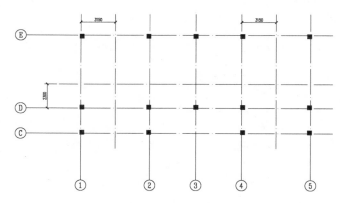

图 14-40　偏移轴线

5）将"梁实线"图层置为当前图层，执行"矩形"命令（REC），以 E1 轴交点处柱子的左上角点为第一角点，C5 轴交点处柱子的右下角点为另一角点，绘制矩形。

6）执行"偏移"命令（O），将矩形向内偏移 250，向外分别偏移 300、400；选择中间的"矩形"对象，将其转换到"梁虚线"图层，如图 14-41 所示。

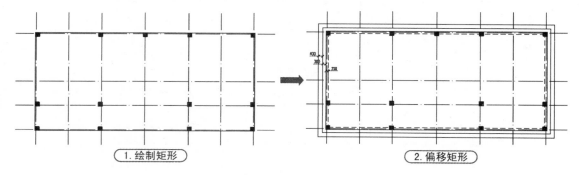

图 14-41　绘制矩形与偏移矩形

7）将"梁虚线"图层置为当前图层，执行"多线"命令（ML），按照"对正 = 无，比例 =1.00，样式 =25L"设置来绘制轴偏中梁，如图 14-42 所示。

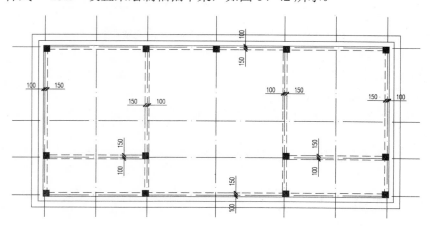

图 14-42　绘制轴偏中梁

> 　当虚线显示不出来时，选择"虚线"对象，按〈Ctrl+1〉组合键，在线型比例文本框中修改相应的比例值。

8）执行"多线"命令（ML），按照"对正= 无，比例=250.00，样式= STANDARD"，绘制 3 轴线上宽为 250 的梁。

9）按空格键，重复执行"多线"命令（ML），按照"对正 = 无，比例 =200.00，样式= STANDARD"，绘制屋面宽为 200 的梁，如图 14-43 所示。

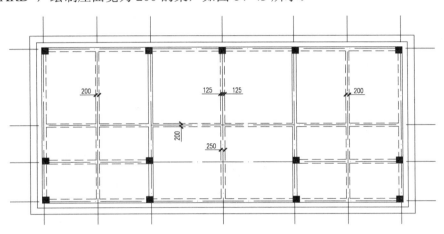

图 14-43　绘制宽分别为 250、200 梁

10）屋面梁平面图的标注仍然包括梁集中标注和梁原位标注，与二、三层梁的标注方法相同，请参照前面的方法对屋面梁进行集中标注和原位标注。

11）至此，屋面梁平面图已经绘制完成，打开所有图层显示完整，其最终效果如图 14-39 所示。最后按〈Ctrl+S〉组合键进行保存。

第15章

板平面布置图的绘制

本章导读

　　楼层中的楼板主要是承受水平方向的竖直载荷，能在高度方向将建筑物分隔为若干层，它是墙、柱水平方向的支撑及联系杆件，保持墙柱的稳定性，并能承受水平方向传来的载荷（如风载、地震载），并把这些载荷传给墙、柱，再由墙、柱传给基础。

　　本章中，针对板的绘制方法进行了详细的讲解，包括绘图环境的调用，板正负筋图块的创建、板正负筋图块的布置、楼板钢筋的绘制、板平面图的标注等。

学习目标

📖 掌握绘图环境的调整与整理
📖 掌握板正负筋动态图块的创建方法
📖 掌握板正负筋及楼板的布置方法
📖 掌握板平面图的标注方法
📖 给出三层板平面图的效果
📖 掌握屋面层板平面图的绘制

预览效果图

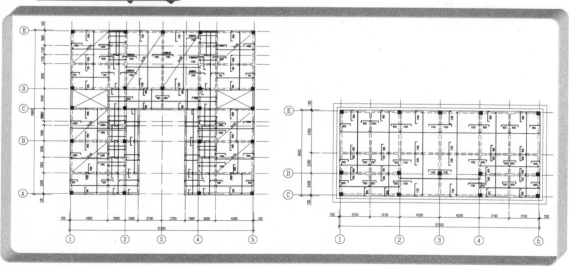

↘ **15.1** 文件的调用与整理

> 素材 视频\15\文件的调用与整理.avi
> 案例\15\二层板平面图.dwg

在绘制二层板平面图时,可以调用"案例\14\二层梁平面图.dwg"文件,再根据二层板平面图的绘制要求进行相应整理。

1)在 AutoCAD 2016 环境中,选择"文件|打开"菜单命令或按〈Ctrl+O〉组合键,打开"案例\14\二层梁平面图.dwg"文件。

2)执行"删除"命令(E),删除"梁集中标注"和"梁原位标注"所有对象。

3)根据二层梁平面图绘制的需要,添加图中缺少的"板正筋""板负筋""板厚标注""板负筋文字""板负筋标注"等图层,新图层的设置如表 15-1 所示。

表 15-1 新图层设置

序 号	图 层 名	线 宽	线 型	颜 色	打印属性
1	板正筋	默认	实线	24	打印
2	板负筋	默认	实线	红色	打印
3	板厚标注	默认	实线	94	打印
4	板负筋文字	默认	实线	94	打印
5	板负筋标注	默认	实线	黑白色	打印

4)选择"格式|图层"菜单命令,将打开"图层特性管理器"面板。添加新的图层,根据表 15-1 设置图层的名称、线宽、线型和颜色等,如图 15-1 所示。

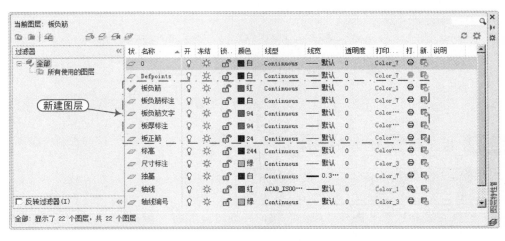

图 15-1 添加图层

5)根据上述操作确认绘图环境及其他相关整理设置好后,单击"另存为"按钮 或按〈Ctrl+Shift+S〉组合键,将其另存为"案例\15\二层板平面图.dwg"。

↘ 15.2 二层板平面图的绘制

用户在进行二层板平面图的绘制时，首先通过动态图块的方式来创建板负筋和板正筋图块对象，再通过插入块的方式来布置板正负筋对象，然后通过多段线绘制楼板钢筋，最后对其进行文字及尺寸的注释，最终效果如图15-2所示。

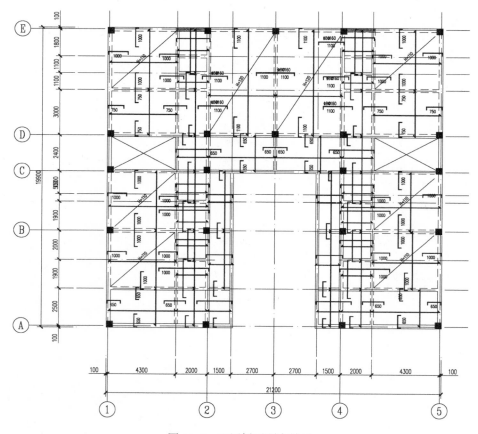

图 15-2 二层板平面布效果

➲ 15.2.1 板正负筋动态块的创建

素材 视频\15\板正负筋动态块的创建.avi
案例\15\二层板平面图.dwg

首先把板正筋和板负筋图样做成动态块，再通过复制将其布置到二层板平面图的相应位置上，然后将其进行适当的调整。

1）执行"多段线"命令（PL），分别在"板负筋""板正筋"图层绘制板负筋与板正筋的示意图，如图15-3所示。

2）执行"创建块"命令（B），选择"板负筋"对象创建"板负筋"图块，系统将自动转换至块编辑器工作界面中，如图15-4所示。

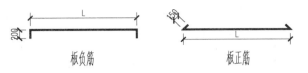

图 15-3 板筋示意图

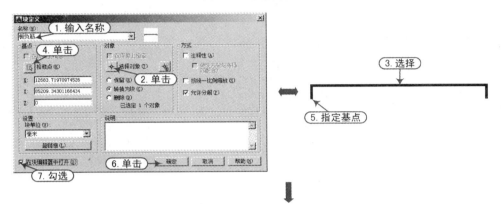

图 15-4 创建块、打开块编辑器

3）在功能区中"操作参数"选项区选择参数类型"线性"参数，对"板负筋"作线性参数标记，如图 15-5 所示。

4）选择动作类型的"拉伸"动作，对"板负筋"作拉伸动作，如图 15-6 所示。

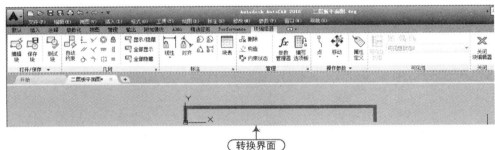

图 15-5 标记线性参数   图 15-6 拉伸动作

5）按照相同的方法创建板正筋图块，创建好动态块后，选择图形对象时，图形对象两端会出现两个三角形，单击三角形拖动鼠标可将其拉长或缩短，创建完成动态块的最终效果如图 15-7 所示。

图 15-7　最终效果

⊃ 15.2.2　布置板负筋图块

视频\15\布置板负筋图块.avi
案例\15\二层板平面图.dwg

1）将"板负筋"图层置为当前图层，执行"插入块"命令（I），将"板负筋"图块插入到图中相应的位置，布置水平方向上的板负筋，如图 15-8 所示。

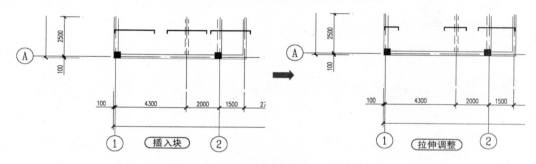

图 15-8　插入并拉伸板负筋

2）按照相同方法布置 1～3 轴线其他水平板负筋，如图 15-9 所示。

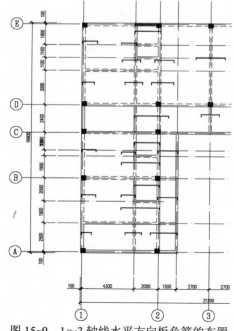

图 15-9　1～3 轴线水平方向板负筋的布置

3）执行"镜像"命令（MI），选择所有"板负筋"对象，以 3 轴线为镜像线将其进行水平镜像，最终效果如图 15-10 所示。

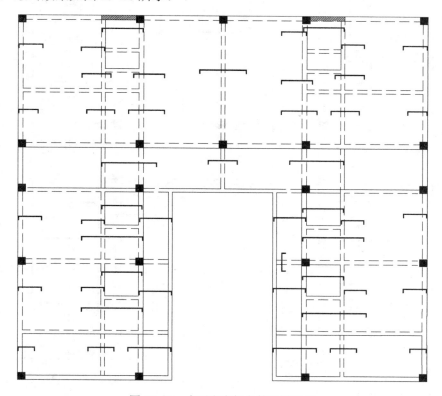

图 15-10 水平方向板负筋布置效果

4）执行"插入块"命令（I），设置旋转角度为 90°，将"板负筋"图块插入到图中相应的位置，布置垂直方向上的板负筋，如图 15-11 所示。

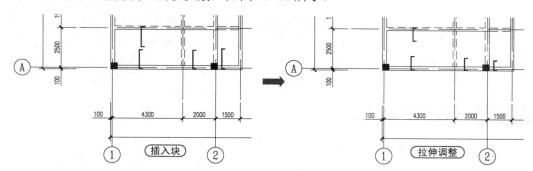

图 15-11 垂直方向插入块、拉伸调整

 图中暂时隐藏水平方向布置的板负筋。

5）按照相同的方法布置其他垂直方向的板面负筋，如图 15-12 所示。

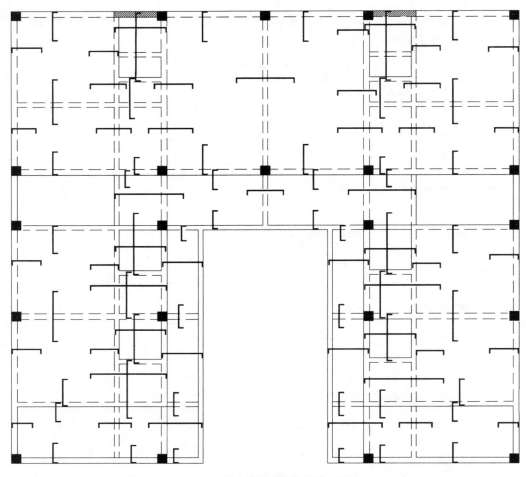

图 15-12 垂直方向板面负筋布置效果

  为了用户看到更好的效果,最终效果图中暂时关闭了"轴线"图层。布置垂直方向的板负筋时,可先将左侧板负筋布置好,再通过复制粘贴到右边去。

⊃ 15.2.3 布置板正筋图块

 视频\15\布置板正筋图块.avi
案例\15\二层板平面图.dwg

1)关闭"板负筋"图层,将"板正筋"图层置为当前图层,执行"插入块"命令(I),将"板正筋"图块插入到图中相应的位置,布置水平方向上的板正筋,如图 15-13 所示。

2)按照相同的方法布置 1~3 轴线水平方向的其他板正筋,如图 15-14 所示。

3)执行"镜像"命令(MI),选择所有"板正筋"对象,以 3 轴线为镜像线,将其进行水平镜像,暂时关闭"轴线"图层,其最终效果如图 15-15 所示。

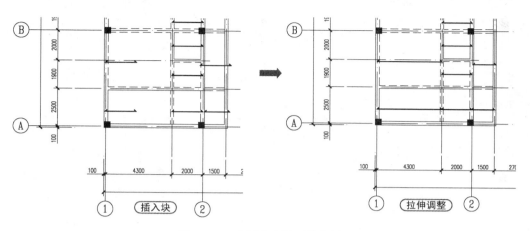

图 15-13　水平方向板正筋布置 1

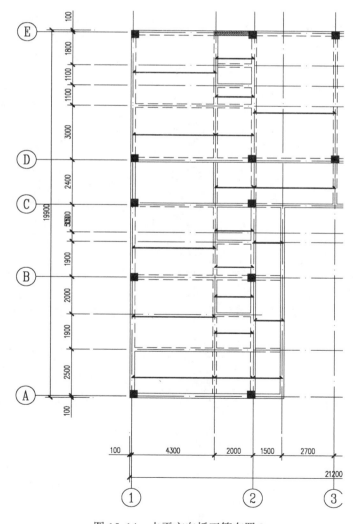

图 15-14　水平方向板正筋布置 2

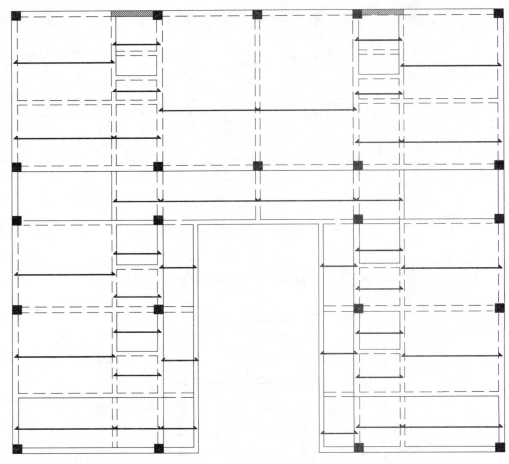

图 15-15　水平方向板正筋布置 3

4）执行"插入块"命令（I），设置旋转角度为 90°，将"板正筋"图块插入到图中相应的位置，布置垂直方向上的板正筋，如图 15-16 所示。

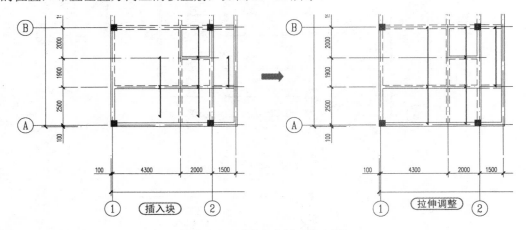

图 15-16　垂直方向板正筋布置 1

提示　图中暂时隐藏水平方向布置的板正筋。

5）按照相同的方法布置垂直方向的其他板正筋，关闭图层后的效果如图 15-17 所示。

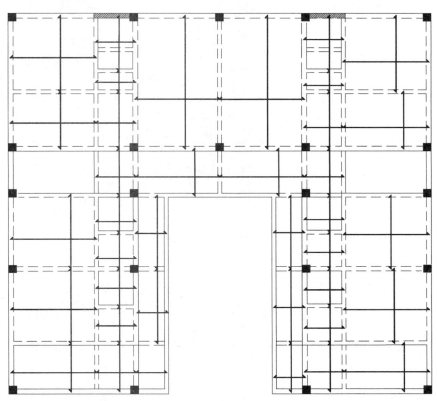

图 15-17　垂直方向板正筋布置 2

 提示　在垂直方向上的板正筋同垂直方向上的板负筋一样，可先布置好左侧的配筋，再通过复制将其粘贴到相应的位置。

● **15.2.4**　二层板平面的标注

 视频\15\二层板平面的标注.avi
案例\15\二层板平面图.dwg

在绘制图形时可以将一些当前无用的图层或图形对象暂时关闭或隐藏，从而使绘图区域变得简洁。从图 15-2 可看出，在二层板平面标注过程中，"轴网""板正筋"等图层可暂时关闭。

1）关闭"轴网""板正筋"等图层，将"板负筋文字"图层置为当前图层。

2）执行"单行文字"命令（DT），设置旋转角度为 0°，输入文字 650，选择文字 650

对象，按〈Ctrl+1〉组合键打开"特性"面板，修改文字样式为"配筋文字"，文字高度为250。

3）按空格键，重复"单行文字"命令，设置选择角度为 90°，输入文字 650，选择文字 650 对象，按〈Ctrl+1〉组合键打开"特性"面板，修改文字样式为"配筋文字"，文字高度为 250，如图 15-18 所示。

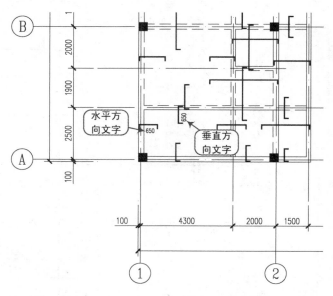

图 15-18　写入水平方向和垂直方向文字

4）执行"复制"命令（CO），分别将水平方向和垂直方向的文字复制到平面图中需要标注的相应位置，双击修改文字，如图 15-19 所示。

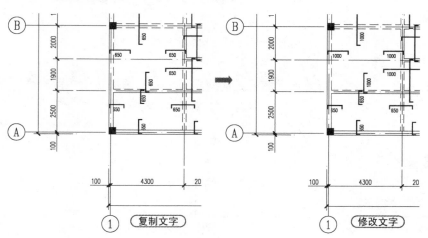

图 15-19　复制、修改文字

5）按照相同的方法复制文字到其他相应的位置再进行修改，最终效果如图 15-20 所示。

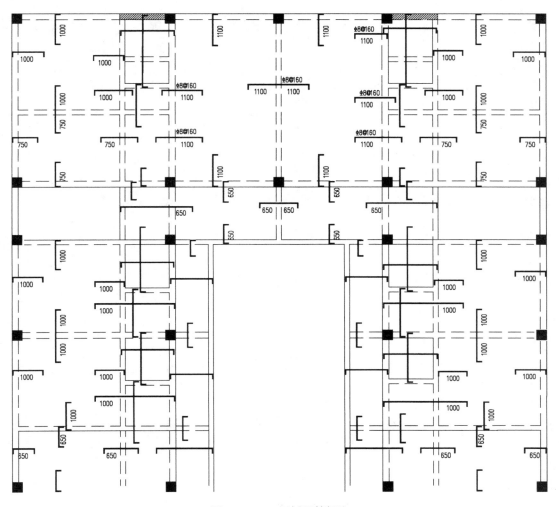

图 15-20　二层板配筋标注

 　　图中的文字标注左右对称，在标注时可先对左边进行标注，再通过镜像完成右边的标注。

　　6）关闭"板负筋文字""板负筋"等图层，执行"直线"命令（L），绘制房间左下角和右上角的对角线。

　　7）执行"单行文字"命令（DT），文字对正设置为中下对正，指定直线中心点为文字中心点，指定房间"右上角点"确定文字旋转方向，输入文字"H=1100"；选择文字"H=1100"对象，按〈Ctrl+1〉组合键打开"特性"面板，修改文字样式为"配筋文字"，文字高度为250，如图 15-21 所示。

　　8）按相同的方法对其他楼板进行标注，如图 15-22 所示。

　　9）至此，二层板平面图已经绘制完成，其最终效果如图 15-2 所示。按〈Ctrl+S〉组合键保存文件。

图 15-21　板厚度标注

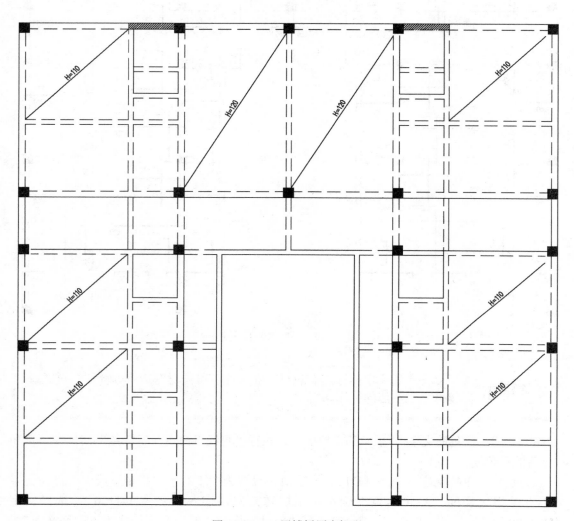

图 15-22　二层楼板厚度标注

 提示　　图中未标注的楼板厚均为 100，在施工图中未标注的楼板，应在说明中注明其参数值。

↘ **15.3** 三层板平面图的效果

> 素材 视频\15\无
> 案例\15\三层板平面图.dwg

由图 15-2 与图 15-23 可以看出，三层板平面图与二层板平面图基本相同，因此三层板平面图的绘制可以参照二层板平面图的绘制，在这里就不作详细讲解了，其最终效果如图 15-23 所示。

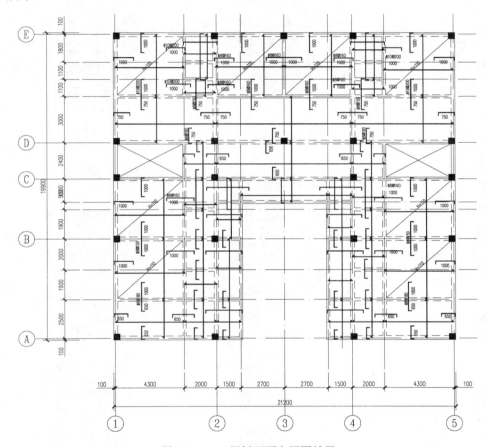

图 15-23 三层板平面布置图效果

↘ **15.4** 屋面层板平面图的绘制

> 素材 视频\15\屋面层板平面图的绘制.avi
> 案例\15\屋面层板平面图.dwg

本节将详细讲解通过设计中心调用二层板平图中的图层、"板负筋"和"板正筋"图块，再将"板负筋"和"板正筋"布置到图中相应位置，进行拉伸调整，最后使用单行文字进行标注，最终效果如图 15-24 所示。

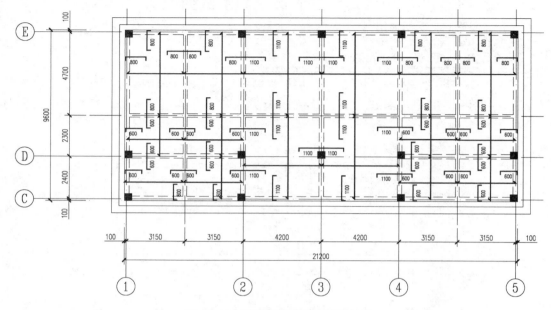

图 15-24 屋面层板平面布置图效果

绘制屋面层板平面图时，可调用"案例\14\屋面层梁平面图.dwg"文件，从而更快地完成图形的绘制。

1）在 AutoCAD 2016 中，选择"文件 | 打开"菜单命令或按〈Ctrl+O〉组合键，打开"案例\14\屋面层梁平面图.dwg"文件。

2）执行"删除"命令（E），删除所有"梁集中标注"和"梁原位标注"对象，如图 15-25 所示。

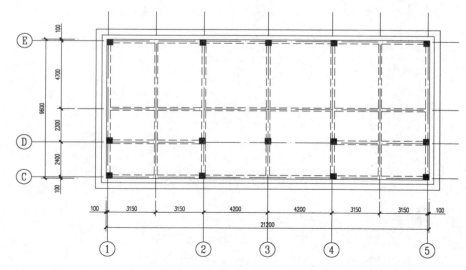

图 15-25 删除"梁集中标注"和"梁原位标注"

3）单击"另存为"按钮 或按〈Ctrl+Shift+S〉组合键，将其另存为"案例\15\屋面层板平面图.dwg"文件。

4）按〈Ctrl+2〉组合键，打开"设计中心"面板，选择"案例\15\二层板平面图.dwg"文件，选择"图层"选项，选择"板负筋""板正筋""板负筋文字"等图层，单击鼠标右键将其添加到"案例\15\屋面层板平面图.dwg"文件中，如图 15-26 所示。

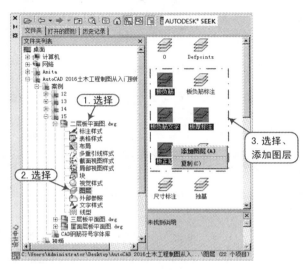

图 15-26　添加图层

5）按〈Ctrl+2〉组合键，打开"设计中心"面板，选择"案例\15\二层板平面图.dwg"文件，选择"块"选项，在块选项区中分别双击"板负筋""板正筋"，将这两个图块插入到屋面层板平面的绘图区域中，并将"板负筋""板正筋"分别转换到相应的图层中，如图 15-27所示。

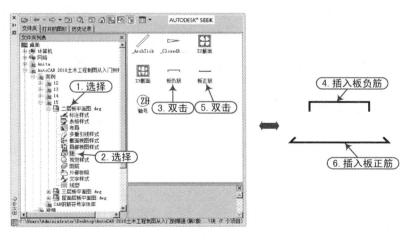

图 15-27　插入图块

6）执行"复制"命令（CO），选择"板负筋"对象，将其复制到相应位置；并根据设计图要求进行拉伸，调整到合适的长度，如图 15-28 所示。

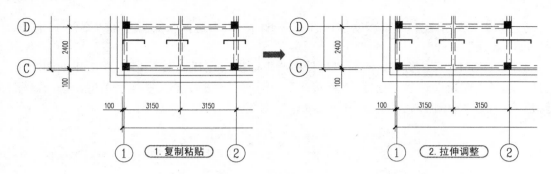

图 15-28　二层梁平面轴网

7）按照相同的方法对其他楼板水平方向的板面负筋进行布置，关闭"轴线"图层，最终效果如图 15-29 所示。

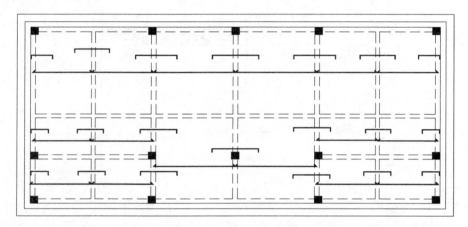

图 15-29　水平方向板负筋与板正筋的布置

8）执行"插入"命令（I），旋转角度设置为 90°，将"板负筋"插入到屋面层平面图中相应位置，如图 15-30 所示。

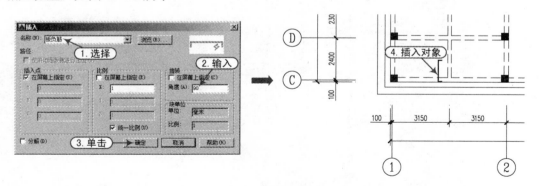

图 15-30　插入板负筋

9）执行"复制"命令（CO），选择前面插入的"板负筋"对象，将其复制到屋面层平面图中相应位置，并根据设计图拉伸调整其长度，如图 15-31 所示。

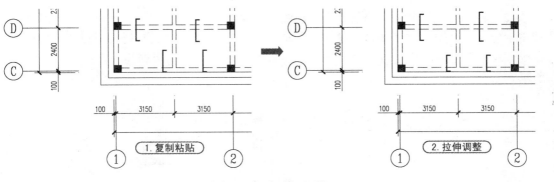

图 15-31 复制、调整

10）按照相同的方法对其他垂直方向的板负筋进行布置，最终效果如图 15-32 所示。

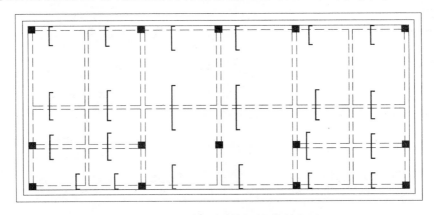

图 15-32 垂直方向的板面负筋的布置

 提示　　　为了用户看图效果更好，上图中将板负筋暂时隐藏。

11）按照上述布置板负筋的方法对板正筋进行布置，最终效果如图 15-33 所示。

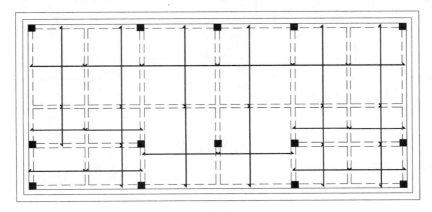

图 15-33 板正筋的布置

12）将"板负筋文字"图层置为当前图层，执行"单行文字"命令（DT），设置文字旋转角度为 0°，输入文字 600，对水平方向板钢筋进行标注；按空格键，重复"单行文字"命令，设置文字旋转角度为 90°，输入文字 600，对垂直方向板钢筋进行标注，如图 15-34 所示。

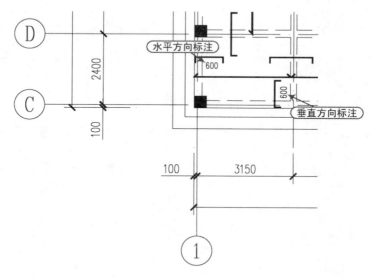

图 15-34　板钢筋标注

13）按照相同的方法对其他板钢筋进行标注，最终效果如图 15-35 所示。

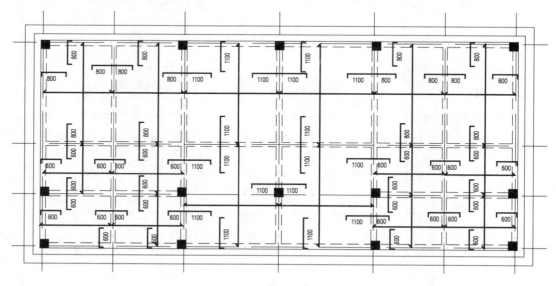

图 15-35　最终效果

14）至此，屋面层板平面图已经绘制完成，其最终效果如图 15-24 所示。然后按〈Ctrl+S〉组合键保存文件。

第16章
楼梯与天窗结构详图的绘制

本章导读

楼梯与天窗结构详图主要是用来表示楼梯与天窗的具体结构形式、结构方式、所用材料和做法及其高程等。

本章节对楼梯平面图、楼梯与天窗大样图进行讲解，并通过对各楼层楼梯平面图及大样图实例的绘制，引领读者掌握楼梯平面图和大样图的绘制方法，让用户真正掌握楼梯平面图与大样图的绘制技巧。

学习目标

- 绘制楼梯平面图与梯柱、梯梁的配筋图
- 绘制梯段锚入基础梁与天窗大样图

预览效果图

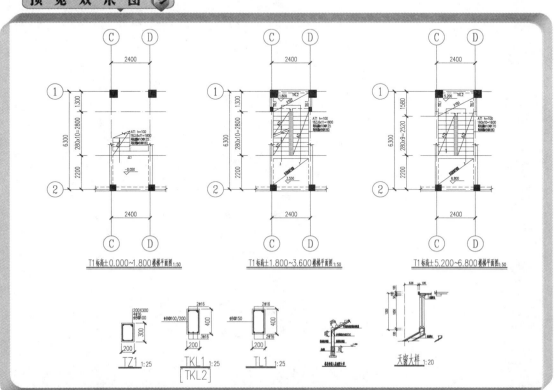

↘ 16.1　文件的调用与整理

素材 视频\16\文件的调用与整理.avi
案例\16\楼梯与天窗结构详图.dwg

绘制楼梯和天窗大样图可以调用"结构施工图样板.dwt"文件，从而省去绘图环境的设置。

1）在 AutoCAD 2016 中，选择"文件 | 打开"菜单命令或按〈Ctrl+O〉组合键，打开"案例\12\结构施工图样板.dwt"文件。

2）选择"格式 | 图层"菜单命令，新建"楼梯"图层，颜色为蓝色，其他同 0 图层。

3）单击"另存为"按钮或按〈Ctrl+Shift+S〉组合键，将其另存为"案例\16\楼梯与天窗结构详图.dwg"。

↘ 16.2　T1 标高±0.000～1.800 楼梯平面图的绘制

素材 视频\16\T1 标高±0.000～1.800 楼梯平面图的绘制.avi
案例\16\楼梯与天窗结构详图.dwg

在绘制楼梯平面图时，首先绘制楼梯的轴网并进行轴网及轴号的标注，再通过矩形及填充的方式绘制楼梯的四支柱对象，然后通过直线、偏移、修剪等命令进行梁及楼梯段的绘制，最后对其进行尺寸标注，最终效果如图 16-1 所示。

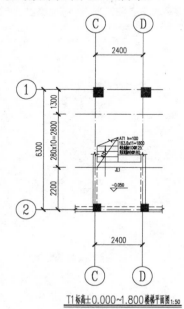

图 16-1　楼梯结构图效果

1）继前例，将"轴线"图层置为当前图层，执行"直线"命令（L），绘制长为 8300、

4400 两条相互垂直的直线段，如图 16-2 所示。

2）执行"偏移"命令（O），将垂直方向的直线向右偏移 2400，将水平方向的直线向上偏移 2200、2800、1300，如图 16-3 所示。

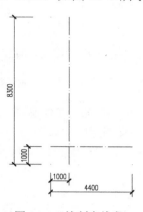

图 16-2　绘制直线段

图 16-3　偏移

3）将"轴线编号"图层置为当前图，执行"直线"命令（L），在垂直方向轴线下端向下绘制长为 2000 的线段，执行"插入块"命令（I），插入"轴号"图块，输入对应的轴线换号，如图 16-4 所示。

4）参照上述的方法对其他轴线进行标注，最终效果如图 16-5 所示。

5）将"尺寸标注"图层置为当前图，执行"线性标注"命令（DLI），对轴网进行尺寸标注，如图 16-6 所示。

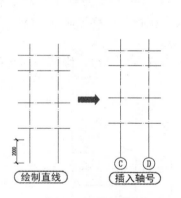

图 16-4　轴线编号

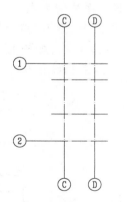

图 16-5　轴线编号标注最终效果

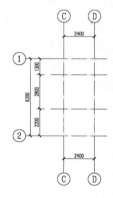

图 16-6　轴网尺寸标注

6）执行"矩形"命令（REC），绘制 400×400、500×500 的矩形。

7）执行"复制"命令（CO），选择 500×500 的矩形对象，以矩形的左上角点为基点，复制到 C1、D1 轴线交点上；执行"移动"命令（M），将前面复制的矩形分别向左右移动 100，如图 16-7 所示。

8）执行"复制"命令（CO），选择 400×400 的矩形对象，以矩形的左下角点为基点，复制到 C2、D2 轴线交点上；执行"移动"命令（M），将前面复制的矩形分别向左右移动 100，如图 16-8 所示。

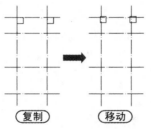

图 16-7 复制、移动 500×500 的矩形

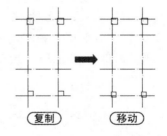

图 16-8 复制、移动 400×400 的矩形

9）执行"偏移"命令（O），设置偏移距离为 100，将轴线进行偏移；执行"修剪"命令（TR），修剪掉多余线段，并将修剪后的线段转换到梁图层中，如图 16-9 所示。

10）执行"偏移"命令（O），设置偏移距离为 250，将"梁线"进行偏移，执行"修剪"命令（TR），修剪掉多余的线段，如图 16-10 所示。

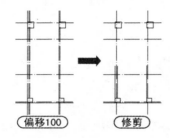

图 16-9 偏移 100 与修剪

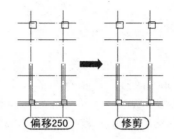

图 16-10 偏移 250 与修剪

11）绘制楼梯踏步，将"楼梯"图层置为当前图层，执行"矩形"命令（REC），绘制 1050×1400 的矩形；执行"分解"命令（X），将矩形分解；执行"偏移"命令（O），设置偏移距离为 280，将矩形底边向上偏移 4 次，如图 16-11 所示。

12）执行"直线"命令（L），绘制折线；执行"修剪"命令（TR），修剪掉多余的线段，如图 16-12 所示。

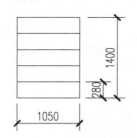

图 16-11 绘制矩形、偏移

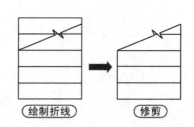

图 16-12 绘制折线、修剪

13）执行"偏移"命令（O），将底部水平轴线向上偏移 280，并将其转为梁图层；执行"修剪"命令（TR），修剪掉多余的线段；执行"移动"命令（M），选择"楼梯踏步"对象，将其移动到相应位置，如图 16-13 所示。

14）执行"多段线"命令（PL），设置起点宽度为 40，终点宽度为 0，向上绘制箭头；执行"直线"命令（L），绘制折线、斜线、标高符号，如图 16-14 所示。

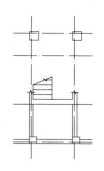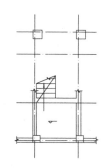

图 16-13　移动楼梯踏步　　　　图 16-14　绘制箭头、折线、标高

15）将"文字标注"图层、"图内文字"样式置为当前，执行"单行文字"命令（DT），写入文字说明与图名标注；按〈Ctrl+1〉组合键，将图形中说明文字高度设置为200，图名高度为500，比例高度为250。

16）选择需要转换为虚线的梁线，将其转换到梁虚线图层中；双击尺寸文字"2800"对象，将其修改为"280×10=2800"，执行"填充"命令（H），对柱进行填充，最终效果如图 16-15 所示。

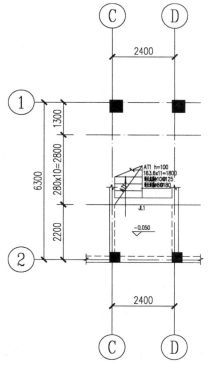

图 16-15　T1 标高±0.000～1.800 楼梯平面图

17）至此，其"T1 标高±0.000～1.800 楼梯平面图"已经绘制完成，按〈Ctrl+S〉组合键保存文件。

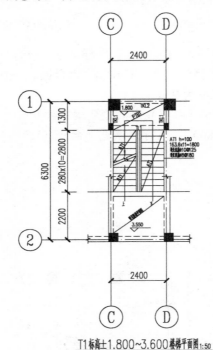

图 16-16　楼梯结构图效果

段修剪掉并修改图名，如图 16-19 所示。

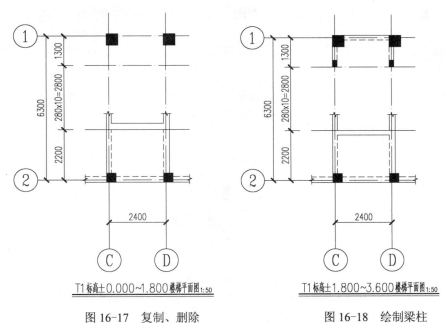

图 16-17　复制、删除　　　　　　　　图 16-18　绘制梁柱

6）执行"移动"命令（M），将上面的图形对象移动到"T1 标高±1.800～3.600 楼梯平面图"相应位置上。

7）使用多段线、直线、单行文字等命令，绘制箭头、斜线、折线并写入文字说明，如图 16-20 所示。

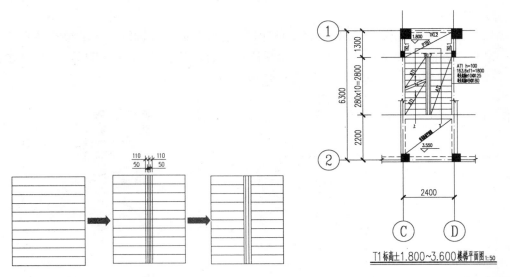

图 16-19　绘制的楼梯平面图　　　　　图 16-20　T1 标高±1.800～3.600 楼梯平面图

8）至此，其"T1 标高±1.800～3.600 楼梯平面图"已经绘制完成，按〈Ctrl+S〉组合键保存文件。

⇥ 16.4 T1 标高±5.200～6.800 楼梯平面图的绘制

素材 视频\16\T1 标高±5.200～6.800 楼梯平面图的绘制.avi
案例\16\楼梯与天窗结构详图.dwg

T1 标高±5.200～6.800 楼梯平面图的绘制，可以通过复制 T1 标高±1.800～3.600 楼梯平面图并将其进行修改，其最终效果如图 16-21 所示。

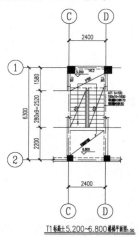

图 16-21　楼梯结构图效果

1）继续在前面实例的基础上，执行"复制"命令（CO），将"T1 标高±1.800～3.600 楼梯平面图"复制一个到空白处；执行"删除"命令（E），将复制后的图形对象中多余的对象删除，如图 16-22 所示。

2）执行"移动"命令（M），将上面第 2 根水平轴线和轴线上方的梁虚线向下移动 280；执行"删除"命令（E），删除多余线段；执行"修剪"命令（TR），修剪多余的线段，并调整修改相应尺寸标注和图名，如图 16-23 所示。

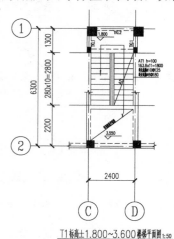

图 16-22　删除多余对象

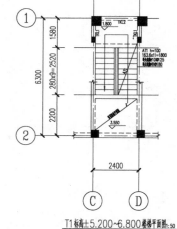

图 16-23　修改对象

3）执行"直线"命令（L），绘制斜线；执行"单行文字"命令（DT），写入文字；根据图 16-21 中文字标注，双击修改相应文字对象，如图 16-24 所示。

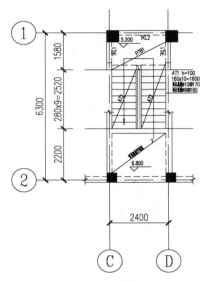

图 16-24　T1 标高±5.200～6.800 楼梯平面图

4）至此，其"T1 标高±5.200～6.800 楼梯平面图"已经绘制完成，按〈Ctrl+S〉组合键保存文件。

↳ 16.5　梯柱 TZ1 与梯梁 TL1 配筋图的绘制

梯柱 TZ1 与梯梁 TL1 配筋图的绘制包括其截面图的绘制和标注，绘制方法同前面框架柱配筋的方法相同，其最终效果如图 16-25 所示。

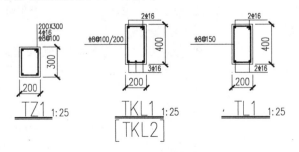

图 16-25　梯柱 TZ1 与梯梁 TL1 配筋图效果

1）继续在前面实例的基础上，将"柱"图层置为当前图层，执行"矩形"命令（REC），绘制 200×300 的矩形；执行"偏移"命令（O），将矩形向内偏移 20、11。

2）执行"直线"命令（L），绘制长为 35，角度为 45°的斜线段；执行"偏移"命令（O），将斜线向两边偏移 11。

3）执行"圆环"命令（DO），绘制内径为 0，外径为 15 的圆环；执行"删除"命令（E），删除多余的线段。

4）执行"编辑多段线"命令（PE），将表示钢筋的线段转换多段线，选择"宽度"选项，设置宽度为 7.5；并将其转换到钢筋图层中，删除中间的矩形，如图 16-26 所示。

5）由于楼梯柱 TZ1 在图纸中的绘图比例为 1∶25，前面绘制的图形比例为 1∶100，因此还需将图形放大到原来的 4 倍，执行"缩放"命令（SC），选择 TZ1 截面图形对象，将其放大到原来的 4 倍。

6）将"尺寸标注"图层、"截面 1-25"标注样式置为当前，执行"线性标注"命令（DLI），对楼梯柱 TZ1 截面进行标注。

7）将"文字标注"图层置为当前图层，执行"直线"命令（L），绘制线段；执行"单行文字"命令（DT），写入柱配筋参数值和图名及比例。

8）按〈Ctrl+1〉组合键，将楼梯柱配筋文字样式设置为"配筋文字"文字样式，文字高度为 250；图名文字样式为"图名"文字样式，文字高度为 700，比例文字高度为 350，如图 16-27 所示。

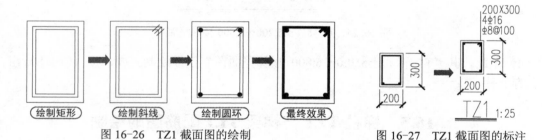

图 16-26　TZ1 截面图的绘制　　　　图 16-27　TZ1 截面图的标注

9）将"梁"图层置为当前图层，执行"矩形"命令（REC），绘制 200×400 的矩形；执行"偏移"命令（O），将矩形向内偏移 20、11。

10）执行"直线"命令（L），绘制长为 35，角度为 45°的斜线段；执行"偏移"命令（O），将斜线向两边偏移 11。

11）执行"圆环"命令（DO），绘制内径为 0，外径为 15 的圆环；执行"删除"命令（E），删除多余的线段。

12）执行"编辑多段线"命令（PE），将表示钢筋的线段转换多段线，选择"宽度"选项，设置宽度为 7.5，并将其转换到钢筋图层中，删除中间的矩形，如图 16-28 所示。

13）执行"缩放"命令（SC），选择 TZ1 截面图形对象，将其放大到原来的 4 倍。

14）将"尺寸标注"图层、"截面 1-25"标注样式置为当前，执行"线性

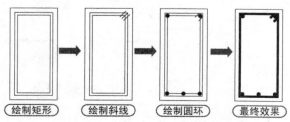

图 16-28　TKL1 截面图的绘制

标注"命令（DLI），对楼梯梁 TKL1 截面进行标注。

15）将"文字标注"图层置为当前图层，执行"直线"命令（L），绘制线段；执行"单行文字"命令（DT），写入梁配筋参数值和图名及比例。

16）按〈Ctrl+1〉组合键，将楼梯梁配筋文字样式设置为"配筋文字"文字样，文字高度为 250；图名文字样式为"图名"文字样式，文字高度为 700，比例文字高度为 350，如图 16-29 所示。

17）执行"复制"命令（CO），选择梁"TKL1"配筋图对象，将其复制到空白处；执行"删除"命令（E），删除多余的圆环和线段，并修改相关数值，如图 16-30 所示。

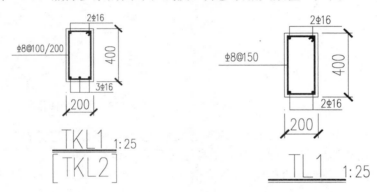

图 16-29　TKL1 截面图的标注　　　　图 16-30　楼梯梁 TL1 配筋图

18）至此，其"梯柱 TZ1 与梯梁 TL1 配筋图"已经绘制完成。按〈Ctrl+S〉组合键保存文件。

◢ 16.6　楼梯板锚入基础梁大样图的绘制

素材	视频\16\楼梯板锚入基础梁大样图的绘制.avi 案例\16\楼梯与天窗结构详图.dwg

楼梯板锚入基础梁大样图的绘制包括其轮廓的绘制、钢筋的绘制和标注等，其最终效果如图 16-31 所示。

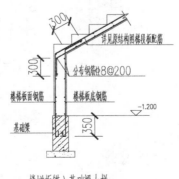

图 16-31　楼梯板锚入基础梁大样图效果

1）继续在前面实例的基础上，执行"矩形"命令（REC），绘制 250×600、450×100 的两个矩形，将 250×600 矩形底边与 450×100 矩形的上边重合正中布置，如图 16-32 所示。

2）执行"直线"命令（L），以 250×600 矩形左上角点向右距离为 25 mm 的位置，垂直向上绘制 1200、水平向右绘制 280、垂直向上绘制 163.6、水平向右绘制 280、垂直向上绘制 163.6、水平向右绘制 280，如图 16-33 所示。

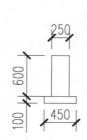

图 16-32　绘制矩形

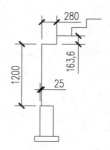

图 16-33　绘制楼梯踏步

3）执行"构造线"命令（XL），绘制与楼梯踏步阴角角点相交的构造线；执行"偏移"命令（O），将构造线向下偏移 100，将垂直线段向右偏移 200。

4）执行"修剪"命令（TR），修剪多余线段；执行"删除"命令（E），删除多余线段，如图 16-34 所示。

5）楼梯外边轮廓绘制完后，接下来绘制楼梯板的配筋。

6）将"钢筋"图层置为当前图层，执行"复制"命令（CO），将楼梯板底边线水平向左进行复制且移动距离为 180。

7）选择向左复制的垂直线段，使用夹点编辑，将其向下拉伸 350；执行"直线"命令（L），以垂直线段下端点为起点水平向右绘制 45、垂直向上绘制 90；在命令栏中输入（J），将绘制的钢筋对象合并，完成楼梯板面钢筋的绘制，如图 16-35 所示。

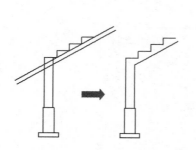

图 16-34　楼梯外边轮廓

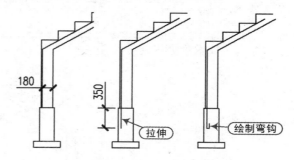

图 16-35　楼梯板面钢筋的绘制

8）绘制楼梯板底钢筋，执行"偏移"命令（O），设置偏移距离为 20，将楼梯板底垂直边线向左偏移、楼梯板面钢筋向右偏移。

9）执行"倒角"命令（F），设置半径为 0，将右偏移的垂直线段和左侧钢筋进行倒角。

10）执行"圆"命令（C），以右侧钢筋转角点为圆心绘制半径为 300 的圆，再将多余的线修剪掉，并删除圆；执行"直线"命令（L），绘制右侧钢筋弯钩。

11）选板底钢筋使用夹点编辑将其垂直线段向下拉伸 350；执行"直线"命令（L），绘制弯钩，并将楼梯板底钢筋合并，完成楼梯板底钢筋的绘制，如图 16-36 所示。

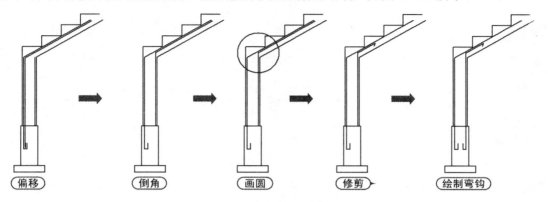

图 16-36　楼梯板底钢筋的绘制

12）绘制梯段板钢筋，执行"偏移"命令（O），设置偏移距离为 20，将楼梯板面钢筋向右偏移，梯段板底边线向上偏移；执行"倒角"命令（F），对梯段板钢筋进行倒角，如图 16-37 所示。

13）执行"圆"命令（C），在转角处绘制半径为 300 的圆；执行"修剪""删除"命令，修剪删除掉多余线段；执行"直线"命令（L），绘制斜线弯钩并将其合并，如图 16-38 所示。

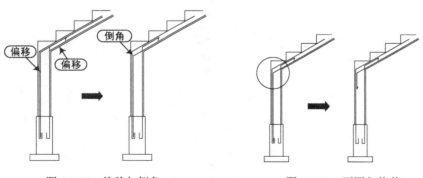

图 16-37　偏移与倒角　　　　　　　　图 16-38　画圆与修剪

14）选择所有楼板"钢筋"对象，按〈Ctrl+1〉组合键，设置多段线全局宽为 7.5。

15）执行"圆环"命令（DO），在适当的位置绘制内径为 0、外径为 15 的圆环。

16）执行"填充"命令（H），对基础梁和基础梁垫层进行填充，基础梁填充为钢筋混凝土，填充图案为"AR-CONC"+"ANSI31"图案，垫层填充为素混凝土，图案为"AR-CONC"图案，如图 16-39 所示。

17）执行"线性标注""单行文字""直线"等命令对楼梯板锚入基础梁大样图进行标注，并将钢筋转换到钢筋图层中，最终效果如图 16-40 所示。

18）至此，其"楼梯板锚入基础梁大样图"已经绘制完成，按〈Ctrl+S〉组合键保存文件。

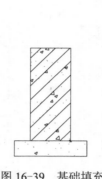

图 16-39 基础填充

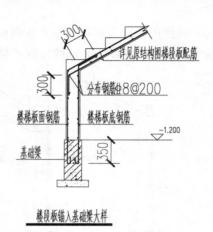

图 16-40 最终效果

↘ 16.7 天窗大样图的绘制

天窗大样图的绘制同样包括轮廓的绘制、钢筋的绘制和标注，其最终效果如图 16-41 所示。

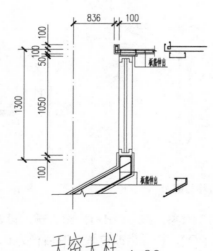

图 16-41 天窗大样图效果

1）继续在前面实例的基础上，执行"多段线"命令（PL），指定任意一点为起点，指定下一点，输入（@1500<30），再垂直向上绘制 270，如图 16-42 所示。

2）执行"偏移"命令（O），将多段线向右下偏移 350；按空格键，重复"偏移"命令，将两条多段线分向内偏移 40，如图 16-43 所示。

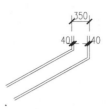

图 16-42 绘制多段线   图 16-43 偏移多段线

3）执行"直线"命令（L），绘制凹槽，然后再从凹槽下边左右端点向上绘制长度为2100 的垂直线段。

4）执行"镜像"命令（MI），以两垂直线段的中心连线为镜像线，将凹槽垂直镜像；执行"偏移"命令（O），将两条垂直线段分别向内偏移 110；执行"修剪"命令（TR），修剪掉多余的线段，如图 16-44 所示。

5）执行"多段线"命令（PL），绘制上部梁、板外边轮廓线，如图 16-45 所示。

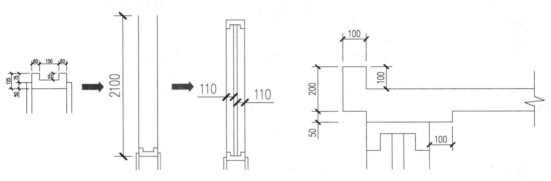

图 16-44 绘制凹槽   图 16-45 绘制梁、板外轮廓

6）将"钢筋"图层置为当前图层，执行"偏移"命令（O），将图中下部里层的多段线向内偏移 25；将偏移后的线段转换到钢筋图层中，并将其复制到空白处，如图 16-46 所示。

7）执行"移动"命令（M），对线段做适当的移动；执行"多段线"命令（PL），修补线段和绘制弯钩，绘制完钢筋后将其合并，设置宽度为 7.5，如图 16-47 所示。

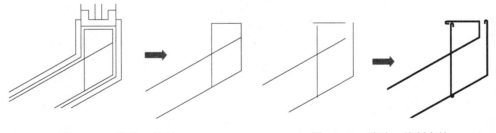

图 16-46 偏移、复制   图 16-47 移动、绘制弯钩

8）执行"圆环"命令（DO），在适当的位置绘制圆环。

9）参照上述方法绘制上部钢筋，如图 16-48 所示

10）使用"线性标注""单行文字"等命令，对图形进行标注，最终效果如图 16-49所示。

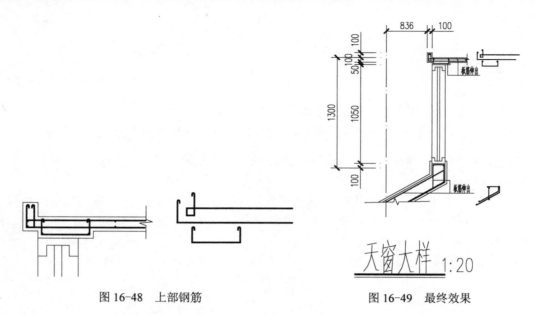

图 16-48　上部钢筋　　　　　　　　　图 16-49　最终效果

11）至此，其"天窗大样图"绘制完成。按〈Ctrl+S〉组合键保存文件。